梨枣传馨

第十四届印刷文化学术研讨会论文集

中国印刷博物馆　组织编写

LIZAO CHUANXIN
DI-SHISI JIE YINSHUA WENHUA XUESHU
YANTAOHUI LUNWENJI

文化发展出版社
Cultural Development Press

图书在版编目（CIP）数据

梨枣传馨：第十四届印刷文化学术研讨会论文集 / 中国印刷博物馆组织编写． — 北京：文化发展出版社，2022.12

ISBN 978-7-5142-3889-1

Ⅰ．①梨⋯ Ⅱ．①中⋯ Ⅲ．①印刷－工艺设计－学术会议－文集 Ⅳ．① TS801.4-53

中国国家版本馆CIP数据核字（2023）第 010101 号

梨枣传馨　第十四届印刷文化学术研讨会论文集

中国印刷博物馆　组织编写

出 版 人：宋　娜
责任编辑：杨　琪　　　　　责任校对：岳智勇
责任印制：邓辉明　　　　　封面设计：郭　阳
出版发行：文化发展出版社（北京市翠微路 2 号 邮编：100036）
发行电话：010-88275993　010-88275710
网　　址：www.wenhuafazhan.com
经　　销：全国新华书店
印　　刷：北京印匠彩色印刷有限公司
开　　本：710mm×1000mm　1/16
字　　数：368 千字
印　　张：16
版　　次：2023 年 6 月第 1 版
印　　次：2023 年 6 月第 1 次印刷

定　　价：98.00 元
ＩＳＢＮ：978-7-5142-3889-1

◆ 如有印装质量问题，请与我社印制部联系　电话：010-88275720

序　　言

中国是印刷术的发明国，印刷文脉传承千年，独树一帜的印刷文化使人类文明的百花园更加多姿多彩。印刷技艺的巧夺天工，印刷匠人的非凡智慧，变幻成精美典雅的印本，表达着人们向美向善的追求。

"江山留胜迹，我辈复登临"。印刷文化遗产所蕴含的丰厚文化宝藏博大而珍贵，需要深入挖掘和弘扬。在出版领域，印刷术促进了书籍出版由手抄时代步入印刷时代，推动了书籍的社会普及，极大发展了教育事业，为文明创造提供了杠杆。在信息传播领域，印刷时代的到来使大规模复制信息成为可能，推动了信息的广泛传播，促进了思想文化交流和社会发展进步。在艺术领域，印刷也以其独领风骚的饾版印刷术，创造了"次真迹一等"的艺术佳品。版画、年画艺术彰显了印刷化一为万、行近及远的独特魅力。在今天的社会生活领域，印刷更是大众生活不可或缺的部分，目之所及、手之所触，印刷无处不在，印证着、记录着人们的美好生活。

为进一步挖掘和弘扬印刷所承载的中华优秀传统文化、革命文化、社会主义先进文化，增强历史自信、文化自信，中国印刷博物馆于2022年7月组织召开了第十四届印刷文化学术研讨会，聚焦印刷服务古今文化发展与人们生活的主题，邀请了相关专家线上交流研究心得。此册论文集汇集了研讨会的成果，研究跨度从早期纸书到当今印刷非遗传承，涵盖了古今印本、印刷机构、印刷人物、族谱、广告等多个方向，互相启发、互相碰撞、互相交融，诸多新思路、新方法、新结论共同丰富印刷史研究内容，推动了中国印刷史研究向纵深发展。

"岁月不居，时节如流"。中国印刷文化学术研讨会自第一届至今已近三十载光阴，老中青三代印刷史研究学者接力前行，在印刷这块丰沃的园地中辛勤耕耘，专家前辈老骥伏枥，青年后学勤勉有加，让我们更觉未来可期。党的二十大再次明确了建设社会主义文化强国的宏伟目标，印刷行业大有可为。推动印刷术这一优秀传统文化创造性转化、创新性发展，在同新理念、新技术、新工艺的融合中焕发出新的光芒，是我们印刷文化工作者的光荣职责。中国印刷博物馆将继续发挥好馆藏资源优势和国际印刷学术交流平台作用，继续办好印刷文化学术研讨会，为文化强国建设做出更大贡献。

本书编写组

2023 年 4 月

目 录

简帛形制对中国纸质书籍影响略述……………………………………王树金（1）

砑花工艺在早期笺纸加工中的应用………………………黄捷成　莫纬纬（18）

五代北宋吴越国刻本《宝箧印陀罗尼经》再探………………………翁连溪（26）

北宋刻本的调查与研究刍议……………………………………………刘蔷（39）

清代的缩刻铜版印书……………………………………………………邢立（47）

清代宫廷征书考述…………………………………………刘甲良　宿春娣（60）

新昌石氏与宁波地区的家谱修纂和活字印刷…………………………刘云（70）

红色印刷机构述略…………………………………………侯俊智　黄超（85）

解放战争时期共产党在国统区出版工作的策略与实践………………高杨文（97）

神秘的汉口解放出版社………………………………………………胡毅（107）

《绘图新三字经》出版价值探微………………………………………李频（117）

《玄览堂丛书》的传播与影响…………………………………………徐忆农（133）

印刷文化遗产的美学价值及创新性利用探析…………………………彭俊玲（153）

民国月份牌广告对中国现代消费文化的生成及影响探析

　　——基于印刷技术的视角…………………………………王剑飞　孙昕（162）

中国语境下Ephemera概念的转译与重新阐释………………张劼圻　周苗（174）

重采新闻续旧篇

　　——近代印刷折扇与社会生活…………………………………李蓓（190）

漳州木版年画手工艺的文创设计开发模式研究………………………赵彦（198）

柳溥庆与《标准习字帖》的书法传播
　　——一个新中国书法出版史视角中的编辑与印刷案例……………祝帅（209）
郭沫若题赠沈钧儒《水龙吟》词考………………………………何志文（220）
"当代毕昇"与文化自信……………………………………………丛中笑（230）
浅析新时代博物馆宣教工作实践
　　——以中国印刷博物馆为例………………………………………朱光耀（239）

简帛形制对中国纸质书籍影响略述

王树金

摘　要：本文借助考古发掘出土的战国秦汉时期简牍、帛书文物，从书写方式、标识符号、页面版式布局、成书形制等方面，陈述早期简帛种种形制对我国纸质书籍在编辑、排版、装帧、印刷等图书版式的形成方面所产生的直接而又深远的影响。

关键词：简牍；帛书；形制；书籍

当今时代书籍形式、种类林林总总，异彩纷呈，基本满足了各阶层人群对书籍的需求。"从手抄本到印刷书，印本极大地满足了人们的阅读诉求，推动了知识传承、教育普及。""印本开启了大众传播时代。"[1]我们需要明白，无论是传统印刷，还是日益兴起的数字印刷、网络印刷、绿色印刷，如何满足人们的阅读需求，才是书籍制作发行的生存关键与价值所在。除了保障书籍内容的质量外，在编辑、排版、装帧、印刷等设计、制作、装订诸多方面，如何适应读者的习惯也很重要。而这些成功的设计制作要素，不是一蹴而就的，它们大多源自战国秦汉时期的简牍、帛书，是人们不断在实践中积累、总结、演变而来。我们常说的"书于竹帛"，就是对那个时代书籍特征的简易描述。

自20世纪以来，简牍、帛书的考古发掘出土30余万枚，内容丰富，包括官府档案文书、典籍文献抄件、私人信件、各种历谱以及记录随葬物品清单的遣册等，其形制种类多样，有长短不一的竹简、木简、竹牍、木牍，有多面的觚、成册的简牍、成卷的帛书，等等。已有不少大家撰文、著书就简帛形制进

---

① 孙宝林：《印本文化的精神及其未来意义》，载《人民政协报》2020年10月26日。

行了先行研究。① 从简帛形制来看，它们的书写方式、标识符号、版式布局、成书体例等，对唐宋元明清乃至今日的印刷出版业，产生了诸多深远影响，可以说，中国纸质书籍印刷出版的形制直接来源于斯。

一、简帛书写方式对后世书籍文字排版的影响

距今2000多年的战国秦汉时期的简牍、帛书，出土数量虽然巨大，但呈现的书写形制、书写方式基本相同，基本遵循从上至下、从右至左的书写形式。中国早期书籍文字排版印刷的形式也是如此，皆源自简牍帛书。

简帛属于简牍、帛书的统称，其中简牍是用竹、木材质制作的书写载体，从目前的考古发掘与研究成果来看，简帛主要使用于春秋战国至魏晋时期，使用时间长达近8个世纪。而帛书属于丝绸材质，考古出土实物主要为丝织品，被大量发现于湖南长沙马王堆汉墓，极少量见于甘肃敦煌汉代悬泉置遗址，使用时期与简牍类似。后来随着造纸术的普及，简牍、帛书才被纸张普遍代替。

与书籍文献有关的简牍形制，可以简单划分为简和牍两类。

简，用竹或木制成，从上至下抄写一行字，单支简宽约为0.5～1厘米（图1）。今人所称单支简，秦汉时人也称之为"牒"。《说文·竹》："简，牒也。"《汉书·路温舒传》颜师古注曰："小简曰牒，编联次之。"为不出现理解混乱和便于表述，本文中仍称之为"简"。还有一种稍宽的简，单支宽2～3厘米，通常书写两行字而得名"两行"简，也是从上至下书写，而且两行排列遵循从左至右抄写形式（图2）。

牍，可宽3～6厘米，形如一块长方形竹板或木板，可抄写多行字，还可以分成几栏书写，书写方式与"两行"简相同，依旧是从上至下、从右至左抄写（图3）。

关于牍的书写要求，历代官府均有法律明文规定，如《岳麓书院藏秦简（伍）》所载《卒令丙》："用牍者，一牍毋过五行。五行者，牍广一寸九分寸八。四行者，牍广一寸泰半寸。三行者，牍广一寸半寸。皆谨调谨（谨）[护（护）]好浮书之。尺二寸牍一行毋过廿六字。尺牍一行毋过廿二字。"②

---

① 陈梦家：《由实物所见汉代简册制度》《武威汉简》，文物出版社1964年版，第53-77页。马衡：《中国书籍制度变迁之研究》《凡将斋金石丛稿》，中华书局1977年版，第261-275页。林清源：《简牍帛书标题格式研究》，中国台北艺文印书馆2004年版。

② 陈松长：《岳麓书院藏秦简（伍）》，上海辞书出版社2017年版，第100-163页。

图1 竹简，西汉医书《合阴阳》，湖南博物院藏

图2 "两行"简，《西汉成帝永始三年诏书》，甘肃省博物馆藏

图3 木牍，江苏连云港尹湾汉墓出土，连云港市博物馆藏

从以上秦简所记秦朝法律来看，牍的尺寸、书写行数、每行字数都有规定，木牍一面只能书写3～5行文字。而事实上，湖南龙山里耶出土秦朝迁陵县政府档案37000余枚的简牍中，牍书写文字超过5行者不算少。其他地区出土的汉代木牍书写行数超过5行者也存在不少（图3）。尹湾汉墓出土的木牍书写甚至达到8～9行。如此看来这种法律规定应是针对不同文书性质作出的不同要求，而不是所有文书整齐划一，汉朝时也应是如此。

另外，还有使用数量相对较少的多棱形觚、封检、木楬等形制，学界把它们统称为"简牍"。作为单独使用的简牍，既可以一面书写，也可以正背面书写。无论何种形制的简牍，其文字书写排版均遵循从上至下、从右至左的原则，此不赘述。

而对于内容较多，单支简或牍无法书写完整的情况，出现了将多支简牍编联在一起的早期装订方式。编联的方式是从右向左编排，成为一"册"，常被称为"某某简册"。既有先书写再编联的，也有先编联再书写的，书写方式同样是从上至下、从右向左不变（图4）。

图4　简册，居延汉简《专部士吏典趣輖》

这种简册编联方式直接影响了人们的阅读习惯，逐渐成为简册书写、编联的统一规范。这种规范的形成，同样也需要靠国家法律统一规定，如秦律规定："诸上对、请、奏者，其事不同者，勿令同编及勿连属，事（使）别编之。有请，必物一牒，各劈（彻）之，令易（易）智（知）。其一事而过百牒者，别之，毋出百牒而为一编。……书却，上对而复与却书及事（使）俱上者，絭（ruǐ）编之。过廿牒，阶（界）其方，江（空）其上而署之曰：此以右若左若干牒，前对、请若前奏。"①

---

① 陈松长：《岳麓书院藏秦简（伍）》，上海辞书出版社2017年版，第100-163页。

秦朝时要求下级在汇报不同事情时，要把每一件事情单独编联成册，不可以把书写不同事件的简牍编连在一起，也不可以将内容分开而连续书写在一起。一事一册。同时，如果事情涉及内容书写简牍超过100枚或20牍的，也要分开书写编联成册。汉朝承袭秦朝制度，也应会有类似的法律规定。

简牍由于本身材质与形制大小的原因，书写方式、排版形式受限。而丝帛则不存在这种局限性。丝帛的宽度可以达到秦汉时期单幅宽48～50厘米，长度则可以随织造工艺无限加长。正如唐代《初学记》卷二一载："古者以缣帛，依书长短，随事裁之。"这说明帛书可长可短，没有定制，可以根据书写内容多少自由裁定，长短虽不同，但形制章法大同小异。日常生活工作中，绝大多数文书典籍是用简牍书写，所以这种习惯也直接影响了帛书的书写方式和文字排版，即依旧沿袭同时代人们书写简牍的方式：从上至下，从右至左。而帛书犹如纸张一样可以一次书写很多文字内容。目前考古发掘出土战国时期楚国的帛书（图5）、西汉时期马王堆汉墓出土的帛书（图6），文字内容都是文献古籍，帛书的书写方式同样对中国早期书籍文字排版有着直接影响。

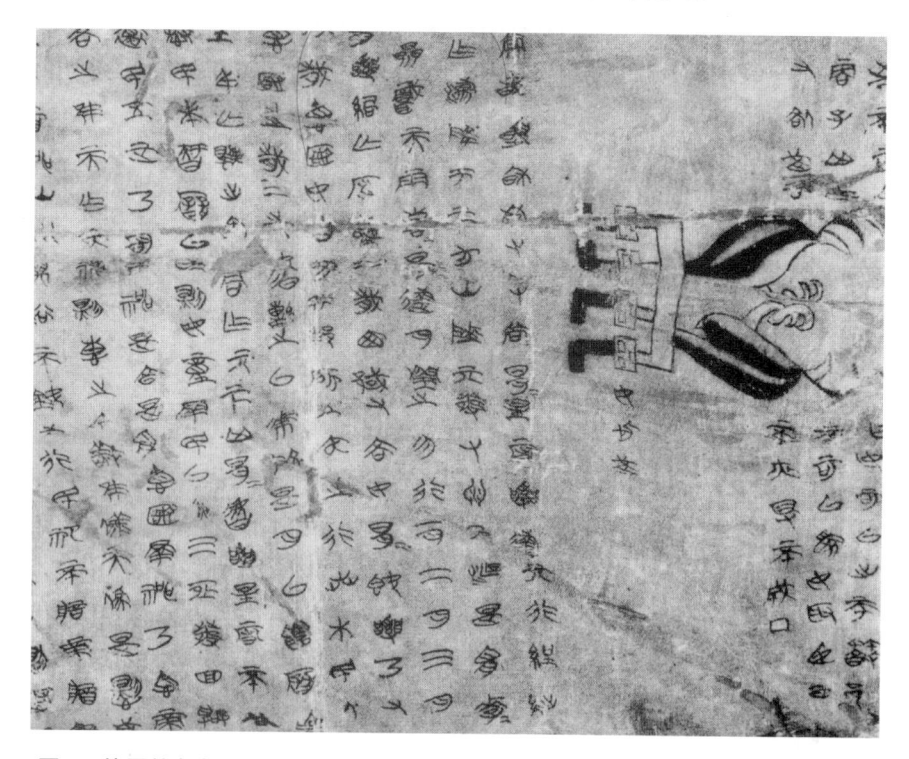

图5 战国楚帛书，湖南长沙东郊子弹库楚墓出土，美国弗利尔—赛克勒美术馆藏

图 6　帛书《战国纵横家书》局部，马王堆汉墓出土，湖南博物院藏

  战国秦汉时期简牍、帛书的文字从上至下、从右至左的书写方式，一直被延续使用，即使纸张取而代之成为文字的主要载体，依然没有改变。自西汉刘向首开校书之风以来，历朝都十分重视古书校勘。汉晋期间，政府多次组织的图书收集、整理、编辑等工作，必然又一次次在全国范围内加强传统的文字书写、内容排版方式成为统一认知的形式。例如，魏晋南北朝时期出土的纸质文物，1965年吐鲁番一座佛塔遗址出土的《三国志》写本残卷（图7），长72.6厘米，宽23厘米，为《三国志》中关于孙权的部分内容。纸张采用了涂布和砑光等加工技术。从字体来看，该写本当抄于西晋年间。陈寿的《三国志》从中原传入了新疆，深受中原文化影响，当时的西域各地按照中原的方式进行了誊抄，为我们了解晋代文字书写、排版方式提供了直接物证。

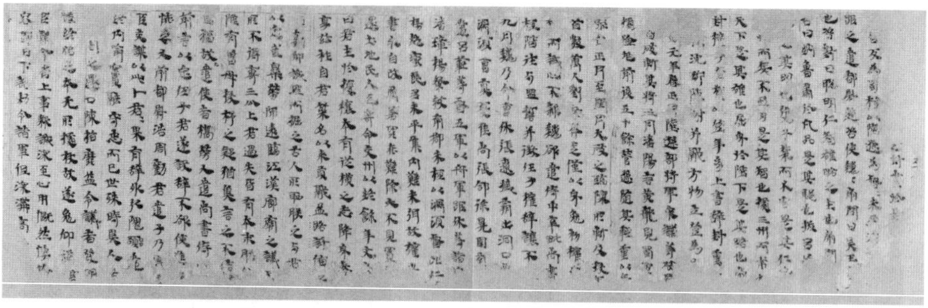

图7　西晋纸质《三国志》写本残卷，新疆维吾尔自治区博物馆藏

再如，英藏东晋十六国时期的《大智度论残卷》（图8），高25.2厘米，长335.28厘米，是阐释佛典《大品般若经》的论书，后秦鸠摩罗什汉译，共一百卷。虽然属于外来佛经，汉译之后书写方式依旧按照中原传统方式书写布局。

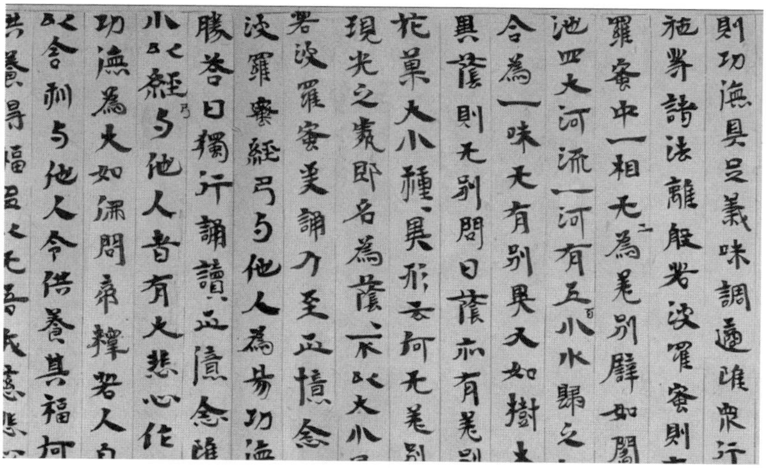

图8　敦煌藏经洞东晋十六国时写经局部，安弘嵩写经，大英博物馆藏

西夏创造了自己的文字后，文书、书籍的书写、排版、印刷等则全面接受了中原图书的版式（图9）。

文字书写为自上向下、排列从右至左的方式，流传整个中国古代乃至近代时期，这种书写排版也同时影响并决定了人们的阅读习惯，后期书籍的排版、印刷，乃至近现代印刷出版的文献、古籍类书籍，均沿袭传统（图10）。

图9 西夏文楷书医方残片,甘肃省博物馆藏

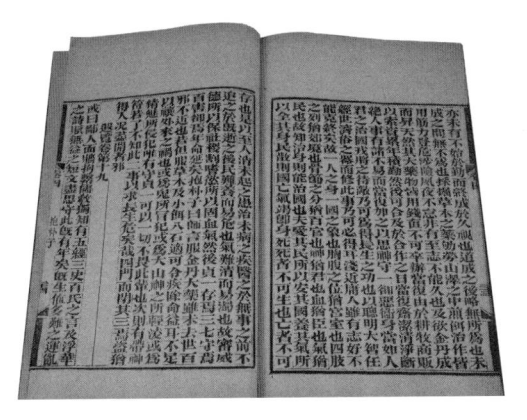

图10 清光绪崇文书局精刻本《抱朴子》

二、简帛标识符号对后世书籍标点符号的影响

成册的简牍、成篇的帛书中,在上下文之间,在重要的人名、地名、物品等特殊名称、称谓之处,在各篇章、段落之间,在需要提醒间隔、停顿的地方,出现了用各种标识符号所进行的标注。依据符号的功能,不少专家进行了研究与不同分类,可惜尚未有某一观点可统一认知。①

纵观战国楚简、楚帛书、秦汉简牍和马王堆汉墓出土的帛书,从功能用途角度结合各种标识符号存在的现象实况,本文简单作以下分类归纳:

1. 用作停顿、间隔、断句等作用的符号。存在多种,没有统一用法,如撇折(∠)、钩(√)、逗点(、)、竖墨线(∣)、斜墨线(\)、竖折(└)、图11)、小圆点(·,图12)、椭圆(●)、圆圈(○)、方块(■)、哑铃形(✖)等,这种符号一般用在需要停顿、间隔或断句的后面。

图11 马王堆汉墓帛书《五星占》局部,湖南博物院藏

---

① 李均明:《古代简牍》,文物出版社2005年第二次印刷,第144-156页;李零:《简帛古书与学术源流》,生活·读书·新知三联书店2004年版,第121页;胡平生、马月华:《简牍检署考校注》,上海古籍出版社2004年版,第14-58页;程鹏万:《简牍帛书格式研究》,吉林大学2006年博士学位论文;刘信芳、王箐:《战国简牍帛书标点符号释例》,载《文献》2012年第2期,第12-25页。

2. 标识章节或段落划分的符号。有长方框（▭）、长方（▬或■，简牍中为黑色，帛书中还有红色）、方框（□）、方块（■）、圆圈（○）、圆形（●颜色有黑色，图4、图6，也有朱色，图12）、三角形（△）、三角块（▲）、竖墨线（│）、横墨线（—，图13）、斜墨线（\）、竖折（˩）、钩（√）等，标注的位置也存在章节或段落的前面或后面差异，这在简牍、帛书中都属于常见符号。其中˩，在岳麓秦简"卒令丙"中就规定："书过一章者，章次之˩。"①

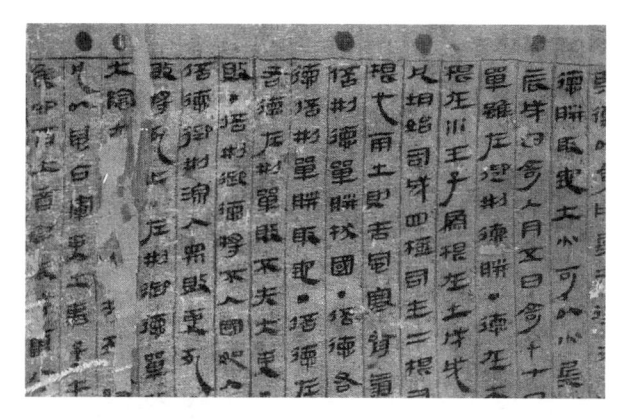

图12　马王堆汉墓帛书《刑德》乙局部，湖南博物院藏

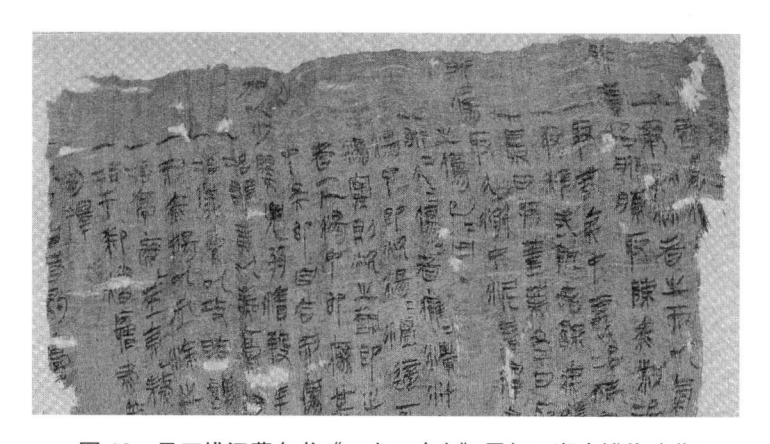

图13　马王堆汉墓帛书《五十二病方》局部，湖南博物院藏

3. 重文合文符号（＝）。无论战国楚简，或是两汉简牍帛书（图11～图13），基本保持了一致性。重文合文符号为简帛节省了有限空间和制作材料，并提高了书写速度，这种符号也简单容易记忆和传播，故而得到传承与推广。

---

① 陈松长：《岳麓书院藏秦简（伍）》，上海辞书出版社2017年版，第100-163页。

综上可知，同一批简牍或帛书中，使用符号基本保持一致，同一符号标识功能一致，但不同批次简牍或简牍与帛书之间，使用标记符号多不相同，也并未见其使用、演变规律。但这些基本标识符号，在长期使用过程中，大多被后人延续并采用，如图9所示的西夏雕版印刷医书中的圆圈（○），图14中的逗点（、）等。近现代时期书籍的标点符号，是在原来的基础上逐渐统一要求与完善标识符号体系的。

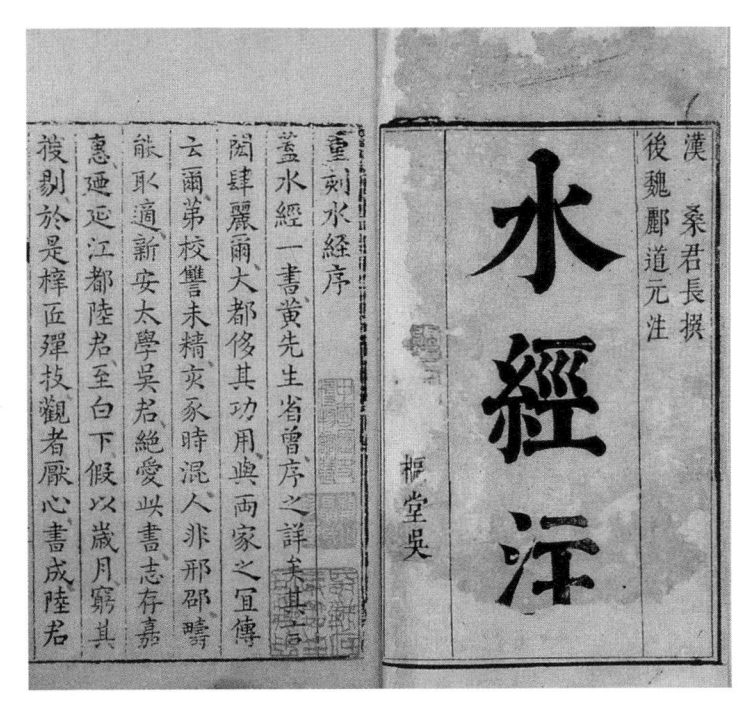

图14　明嘉靖刊本《水经注》

三、简帛页面布局对后世书籍版式设计的影响

从出土的简帛书籍中，我们可以看到丰富多样版面格式。《后汉书·襄楷传》中曾对帛书版式这样描述："初，顺帝时，琅琊宫崇诣阙，上其师干吉于曲阳泉水上所得神书百七十卷，皆缥白素（即白丝帛），朱介（即朱丝栏）、青首（即黑边框）、朱目（即红墨钉），号太平清领书。"马王堆汉墓出土的帛书中也可以看到这种版式设计。目前古籍版式版面的各部分，包括天头、地脚、版框、界行、通栏、分栏、图形、表格、编号等，这些元素在战国秦汉时期的简牍帛书中也都已具备，并能够看出属于人为有意识的设计。

（一）天头与地脚

在古人看来，版面的上端、下端留白部分是必不可少的，目的是让读者方便批注，体现了古人尊重读者、接受批评指正的人文情怀。马王堆汉墓出土的帛书基本都遵循了这一版面设计（图15）。此外，笔者认为这个设计还有保护书籍正文内容的作用。纸张在长期使用过程中，书籍四周边界最容易先受到磨损，纸类古籍保留并推广简牍帛书天地留白的设计，在四周纸张受损时间接保护了书籍正文内容的完整性，也延长了书籍使用寿命。

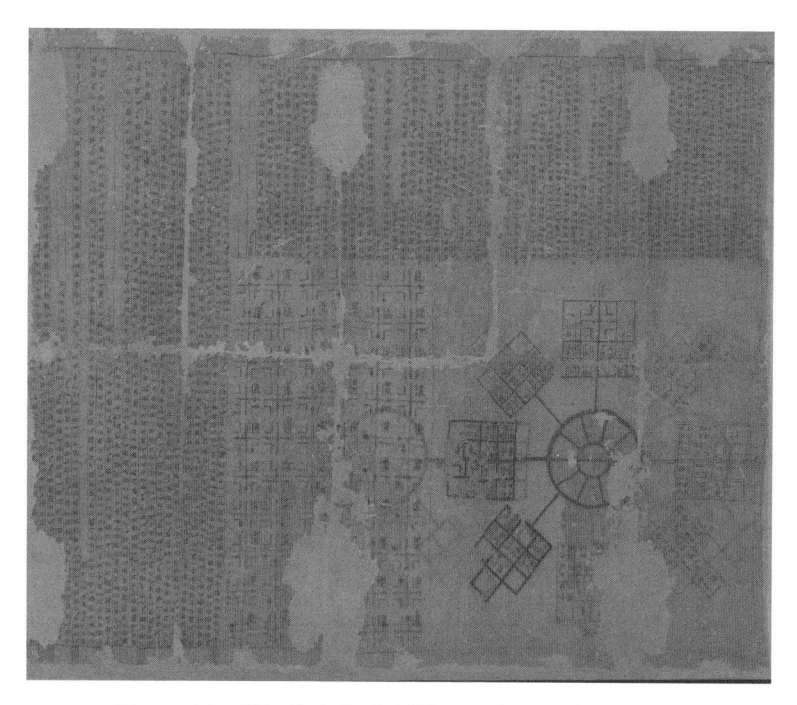

图15　马王堆汉墓帛书《刑德》乙局部，湖南博物院藏

（二）版框和界行

版框，即边栏，页边四周围线，围线以内为书写、印制图文的部分，围线的条数、粗细也可以根据设计者的需要进行丰富变化。由于简牍是单独一片片书写，编联成册时才具备了书籍页面的样貌，所以成册的简牍不需要事先设计好版框，而帛书则需要仿照简牍事先做好版式布局，分出边栏与丝栏。版框内为了书写和排版等整齐美观，通常会有界行。界行，就是字行间的分界线，有朱、墨二色，即朱丝栏、乌丝栏。这在简牍帛书中早已普及推广。战国时期的楚简清华简《筮法》，因为简牍属于竖片状，每一片左右两边的边界相当于已经画好了界行，像《筮法》简册这种图文并茂十分完整的非常少见。也有横向

界行分格和部分竖向界行（图16）。我们可以想象当时书写者是把这卷简册当作帛书一样进行的设计与书写、绘图、画表。长沙楚墓出土的帛书（图5），证明丝帛早在战国时已被人用于书写。目前虽尚无战国以前的帛书发现，但根据古籍记载，我们可知缣帛用于书写当在战国之前。据考证，春秋时代已经使用缣帛作为书写材料。从长沙楚帛书残片，尚可见存在朱栏墨书、朱栏朱书、墨栏墨书现象。① 马王堆汉墓帛书文字书写在整幅帛上，或书写在半幅帛上，大多数帛书为朱丝栏或乌丝栏墨书，字体有篆、隶两种。整幅的帛书每行书写70字至80字不等，半幅的帛书则每行写20字至40字不等。② 绝大多数可见其上下粗墨线绘画的边栏和朱丝栏、乌丝栏，如老子乙本及卷前佚书、周易经传、刑德乙篇（图15），等等。这种丝栏界行一直延续并保留至今（图7、图8、图10、图14）。

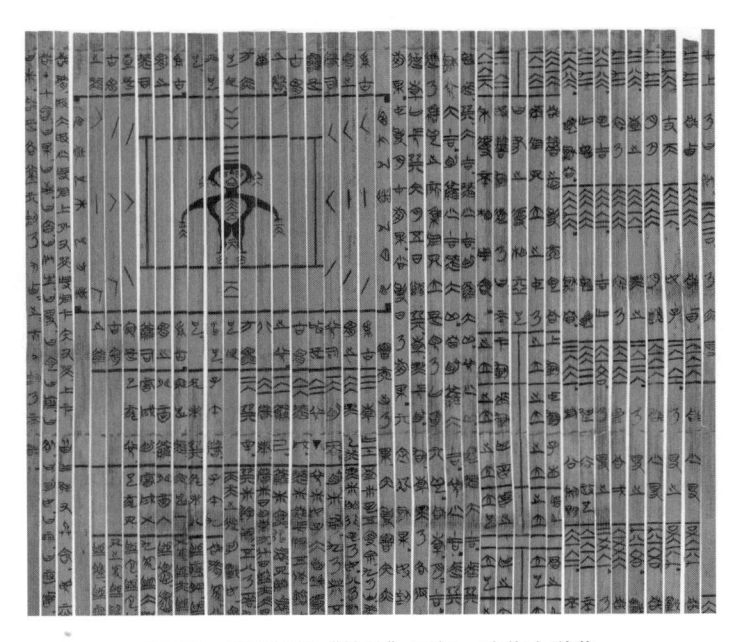

图16　战国楚简《筮法》局部，清华大学藏

（三）通栏与分栏格式

通栏，即文字从上至下一写到底；分栏，则是从上至下分成若干栏书写，常见于簿籍类（如图3所示，右边木牍"赠钱名籍"）、历谱类、纪年类、律令类、乘法口诀等。这种文字布局在简牍、帛书中也是常见的一种版式。尤其

---

① 李零：《楚帛书的再认识》《李零自选集》，广西师范大学出版社1998年版，第237页。
② 王树金：《对马王堆帛书"丝栏"的新认识》，载《中国文物报》2011年9月30日第4版。

分栏式，对于重要内容起到提示作用，对于简牍载体来说还可以大大减少空间浪费，起到节省材料、减少重量等一举多得的作用。

（四）插图与表格

战国、秦汉时期的简牍、帛书，都发现有绘制图像、表格的文献，文字或穿插其间，或布局周边，根据实际需求灵活排布。如图3所示的左边木牍的神龟占图，图5战国楚帛书中的月神图，图15西汉帛书《刑德乙》右上半部分的九宫图和干支纪年表，图16战国《筮法》简牍左上部的人体八卦图与下方、右方的表格，等等，都为后世书籍中图像、表格的排版布局提供了可借鉴价值，甚至对今天的图书设计都有参考意义。

（五）简牍的排序、编号问题

在战国秦汉简牍帛书中已出现排序、编号设计。由于担心一枚枚简编联成册的简牍出现"韦编三绝"散乱不知前后顺序的问题，需逐简编号。例如，清华大学收藏的战国竹简《筮法》的63枚竹简，每一枚下方末端都有数字编号。汉简中编号者更多，如武威汉简《仪礼》甲本等，还有编号书于简的正面上端的尹湾汉简《元延二年日记》，书于简背面上端的甘肃天水甘谷汉简等。这些可谓后来的书籍刻印页码的源头。部分简牍背面还发现了刻划的线条（图17），用于核对编联次序。

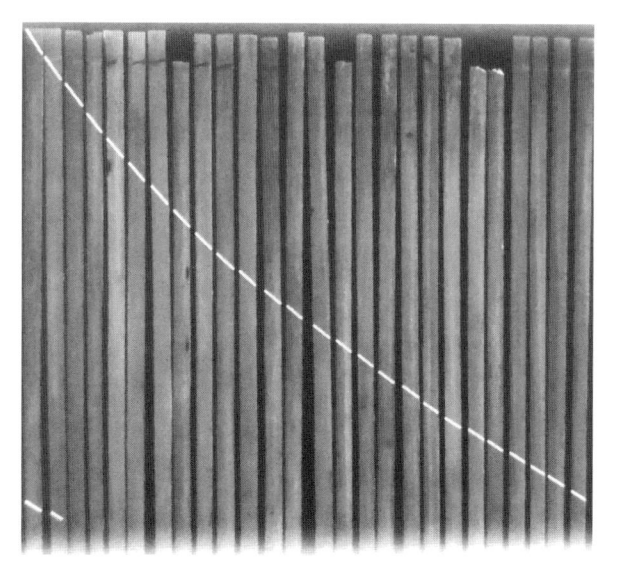

图17 清华大学藏战国楚简《赤鹄之集汤之屋》背面划痕示意[①]

---

① 山东博物馆、中国文化遗产研究院编：《书于竹帛：中国简帛文化》，上海书画出版社2017年版，第5页。

综上可见，简牍帛书的天头、地脚、版框、界行、通栏、分栏、图形、表格、编号等页面布局装饰形式，具有一定的合理性，为后世的书籍版式设计奠定了坚实基础，故而诸多版式形式在后期古籍中长期被保留并传承下来。

四、简帛成书形制对后世书籍装订的影响

一本书正式面世，一般需要具备封面、题名、目录、正文、封底和完成装订成书。距今 2000 多年的战国秦汉时期，完整的简册簿籍、文献，或篇章完整的帛书，这些要素与装订制作也已基本齐备。

（一）封面与题名

封面，又称之为书衣、书皮、封皮，主要目的是用来保护和装饰书籍内容。有的简册或帛书，会把篇章书名写在封面之上，或者书写在封面之后。编简成册的简牍，在正文之前会单独留出一两枚不写字的空白简，被称为"赘简"。帛书的后部分，即左边，往往空出数行不书写，从右往左卷起，左边的空白就在最外层，可以起到保护作用。"赘简"和帛书左边空白部分，类似于书籍的封面，这与后来的书籍在正文之前加一两张白纸为衬页起到同样的作用。

题名。简牍编联成册，或者帛书一篇书写完毕，一般会题写篇名，相当于后世的书名。帛书的题写位置，或在正文之前，或在其后。简册，存在在简的正面或背面书写的方式，书写背面的好处是在卷起后可以看到背面题名就知道简牍内容。

（二）目录部分

早期简牍帛书目录的数量不大，主要是因为绝大多数简牍文书属于政府公文而不是文献书籍，但确实存在集中书写目录的现象。简牍中既有把目录书写在木牍上的，如山东银雀山汉墓、安徽阜阳双古堆汝阴侯汉墓、湖南张家界古人堤遗址、湖南益阳兔子山遗址等出土的木牍等（图18），目录均分栏书写。马王堆汉墓出土的帛书中，可以看到《五十二病方》的目录位于卷首，《养生方》的目录则位于卷后。

图 18　湖南益阳兔子山出土汉代木牍

（三）封底

目录之后属于正文部分，正文之后便是封底了。简牍封底的作用类似于现代的版权页，多位于书末。现代的版权页，按规定应记录书名、著译者、出版者、印刷者、发行者、版次、印次、开本、印张、印数、字数、出版年月等事项。在简牍帛书中，常常会看到一篇内容书写完毕后，或以空行、空格，或以大的墨点、墨块、竖线等标识，然后题写篇名、统计字数等，常见格式为"●凡多少字"，如马王堆汉墓帛书《战国纵横家书》"·五百六十九"，西汉司马迁在《史记·太史公自序》中亦云："凡百三十篇，五十二万六千五百字，为《太史公书》。"这一格式为后世延续，如敦煌莫高窟所出六朝写本如《礼记·大传》第 16 行末有"凡一千九百二言"。

（四）装订方式

所有文字、编排等工作完成后，还需要通过某种装订方式使其成为一卷或一本完整的书籍。具体成书形式，简牍、帛书存在异同之处。简牍由于本身材质缘故，只能从右向左依次编联成册，然后卷起。马王堆汉墓出土的帛书有一部分也是卷轴式，即以木板为芯，把帛书缠卷起来。后世的纸质卷轴装可以说是直接承袭了战国秦汉时期的简册和帛书卷装成册成书和保护存放的方式。

楚帛书、马王堆汉墓部分帛书还存在另一类装订方式——折叠式。很可能是后人根据需求，受到帛书的折叠或贝叶经的启发。后世相继出现了多种多样的册页书籍形式，如旋风装、梵夹装、蝴蝶装、包背装、线装等[①]，满足了不同书籍和人群的阅读需求。

由此，不同的装订方式，便产生了对于简牍、帛书数量的统计存在多少卷、多少编或多少册等不同称谓，这些称谓又为后世的印刷书籍所沿用。

〔作者：王树金，深圳技术大学教授〕

---

① 古黎丽：《我国古代书籍装帧形式演变规律及特点》，载《河南图书馆学刊》2019 年第 5 期，第 121-123 页。

砑花工艺在早期笺纸加工中的应用

黄捷成　莫纬纬

摘　要：随着古代笺纸文化的普及，这种小巧可人、风格迥异的纸张所蕴含的艺术价值、技术价值和文献价值也逐渐凸显了出来。花笺纸的印制可视为中国印刷史的片段之一。本文通过对相关历史文献加以整理，回顾加工纸及花笺的发展历程，由"砑"这种加工方式切入，探究其背后的工艺原理、具体形态、使用特性等，并与中国台北故宫博物院公布的宋代花笺相关资料，自身雕版印刷制作经验及笺纸实物收藏相结合，以期尽可能地还原砑花工艺在早期笺纸加工中的应用。

关键词：笺纸；加工纸；砑光；砑花笺

随着笺纸收藏人群的不断壮大，笺纸凭借其繁多的种类、丰富的内涵，逐渐摆脱对古籍、文房杂项的依附，成为一个值得研究的独立品类。在传统印刷史的研究中，学者往往更关注历朝珍贵典籍、古籍中的插图、木版水印、饾版拱花等相关领域。如果将"拱花"视为印刷史的一部分，那么比"拱花"历史更久，同样也是应用于花笺制作中的"砑花"也应得到各方关注。

"砑花"作为一种无色印刷技艺，很容易被忽略。2018年元旦，中国台北故宫博物院举办了一场宋代花笺特展，这是第一次系统展示这种考究的早期文人高级书写用纸的专题展。砑花工艺在此前鲜有专门研究。"砑花"的印版与普通雕版印刷的印版一样，同为凸版印刷，差异在于普通雕版印刷的印版是镜像雕刻的，而砑花的印版既有正向雕刻，也有镜像雕刻。如中国台北故宫博物院展出的宋代花笺大多以磨砑面为书写使用面；而笔者收藏的清代苏州松茂室、杭州许氏虚白斋、裕明等制作的砑花笺，则以印版与纸张接触的承印面为书写使用面。时隔1000多年，在木版水印制作过程中，这种在图案印版上隔着纸打磨的动作仍沿用着"砑"这个名称。要认识早期砑花笺纸,须溯源纸张加工和"砑"的产生背景。

一、加工纸、笺纸的产生

《后汉书 蔡伦传》[①]记载:"缣贵而简重,并不便于人。伦乃造意,用树肤、麻头及敝布、鱼网以为纸,元兴元年奏上之,帝善其能,自是莫不从用焉,故天下咸称'蔡侯纸'。"缣帛是适合书写的,无奈太贵。蔡伦造纸的初衷是想制造出一款接近缣帛,但成本更低的书写材料。根据现代考古研究,古纸的出现早于《后汉书 蔡伦传》中蔡伦上奏汉和帝元兴元年(105),主要用于书写或包装。尚处于造纸摸索阶段的汉代,由于工艺问题,纸张相对粗糙。作为一种有望替代缣帛和竹木的书写材质,要充分满足书写的较高要求,纸还有很长的一段路要走。

中国古代普遍使用"生"与"熟"代表一件物品的初级生产和二级精加工,正如这两个字最初的含义就是把生的肉煮熟吃,其主要目的是口味更好、更容易消化、不易生病。熟的最终目的是更好的使用性。比如"生丝"与"熟丝","生麻布"与"熟麻布","生皮"与"熟皮","生纸"与"熟纸"等。生缣中含有胶质、蜡质,不仅生硬,而且吸墨不均,故使用前需要精加工,捣练的目的是去除织物上的天然杂质,正如唐代画家张萱名作《捣练图》中所描绘的场景。而替代丝帛的书写用纸同理也需要精加工。据《新唐书》卷四十七百官志中记载:"唐代门下省弘文馆有熟纸匠装潢八人,史馆有熟纸匠六人,秘书省有熟纸匠十人。"[②]这些人的主要任务就是将生纸加工成熟纸,以供皇室及政府官员使用。宋代邵博《闻见后录》记载:"唐人有熟纸有生纸,熟纸所谓妍妙辉光者,其法不一。生纸非有丧故不用。"[③]可见当时生纸只用于丧故之场合,熟纸才是社会书写用纸的主流。

笺纸一般指尺幅较小而华美的一种加工纸。笺的本意是指狭条形小竹片,用于简策的注释,类似于现代的便利贴,一般不用于写较长篇幅,而只是写寥寥数语。纸张与简牍、丝帛并行的时期从汉代一直延续至南北朝,小竹片也逐渐被小纸片所取代,据《敦煌马圈湾汉代烽燧遗址发掘简报》一文"1979年敦煌马圈湾出土过一批西汉麻纸,共五件八片,最大一片长32厘米,宽20厘米"[④]。当时的抄纸技术无法作出大尺幅纸,而小尺幅的纸张书写字不能太大。

---

① (宋)范晔:《后汉书》,(唐)李贤等注,中华书局1965年版,第2513页。
② (宋)欧阳修、宋祁:《新唐书》卷四十七,武英殿本。
③ (宋)邵博:《闻见后录》卷二十八,四库全书本。
④ 《敦煌马圈湾汉代烽燧遗址发掘简报》,载《文物》1981年第10期,第11页。

写小字不可过于晕墨，否则笔画与笔画之间的细节容易化作一团，而通过加工可以改变纸张内部结构，从而控制晕墨的程度。因此，纸张加工的主要目的就是提高书写性能、延长纸张寿命、增加美观程度。

二、宋代以前关于"砑光"与"砑花"工艺的记载

（一）砑光工艺的产生及应用

在蔡伦离世数十年之后，东莱人左伯对纸进行了精加工。唐代张彦远《法书要录》中记载："夫工欲善其事，必先利其器。伯喈（蔡邕）非流纨体素，不妄下笔。若子邑（左伯）之纸，研染辉光。……"[①]著名书法家蔡邕对于这种左伯纸赞誉有加，认为好的书写材料是书法作品能否如意的先决条件。关于左伯纸虽然仅有"研染辉光"这四个字的描述，却也基本勾勒出了东汉时期纸张加工的雏形，当时已出现了"砑光"与"染色"技艺。出现这两种加工工艺的直接原因很可能是为了弥补纸张在抄造完成后的缺陷。

当时的造纸已有切断、蒸煮、舂捣、抄造等工序，但加工水平还处于初级阶段。纸张没有迅速取代其他书写材料的重要原因是造纸的外观达不到缣帛的美观度，不能被上层社会接受而推广。而左伯加工后的麻纸，经过了砑光、染色的处理，纸质紧密光滑，书不留手，墨汁不易渗化，故谓之"研染辉光"。无怪乎精于书法的蔡邕叹之："非流纨体素，不妄下笔。"可见在东汉时期纸张精加工并不普遍，仅少数像左伯这样的人开始涉足纸张精加工领域。

砑光是对整张纸进行无差别的均匀打磨，其主要作用是使纸张光滑紧实、耐久防虫、易于书写。被誉为天下第一名纸的"澄心堂纸"据传为南唐后主李煜在宫中督造，宋梅尧臣对其有着详细的描述："滑如春冰，密如茧。"[②]"焙干坚滑若铺玉……古纸精光肉理厚。"[③]可知在天下文人心目中，评判一张好纸的标准不外乎以下几点：一、纸张纤维绵密如茧；二、具有如春冰、如玉石般的光滑触感；三、纸张不止一层，坚韧、紧实而有厚度。这样的加工纸标准不但总结了自东汉左伯开始的高端加工纸工艺，也为后世各种名纸的加工指明了方向。

（二）砑花工艺的产生及砑花笺的早期形态

砑花的出现时间晚于砑光。砑花是有差别的、装饰性的加工，并不像砑光是纸张精加工中必不可少的一环。砑花工艺很可能直接来源于砑光。当纸平铺

---

① （唐）张彦远：《法书要录》，明津逮秘书本，第20页。
② （宋）梅尧臣：《宛陵集》卷七，清康熙四十一年（1702）刊本。
③ （宋）梅尧臣：《宛陵集》卷二十七，清康熙四十一年（1702）刊本。

于木案之上，以砑印工具在纸面磨砑时，可能无意间会将木案的木纹砑印在纸面上，这种偶然的装饰性的效果，也许就触发了砑花的诞生。

历代纸张精加工的方式有很多，如上浆、施胶、砑光、填粉、染色、加蜡、捶捣等多种处理方法。如果"砑光"是笺纸精加工的一个通用做法，那么用"砑花"砑出花纹则是一种"刻意为之"。砑花最早的记载始于陶谷《清异录》卷下"文用门"，记录了制作有图案的花笺："姚颢子侄善造五色笺，光紧精华。砑纸板乃沉香刻山水、林木、折枝、花果、狮凤、虫鱼、寿星、八仙、钟鼎文，幅幅不同。文镂奇细，号砑光小本。"①陶谷历后晋、后汉、后周、北宋四朝为官，所见必是当世精品。这段文字虽然寥寥数语，却也形象地勾勒出砑花笺的早期模样，笔者总结如下：

1. 当时的砑花笺是在五种染色笺纸的基础上再次加工，这种染色纸本身纸张触感紧实，必是经过了磨砑、打光处理。包括左伯所创在内的东汉时期纸加工技艺经过了系统性的传承，到五代时期已较为成熟。"砑"这种工艺仍在中国传统书画手卷、立轴的装裱中广泛运用。

2. 五代时期砑花笺图案内容至少有山水、林木、折枝、花果、狮凤、虫鱼、寿星、八仙、钟鼎文九大系列，具体品种应该更多，都是传统文人喜闻乐见的具有吉祥寓意或雅致的图案。姚颢子侄显然是专业从事砑花笺纸制作的，所做笺纸必定是迎合当时文人的喜好。

3. 五代时期的砑花笺纸雕刻细致。砑花笺所用笺版的雕刻与传统印刷的雕版几乎是一样的，属于凸版印刷。唐咸通九年（868）雕印的《金刚经》的卷首插图雕刻水平已十分高超，雕版印刷经历了唐代200多年的发展，虽然五代时期社会动荡，然而雕版印刷并没有因此停滞。雕版印刷的中心不再仅限于长安、洛阳，也开始在益州、扬州、杭州等各地蓬勃发展。如吴越王钱弘俶（929—988）在杭州主持刻印《一切如来心秘密全身舍利宝箧印陀罗尼经》的卷首插图表明，当时图案的雕刻已十分成熟。

4. 五代时期的砑花笺尺幅不大。其实不仅只有砑花笺的尺幅不大，早期书写用纸的尺幅皆不大。北宋苏易简《文房四谱》记载："晋令诸作纸，大纸一尺三分，长一尺八分，听参作广一尺四寸。小纸广九寸五分，长一尺四寸。"②据学者研究西晋一尺约为24.2厘米，东晋尺幅伸长到25厘米左右。③换算后，晋朝纸张长宽约在20多厘米到30多厘米。唐、五代、宋尺幅略有所延伸。

---

① （清）袁翼：《邃怀堂全集》卷三，清光绪十四年（1888）袁镇嵩刻本。
② （宋）苏易简：《文房四谱》，中华书局1985年出版发行，第52页。
③ 曾武秀：《中国历代尺度概述》，载《历史研究》1964年第3期，第20页。

三、砑花笺的代表性特征——以宋代砑花笺为例

至宋代，雕版印刷的服务对象开始扩至高级文人。宋太祖赵匡胤开创的文官制度使众多文人具有较高的社会地位，文人除了政治主张，其文化主张、审美主张也主导了整个赵宋王朝。宋徽宗凭借其极高的审美格调和艺术修养，使宋朝在各种艺术层面上达到了其他朝代无可比拟的高度。宋人在制笺领域的不懈追求使得他们得以站在了千年笺纸制作的巅峰。将书信写在小尺幅的笺纸之上，让收信人摆在案头近距离查看，通过笔墨、纸张感受到书写者所寄托的某种特定的情感。

现藏中国台北故宫博物院的宋代张即之的《上问尊堂太安人尺牍》[①]，笺纸上印有一棵结满果实的荔枝树，被收录在中国台北故宫博物院 2017 年出版的《宋代花笺特展》图册中。这本图册同时还收录了二十余件馆藏宋代珍贵花笺实物，让我们有机会一睹这些神秘的书写用纸的精加工工艺。该图册所展示的宋代笺纸有一些普遍性的特征：

（一）纹饰隐晦

经历了近千年的磨损，又经过了装裱，使得这些纹饰大多难以辨认。在日常光照下几乎很难发现，只有近距离在特定的某个角度可以隐隐约约看到图案的局部。

1. 部分图案并不明显，难以辨认，应是文人自行砑花所制。由黄庭坚所作《与党伯舟帖七》等八通书札可知，其在流寓宜州期间与知州党光嗣长子党涣往来密切，结下了深厚友谊。黄庭坚曾在信中问党涣："欲捣二十册子纸，不知郡中有大捣帛石否？"[②]信中的"大捣帛石"是指类似张萱《捣练图》中捣练丝绸所用的表面平整的长方形石头。自从纸张发明之后，这种工具也被用来做纸张精加工。由此不难看出黄庭坚熟悉书写纸精加工技艺，而发此问的缘由很可能是现有的纸不合用，所以需自行加工。另黄庭坚在致党涣信中还提道："芦雁笺板既就，殊胜，须寻得一水精或玉槌，乃易成文耳！"[③]这段记载则直接证实了宋代高级文人已经开始涉足砑花笺的设计、制作。这块"芦雁笺板"恰巧出现在了黄庭坚的一幅存世作品《致齐君尺牍》中，隐约可辨芦苇和大雁[④]。

2. 部分图案较为清晰，较易辨认，应由专业工坊制作。宋徽宗《池塘秋

---

① 何炎泉主编：《宋代花笺特展》，中国台北故宫博物院 2017 年版，第 148-149 页。
② 何炎泉主编：《宋代花笺特展》，中国台北故宫博物院 2017 年版，第 23 页。
③ 何炎泉主编：《宋代花笺特展》，中国台北故宫博物院 2017 年版，第 23 页。
④ 何炎泉主编：《宋代花笺特展》，中国台北故宫博物院 2017 年版，第 80-83 页。

晚图》①所用笺纸可以说是当时最顶级的砑花笺（见图1）。该纸一定是由内府制造，宋徽宗本人艺术水平极高，亲自指导北宋画院，他极有可能参与了笺纸的图案设计，并亲自督造。这张笺纸尺幅较长，体现了宋代最高的技艺水平。

图1　宋徽宗《池塘秋晚图》局部，右图为普通光线下拍摄，左图为特殊光线下拍摄②

（二）部分图案拒墨性明显

花纹部分似乎有特殊的反光物质，砑花图案上的墨色会变淡。综合各种纸张加工中可能使用的技术和材料，发生拒墨现象有以下几种可能性：

1. 由于外力磨砑笺版部分，造成图案区域纸张的密度高而不易吸水，未磨砑的区域纸张密度低而正常吸水，这种密度差会造成同样的笔墨却因受墨不均，出现浓淡变化。

2. 花笺图案内有蜡的成分。明代文人屠隆的《考盘余事》中记载："松江潭笺不用粉造，以荆川连纸褙厚砑光用蜡，打各色花鸟，坚滑可类宋纸。"③可见在宋代以后，这种加蜡砑纸的方法在纸张加工中已普及应用。在我国古代，蜡一般分"黄蜡（蜂蜡）"和"白蜡（川蜡）"两种。蜡的历史可以追溯到汉代，

---

① 何炎泉主编：《宋代花笺特展》，中国台北故宫博物院2017年版，第90-115页。
② 何炎泉主编：《宋代花笺特展》，中国台北故宫博物院2017年版，第103、114页。
③ （明）屠隆：《考盘余事》卷二，明万历间绣水沈氏刻宝颜堂秘笈本。

汉刘歆《西京杂记》载"闽越王献高帝石蜜五斛，蜜烛二百枚"①。当时蜂蜡价格高昂，帝王才用得起，加上蜂蜡色泽偏黄，并不是砑光的最佳选项。有关于白蜡养殖的记载可以追溯到南宋，周密《癸辛杂识续集》录有"白蜡"条目："江浙之地旧无白蜡，十余年间有道人自淮间带白蜡虫子来求售，状如小芡实，价以升计。……其利甚博，与育蚕之利相上下，白蜡之价比黄蜡常高数倍也。"②白蜡是白蜡虫分泌在所寄生的女贞树或白蜡树枝上的蜡质。在宋代开始大规模应用于蜡烛制作，蜡烛也成了宋代常用的生活日用品，所以白蜡的市场需求量激增，获利颇丰。从南宋已经普及的白蜡养殖记载可推断，发现、使用白蜡的历史可能更早。在现代造纸中，白蜡同样起了纸张的着光剂和填充剂的作用，使纸面光莹，纤维紧密，寿命延长。比如现代的复写纸、蜡纸、糖果纸、画报纸等都需要填充白蜡起光。

3. 花笺图案内有胶质。在现代熟宣的生产过程中，往往会通过在生宣表面涂刷胶矾水的方法，填补宣纸纤维之间的孔隙，同时胶质也渗入了纸浆纤维中，形成一层薄膜，从而减缓宣纸的吸水性。当时制笺或许也采用了相似的工艺。

4. 以上三种情况相互叠加也会造成砑花笺图案拒墨的情况。

（三）部分宋代砑花笺表面存在织物的凹凸肌理

宋苏易简在《文房四谱》卷四《纸谱》中记载："蜀人造十色笺，凡十幅为一榻。每幅之尾，必以竹夹夹之，和十色水，逐榻以染，当染之际，弃置搥埋，堆盈左右，不胜其委顿。逮干，则光彩相宜，不可名也！逐幅于方版之上砑之，则隐起花木麟鸾，千状万态。又以细布，先以面浆胶令劲挺，隐出其文者，谓之'鱼子笺'，又谓之'罗笺'，今剡溪亦有焉。"③

宋代砑花笺不但将木刻图案砑印到笺纸上，而且还将织物的纹路砑印到笺纸上，使得花笺纸具有一种细微的肌理效果。如宋徽宗《池塘秋晚图》④纸上出现的斜罗纹呈水平、对角斜纹三条中心交叉纹路；蔡襄《致通理当世屯田尺牍》⑤纸上出现的罗纹呈垂直水平经纬交叉纹路；黄庭坚《致齐君尺牍》⑥纸上出现的布纹呈对角斜纹交叉纹路……宋以前历代的加工纸都是要将纸砑磨得尽可能光洁均匀，然而宋代的罗纹砑花笺似乎与这一方向背道而驰，显得非常另类。宋人为什么要这么大费周章，将原本已经平整的纸张打磨变毛糙呢？

---

① （汉）刘歆：《西京杂记》卷四，清抱经堂丛书本。

② （宋）周密：《癸辛杂识续集》，四库全书本。

③ （宋）苏易简：《文房四谱》，中华书局出版发行1985年版，第53页。

④ 何炎泉主编：《宋代花笺特展》，中国台北故宫博物院2017年版，90-115页。

⑤ 何炎泉主编：《宋代花笺特展》，中国台北故宫博物院2017年版，56-59页。

⑥ 何炎泉主编：《宋代花笺特展》，中国台北故宫博物院2017年版，80-83页。

从中国纸张演进的历史角度来看，宋人如此操作一定是基于花笺纸的实用和美观两方面考虑的。如本文开头所述，丝绸与纸张都需要经过由生做熟的处理，否则无法正常使用。而宋代砑花罗纹笺在织物纹样砑印之前已经由生做熟处理过了，砑印织物纹样产生的其中一个原因是以此改变纸张接触面，实际上是在进行一种反向操作，细微控制由熟转生。如果说书画家原本在纸上只能表现单一的笔画效果，那么这种刻意制作肌理的方式可以让书法笔画更加灵动，与不同纹路肌理摩擦时产生随机的、虚实相间的、不确定的、偶然的艺术效果，以此适应书画家多变而灵动的艺术追求。既然纸是模仿缣帛的，那么织物上的细微纹路也应该被模仿出来，从纸面直接体现出这些书家与众不同的格调和身份。

四、结语

综上所述，"砑花"可以说是"砑光"的一种特殊形式。正因为普通书写用纸并不能完全满足高级文人阶层的个性需求，所以他们选择再次精加工，才孕育出这种繁杂精细的砑花技艺。审美、时间、精力、需求缺一不可。在尚未书写只言片语前，砑花笺纸便已经承载了文人们细腻的心思和独特的情感，也只有当相同文化背景的收信人打开信时，甚至无须读到过多的文字，便可猜测出寄信人的大致意图。这无疑是文人书斋中的一种高级游戏。

面对这么一群不惜代价、追求极致的古人，如此大费周章，竭尽所能，只为得到一张书写用的纸。让人不禁心生疑问，今人与古人的差别在哪里？今日的书法用纸与古代花笺纸差异在哪里？古时，有些墨锭名为"五万杵""十万杵"，名称代表了用杵捣墨的次数，捣墨如同捣纸一样，只有这样的不懈努力，才可能由量变积累到质变。砑花笺所需的物质材料，现代社会都可以找到，唯一不同的只有矢志不渝的意志，并愿意为此付出的时间和精力。由于其制作特殊，审美含蓄而隐晦，长期以来，砑花笺隐匿于视线之外，故未能得到足够的研究。这种神秘的砑花笺整套详细制作工序已经失传，其生存土壤已经丧失，而这种对于工艺的极致追求，以及对于永恒一词的诠释值得被后世铭记。

〔作者：黄捷成，国家级非物质文化遗产项目杭州雕版印刷技艺代表性传承人；莫纬纬，中国美术学院讲师〕

五代北宋吴越国刻本《宝箧印陀罗尼经》再探

翁连溪

摘 要：五代吴越国王钱（弘）俶曾于后周显德三年丙辰岁（956）、北宋乾德三年乙丑岁（965）和北宋开宝八年乙亥岁（975）三次雕印《宝箧印陀罗尼经》，置于铜、铁阿育王塔和雷峰塔塔砖内供养。关于五代北宋吴越国刻本《宝箧印陀罗尼经》已有不少研究，本文就前人未曾深入论及的安徽无为出土"丙辰本"三个版本的变相图演变、民国间翻刻本等问题再作探讨。

关键词：宝箧印陀罗尼经；雷峰塔经；变相图；吴越国；钱俶

《宝箧印陀罗尼经》，全名《一切如来心秘密全身舍利宝箧印陀罗尼经》，简称《宝箧印经》，为唐不空金刚所译，全经一卷，2700余字，叙述了佛陀应婆罗门无垢妙光之请，在丰财园朽塔处说法之事。五代吴越国王钱（弘）俶（929—988）先后于后周显德三年丙辰岁（956）、北宋乾德三年乙丑岁（965）、北宋开宝八年乙亥岁（975）三次雕印《宝箧印经》，置于铜、铁阿育王塔和雷峰塔塔砖内供养[1]。三者版式一致，尺寸相近，字小难镌却工整清晰。卷首为钱氏发愿文，后接"礼佛图"变相，次为经题、经文、经名，行款、文字略有不同。

其中，丙辰本发愿文云："天下都元帅吴越国王／钱弘俶印宝箧印经／

---

[1] 吴越国王钱（弘）俶两次造八万四千宝塔并藏八万四千《宝箧印经》之事，南宋咸淳（1265—1274）志磐撰《佛祖统纪》中卷四十三《法运通塞志十七之十》宋太祖建隆元年（960）十月条载："吴越王钱俶，天性敬佛，慕阿育王造塔之事，用金铜精钢造八万四千塔。中藏《宝箧印心咒经》，布散部内，凡十年而讫功。"

八万四千卷在宝塔内供/养显德三年丙辰岁记"①（图1）。乙丑本发愿文云："吴越国王钱俶敬造宝/箧印经八万四千卷永/充供养时乙丑岁记"②（图2）。乙亥本发愿文云："天下兵马大元帅吴越国王钱俶/造此经八万四千卷捨入西关/砖塔永充供养乙亥八月日纪。"③（图3）这些不盈一握的袖珍卷轴装刻经，纪年明确，用途了然，短短二三十字的题记再现了一个东南佛国在风雨飘摇中步步归于北宋的过程，具有不可估量的历史文献价值。

图1 丙辰本《宝箧印经》发愿文

图2 乙丑本《宝箧印经》发愿文

---

① 此经1917年发现于浙江湖州天宁寺石幢中，现藏瑞典斯德哥尔摩皇家博物馆。经卷全长222厘米，每纸高7.1厘米，版心高4.8厘米，每行八字为主，由四纸黏结而成。1927年王国维在《观堂集林》修订版中，撰《显德刊本宝箧印陀罗尼经跋》一文，对该经作了考证，但误把"显德三年"作"二年"。1972年，美国普林斯顿大学的艾思仁（Soren Edgren）撰 *The Printed Dharani-Sutra of A.D. 956* 专论该经。

② 乙丑岁刻本有两次发现。其一，1971年在浙江绍兴物资公司（现越城区大善塔附近）出土，全长182.8厘米，纸高8.5厘米，全卷三纸黏结而成，现藏浙江省博物馆；其二，1970年在浙江省嵊州市鹿胎山惠安寺东侧应天塔塔砖内出土，长62厘米，高8.4厘米，现藏浙江省嵊州市文物管理处。

③ 1924年杭州雷峰塔倒塌后，在部分塔砖的圆孔中发现，习惯上称为"雷峰塔经"。纸高约7厘米，全长约210厘米。

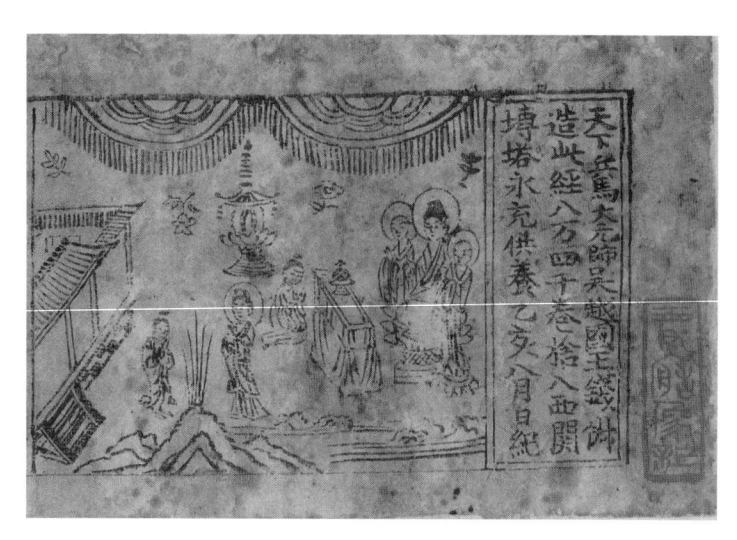

图3 乙亥本《宝箧印经》发愿文

三版经变图均表现了无垢净光祈请佛祖接受供养、佛祖在丰财园开示宝箧印陀罗尼法门、佛祖在无垢净光住处接受供养这三个情节，虽构图、细节、繁简版不同，其风格之精致、刀法之纯熟、线条之明朗却足以在传世的中国早期雕版印刷实物中奕奕放光。当然，钱（弘）俶所刻《宝箧印经》发愿文中所称的"八万四千卷"是佛家成数，但我们有理由相信，包括《宝箧印经》在内的诸种佛经在当时的吴越国境内印数巨大、传播广泛，而这绝非一幅雕版所能完成。

因此，关于以上三个版本的《宝箧印经》，尚有几个需要探讨的问题。

一、安徽无为出土的"丙辰本"《宝箧印经》

1972年1月发行的《文物》第1期（总188号）上，刊登了一篇《无产阶级文化大革命期间出土文物展览简介》[①]，其中有一段对安徽省无为宋塔下出土文物的简短介绍：

> 1971年1月，在无为中学宋代舍利塔下发现砖砌小墓，内置小木棺一具，绕棺列置小木雕佛涅槃像、磨花蓝玻璃瓶、黑漆彩绘小罐各一件和五代显德三年（公元956年）吴越国王钱弘俶印宝箧陀罗尼经一卷、北宋印真言二纸、景祐三年（公元1036年）涂用和写"佛说功德陀罗尼真言"一纸、景祐三年许氏二娘一家舍资愿文一纸。

文中提到的这卷"五代显德三年吴越国王钱弘俶印宝箧陀罗尼经"当时没

---

① 《无产阶级文化大革命期间出土文物展览简介》，载《文物》1972年第1期，第70-105页。

有附图，如果简介的判断正确，它将是继1917年以来被发现的另一个五代吴越国显德三年丙辰岁刻本《宝箧印经》，也是唯一一卷现藏中国大陆的丙辰本《宝箧印经》。

然而，随着近年来越来越多、越来越清晰的图像资料不断被公布[①]，我们逐渐对这卷安徽无为中学北宋景祐三年舍利塔地宫出土、现藏安徽博物院的《宝箧印经》有了新的认识。

首先，无为出土的这卷《宝箧印经》卷首发愿文与1917年在湖州天宁寺石幢中发现的显德三年丙辰岁（956）刻本并不相同（图4）。天宁寺丙辰本卷首发愿文四行，云"天下都元帅吴越国王 / 钱弘俶印宝箧印经 / 八万四千卷在宝塔内供 / 养显德三年丙辰岁记"；而"无为本"尽管受潮粘连，文字漫漶，我们还是能识读出其卷首发愿文为三行，云"天下都元帅吴越国王 / 钱弘俶印宝箧印经 / 八万四千卷……"并没有"显德三年丙辰岁"的年款，二者行款也不一样。

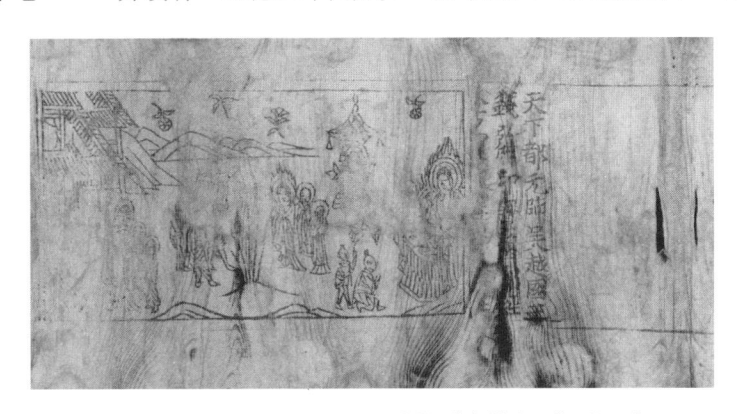

图4 安徽无为出土的"丙辰本"《宝箧印经》发愿文

其次，这两卷《宝箧印经》的变相图虽然乍看上去是同一幅画，但细节多有不同，镌刻刀法风格各异，明显不是出自一块雕版。

最后，除去经文异文不谈[②]，"无为本"《宝箧印经》卷尾经名之后有两行题记，当识读为"都勾当何威秦仁宥 / 陈贻虔僧希果"，而非一直以来所沿袭的"都勾当印盛秦仁宕 / 陈贻庆僧希果"（图5）。

[①] 浙江省博物馆编：《远离尘垢——唐宋时期的〈宝箧印经〉》，载有安徽省无为中学出土的《宝箧印经》刻本的完整而清晰的图像，中国书店2014年版，第52-61页。

[②] 安徽省无为中学出土的《宝箧印经》，全经由四纸黏结而成，第一纸"天下都元帅吴越国王"至"涕血交流泣已微笑"，比天宁寺刻本少两行；第二纸"当尔之时十方诸佛"至"末法逼迫尔时多有"，比天宁寺本少四行；第三纸"众生习行非法应堕"至"即说陀罗尼曰"，每行都比天宁寺本增加一字；第四纸"娜莫悉怛哩也（四合）地"至"陈贻虔僧希果"，比天宁寺本多两行尾题。"种植善根"作"种种善根"。

图5　安徽无为出土的"丙辰本"《宝箧印经》卷尾题记

清翟灏《通俗篇》卷十二云:"勾当乃干事之谓。""都"是"总"的意思。"都勾当"就是"总负责",在唐宋佛教题记中是某种善缘佛事如造塔、造幢、造像、造殿、立碑、刻经等的执事。如上海市青浦县朱家角唐咸通六年(865)"朱氏造经幢"上有"都勾当僧行伸"[①];五代杨吴大和五年(935)南昌大安寺铁香炉款识中有"都勾当□□铸香炉"[②];苏州瑞光塔出土北宋真珠舍利宝幢内壁墨书"大中祥符六年(1013)四月十八日记"和"都勾当方允升、妻孙十娘、男靳翁、□子、有度、增子、女四娘、□子、女使东子、小莲"[③]。

那么,"无为本"卷尾的这段题记可以说明,刊印此卷《宝箧印经》的主要负责人是何威,出资人还有秦仁宥、陈贻虔、僧希果,而不再是作为五代吴越国王的钱(弘)俶。

根据同时出土的其他有字文物推测,此卷《宝箧印经》的刊刻时间当在五代显德三年(956)之后,北宋景祐三年(1036)之前。由于经卷上没有具体年款,我们只能遥想当年有僧俗四人发愿供养,便以所见丙辰本《宝箧印经》为模板进行翻刻,考虑到刊刻时间已不再是显德三年,他们删掉了卷首发愿文中的年号,却出于某种原因没有删去吴越国君的姓名。至于为什么没有避讳,笔者更倾向私刻且翻刻本避讳不甚严谨的观点。

---

① 吴琴:《苏州瑞光塔出土真珠舍利宝幢考略》,载《苏州大学学报》1993年第三期,第105页。
② 吴琴:《苏州瑞光塔出土真珠舍利宝幢考略》,载《苏州大学学报》1993年第三期,第105页。
③ 吴琴:《苏州瑞光塔出土真珠舍利宝幢考略》,载《苏州大学学报》1993年第三期,第104页。

尽管非常遗憾，但我们可以肯定的是，"无为本"《宝箧印经》当为北宋初年的私人翻刻本，绝非五代吴越国显德三年丙辰岁刻本。

二、三个版本的变相图

丙辰本、乙丑本、乙亥本《宝箧印陀罗尼经》的变相图都表现了佛经中的三个情节。画面最右侧为佛陀结跏趺坐于莲座上，众位弟子胁侍左右，无垢净光顶礼膜拜佛前；中景为佛陀在丰财园说法，面前长着高草的土堆代表古朽塔，佛陀身后现七宝塔，无垢净光面向佛陀合十恭立；画面左侧的内容则寓意佛陀接受供养。

显而易见，丙辰、乙丑、乙亥三个版本的《宝箧印经》变相图中，艺术水平最高的莫过于乙丑本。张秀民先生评其"扉画线条明朗精美"[1]，画面中人物众多，服饰繁复，出水当风，远有高山浮云，近有雕梁画栋，香花宝音无一不备，布局层层叠叠，繁而不乱，叙事手段相当高妙，富有极强的艺术感染力。

以乙丑本为中心向前后观察丙辰本和乙亥本，不难发现最晚的乙亥本的版画是以最早的丙辰本为蓝本的，艺术水平却有所下降。且不谈雕版工艺，单讲构图，乙亥本可以说是丙辰本的简化版。不但佛陀头顶火焰状的宝光不见了，无垢净光身后执宝盖的侍者不见了，丰财园朽塔前说法的世尊没有了胁侍菩萨，往无垢净光家接受供养的场景也被简化成了一段墙垣。可能为了弥补画面的空缺，作者在版画上部以两片华丽的帷幕代替了丙辰本的远山，却比不上丙辰本画短意长的留白效果。

五代时期，我国的雕版印刷术已十分兴盛，前有唐咸通九年（868）《金刚经》密不透风的《礼佛图》，后接五代后晋开运四年（947）力拔山兮的天王像，且钱（弘）俶曾先后两次组织刊印《宝箧印经》，乙丑本版画之功力已令人叹为观止，何以10年之后的乙亥本略显寒简呢？

答案也许十分简单，官方组织刊印《宝箧印经》的频率是10年一次，负责丙辰本、乙丑本变相图设计与雕版的工匠或许已不在人间，官署中和坊间又恰好没有与之技艺相当的大匠，只好退而求其次，画面设计的创造力也就大大减弱了。但如果深究，则不得不谈谈三个版本的《宝箧印经》的历史背景。

钱弘俶字文德，乃吴越国王钱镠之孙，后因犯宋宣祖之讳改名钱俶。后周广顺二年（952）六月他被授为"天下兵马都元帅"。故丙辰本（956）《宝箧印经》发愿文称"天下都元帅吴越国王钱弘俶"。此时的他年轻气盛，胸怀大志，坐拥东南地利与雄兵，贵为称霸一方的阔绰诸侯，气势自然洒利浑厚。表现在审美风格上，就是丙辰本变相图的舒朗从容。

---

[1] 张秀民：《五代吴越国的印刷》，载《文物》1978年第12期，第75页。

960年，赵匡胤代周称帝，国号宋，册封钱弘俶为吴越国王。故乙丑本（965）《宝箧印经》发愿文称"吴越国王钱俶"。此时的他是北宋朝廷需要拉拢的重要势力，中年稳重，锦上添花，表现在审美风格上，就是乙丑本变相图的雍容华贵，气势撼人。

宋太祖开宝四年（971），南唐李煜改"唐国主"为"江南国主"，纳贡低于常数。五年（972），李煜"贻书于俶曰：'今日无我，明日岂有君？'"七年（974）秋八月，宋太祖嘱咐钱俶派去汴京入贡的幕使道："汝归语元帅，常训练兵甲，江南强倔不朝，我将发师讨之，元帅当助我。无惑人言云：'皮之不存，毛将安附。'"十月，宋军10万出荆南威逼金陵。十一月，命钱俶为升州东面招抚制置使，赐战马200匹和旌旗剑甲。十二月，败李煜江南军于常州北。八年（975）春，南唐灭。

我们可以想象，在这短短的几年中，吴越国王钱俶作为与南唐后主李煜同等地位的诸侯，所承受的心理压力有多大。

同时，吴越国只有向北宋纳贡称臣，才具有合法身份。据统计，从北宋建隆二年（961）至太平兴国三年（978）的十七年中，钱俶向北宋朝廷纳贡白金40余万两、绢70余万匹、茶20余万斤、乳香十余万斤、越器约20万件，金制画舫、银装龙舟等大量非贡期之物不可胜记。这使得吴越国财力大不如前。

2000—2001年，为配合雷峰塔重建工程，浙江省文物考古所对雷峰塔遗址进行了考古发掘。遗址出土的大量塔砖中以民间捐造者数量为首，这从一个侧面说明，雷峰塔并非完全是"皇家""官造"①。

故宫博物院所藏"王承益塔图"（图6）也证实了这一情况。1924年雷峰

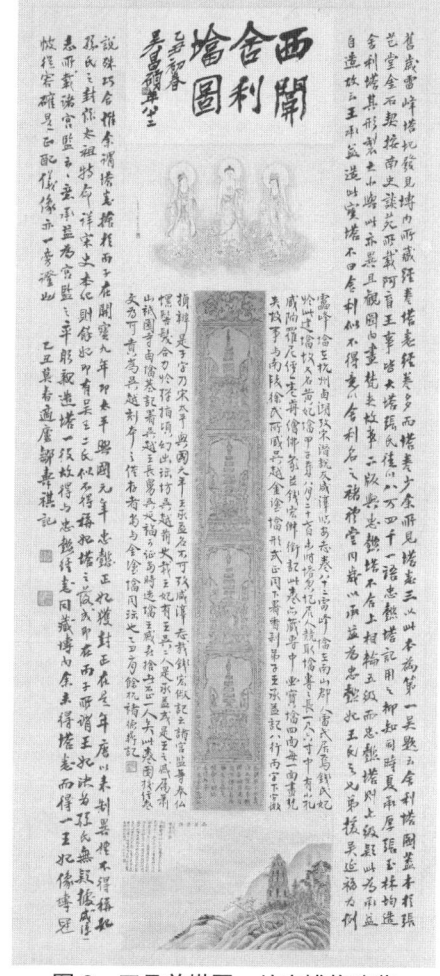

图6　王承益塔图，故宫博物院藏

---

① 黎毓馨：《杭州雷峰塔遗址考古发掘及意义》，载《中国历史文物》2002年第5期，第7页。

坍圮后，在部分塔砖圆孔里发现的除了佛经，还有少量塔图版画。尽管俞平伯[1]、张秀民[2]等所撰文章中都曾提及，但由于数量较少，见者寥寥。这些版画全卷长47.6厘米，纸高6.8厘米。塔形与塔身部分本生故事与雷峰塔出土的银镏金塔和银塔一致，从上至下刻佛本生故事。塔图卷尾记文云："香刹弟子王承益/造此宝塔奉愿/闻者灭罪见者/成佛亲近者出离/生死然死□/植舍生明德□/本时丙子□□□/日弟子王承益记。"[3] 丙子即乙亥之次年，为北宋太平兴国元年（976）。虽然"王承益"何许人也已不可考，但可以肯定的是此塔图乃王承益出资雕印并舍入西关砖塔的。这是雷峰塔并非完全"皇家""官造"的另一证明。

于是我们可以推测，北宋开宝八年（975）乙亥岁，人财俱疲的钱俶的注意力已经不太能集中在艺术创作的监制上了。但他还是不忘20年前的那次虔诚的奔赴，一则赴十载之约，一则纪念一场战争的胜利，刻印《宝箧印经》以充供养。不过，诞生于这个风雨飘摇的转折之年的乙亥本《宝箧印经》的变相图逊色于丙辰本和乙丑本也就变得可以理解了。

三、钱俶刻本《宝箧印经》的尾声

乙亥本《一切如来心秘密全身舍利宝箧印陀罗尼经》又称"雷峰塔经"，因1924年杭州雷峰塔倒塌，在部分空心塔砖圆孔内被发现而得名。关于该经卷，已有多位学者从多个角度做过相当深入的研究。笔者在此仅作一个并不全面的总结。

乙亥本《宝箧印经》卷首发愿文三行，云"天下兵马大元帅吴越国王钱俶/造此经八万四千卷捨入西关/砖塔永充供养乙亥八月日纪"。可知雷峰塔本名"西关砖塔"，雷峰塔遗址出土的建筑构件中亦有模印"西关"二字的塔砖。

时至近代，"西关砖塔"之名早已湮灭，却有"黄妃塔"之名传世，今藏

---

[1] 俞平伯：《记西湖雷峰塔发见的塔砖与藏经》（1924年12月4日撰文），《俞平伯全集》第2卷，花山文艺出版社1997年版，第36-47页。文中提到"长与经等，粗仅当其四分之一，上蒙以红绢套，无封题字。全图系纵看，与经须横看者不同。起首为一图案画，中有一鹤。下为四塔图。每塔之形制均同，惟中所绘花纹像设不同。……至今还未考出王承益为何许人，不知是否为钱俶宫妃之名"。

[2] 张秀民：《五代吴越国的印刷》注释7，载《文物》1978年第12期，第76页。"塔图二卷，1975年冬见于路工同志京寓，一卷缺'王承益'名。'丙'字下缺文。又一卷图已损坏不全，但有'弟子王承益记'。夏定械同志《浙江省图书馆善本书志》稿本所记文字较全，亦有六七字脱文。今据两者互相补正。"

[3] 吴天跃：《宋代阿育王塔图像之演变——以南宋大足宝顶山"释迦舍利宝塔禁中应现之图"碑和雷峰塔塔砖藏"王承益塔图"为例》，载《美育学刊》2020年第4期，第111页。

上海博物馆的一卷陈曾寿旧藏乙亥岁刻本《宝箧印经》，引首就题为"吴越黄妃塔藏经之图"。2022年1月，杭州净慈寺"宝箧自千秋——雷峰塔藏经特展"中的7卷北宋吴越国《宝箧印经》，其中也有两卷是陈曾寿旧藏，一卷引首题"吴越黄妃塔藏经"（图7），另一卷引首由陈曾寿母亲周保珊题"黄妃砖塔藏经"（图8）[①]。

图7　陈曾寿旧藏其一，题"吴越黄妃塔藏经"

图8　陈曾寿旧藏其二，题"黄妃砖塔藏经"

南宋潜说友《咸淳临安志》卷八十二著录了一段雷峰塔造塔记：

> 吴越王钱俶记。……诸宫监尊礼佛螺髻发，犹佛生存，不敢私秘宫禁中，恭率宝贝创窣堵波于西湖之浒，以奉安之。……宫监弘愿之始，以千尺十三层为率。爰以事力未充，姑从七级，梯昊初志未满为歉。……塔成之日，又镌《华严》诸经，围绕八面，真成不思议劫数大精进幢。于是合十指爪以赞叹之。塔曰黄妃云。吴越国王钱俶拜手谨书于经之尾。

这段文字透露了不少重要信息，雷峰塔乃吴越国王钱俶为安放"佛螺髻发"而建；原本想造13层，由于财力不足，只能造7层；塔被命名为"黄妃"。问题是翻遍史料，钱俶根本没有姓黄的妃子。

---

① 一归、金亮主编：《宝箧自千秋——雷峰塔藏经》，西泠印社出版社2022年版。

2000—2001年，浙江省考古研究所对雷峰塔遗址进行了考古发掘。遗址中出土了吴越国王钱俶亲撰的《华严经跋》残碑，碑体虽仅余下部一角，却可与潜说友《咸淳临安志》互校，解决了一个非常重要的公案。《华严经跋》残碑碑文最后两行云："……因名之曰皇妃云。吴越国王□□……书于经之尾。"[1]"黄妃"原来是"皇妃"之讹。

据《宋史·吴越世家》载，宋太祖开宝九年（976）正月，钱俶夫人孙氏太真随夫离开钱塘赴汴京朝见宋太祖赵光义，同年三月，北宋朝廷封孙氏为"吴越王妃"，"宰相以为异姓诸侯王妻无封妃之典。太祖曰：'行自我朝表异恩也'"。然而，孙氏回到杭州不久即于同年十一月去世。据清吴任臣《十国春秋》卷八二载，太平兴国二年（977）春二月，宋太宗"敕遣给事中程羽来归王妃之赗，谥王妃曰□□"。

这个谥号是什么呢？为何所有史书，包括已出土的钱俶墓志都对此讳莫如深？现在，结合雷峰塔遗址出土的《华严经跋》残碑，我们不难推断这两个字就是"皇妃"。

此时，消灭南唐的战争于开宝八年（975）胜利，宋太祖开宝九年（976）十月驾崩，新君太宗赵光义于太平兴国二年（977）三月重新敕封钱俶为"天下兵马大元帅"，"西关砖塔"恰好竣工。于是，钱俶建造经幢，在其中一面镌刻《华严经跋》，顺势将此塔命名为"皇妃塔"，以感恩北宋朝廷对自己超乎寻常的近于僭越的恩典。

北宋太平兴国三年（978）五月，钱俶上表云："陛下嗣守丕基，削平诸夏……独臣一邦僻介江表，职贡虽陈于外府，版籍未归于有司……愿以所管十三州献于阙下……"同年，钱俶第二次前往开封"纳土归宋"；太平兴国八年，诏罢其"天下兵马大元帅"之职。自此，世间再无钱俶发愿之《宝箧印经》，他也再没能回到钱塘。

四、《宝箧印经》的余响——民国翻刻本《雷峰塔经》

1924年9月25日，雷峰塔倾圮。当时某小报刊有署名"渡云"的《雷峰塔内的心经》一文，云："即偕同事往观，去校凡十数里，至则惟见人山人海，均在挖取《心经》。……考筑塔时藏经凡八万四千卷，塔圮而经亦出世，拾而舒之，或迎风成灰，或仅余残篇，其整幅完好者甚少。当有收古玩者出资收购，时值三五元，后涨至数十百元。"[2]

---

[1] 黎毓馨：《杭州雷峰塔遗址考古发掘及意义》，载《中国历史文物》2002年第5期，第10页。

[2] 任光亮、沈津：《杭州雷峰塔及〈一切如来心秘密全身舍利宝箧印陀罗尼经〉》，载《文献》2004年第2期，第116页。作者所见"某小报"的剪报，夹在上海图书馆藏雷峰塔经卷末。

由于民众认为雷峰塔塔砖中的《宝箧印经》能够消灾延寿，得无量功德，故求取者众多。杭州的刻字印刷铺见有利可图，便照原本翻刻，刻工甚精，有的还染色充旧，足以乱真。浙江省图书馆、浙江省义乌博物馆、中国台北"中央图书馆"、美国芝加哥大学远东图书馆、哈佛大学燕京图书馆等都有这类翻刻本的身影。

时至今日，这类翻刻的卷子也不多见了，由于刻得好，偶一出现便常被误作真本。其实，"宝箧自千秋——雷峰塔藏经特展"中，一卷王仁治旧藏乙亥本《雷峰塔经》上"任老"所作的题跋（图9），已经给出了一个十分简单的鉴别方法："塔中流出此经甚夥，原版不一，字迹因各稍异，以砖砌处有阴阳燥湿，纸毫随判灰白，惟质皆绵密无纹，难淆真伪。……"①即可通过观察纸张的帘纹作出判断。

图9　王仁治旧藏乙亥本《雷峰塔经》上"任老"所作的题跋

当然，并非所有的翻刻本《雷峰塔经》都是为了牟利而生。比如，"宝箧自千秋——雷峰塔藏经特展"中展出的11卷民国翻刻本中，就有千年古刹昭庆寺慧空经房主持雕印的朱印本《雷峰塔经》（图10），海派画家唐云为之作画引首的写刻体《雷峰塔经》（图11），卷首加刻"雷峰夕照"小景版画的《雷峰塔经》（图12），变相图中的一朵飞花被画成马蹄莲的《雷峰塔经》（图13），卷端钤盖"傅"字号标记的《雷峰塔经》（图14），等等②。这些风格各异、

---

① 一归、金亮：《宝箧自千秋——雷峰塔藏经》，西泠印社出版社2022年版，第66-67页。

② 浙省西湖昭庆寺慧空经房弟子守政重刻陀罗尼经一卷，出自一归、金亮主编的《宝箧自千秋——雷峰塔藏经》，西泠印社出版社2022年版，第96-97页；朱关田题引首、唐云作画的民国翻刻本《宝箧印经》出自该书第104-105页；卷首加刻"雷峰夕照"小景版画的民国翻刻本出自该书第146-147页；"马蹄莲"民国翻刻本出自该书第152-153页；钤盖"傅"字号标记民国翻刻本出自该书第164-165页。

妙笔生花的翻刻本《雷峰塔经》在印刷史、佛教史上留下浓墨重彩的一笔。

图 10　昭庆寺慧空经房雕印的朱印本《雷峰塔经》

图 11　民国翻刻本《雷峰塔经》，朱关田题引首，唐云作画

图 12　民国翻刻本《雷峰塔经》，卷首加刻"雷峰夕照"小景版画

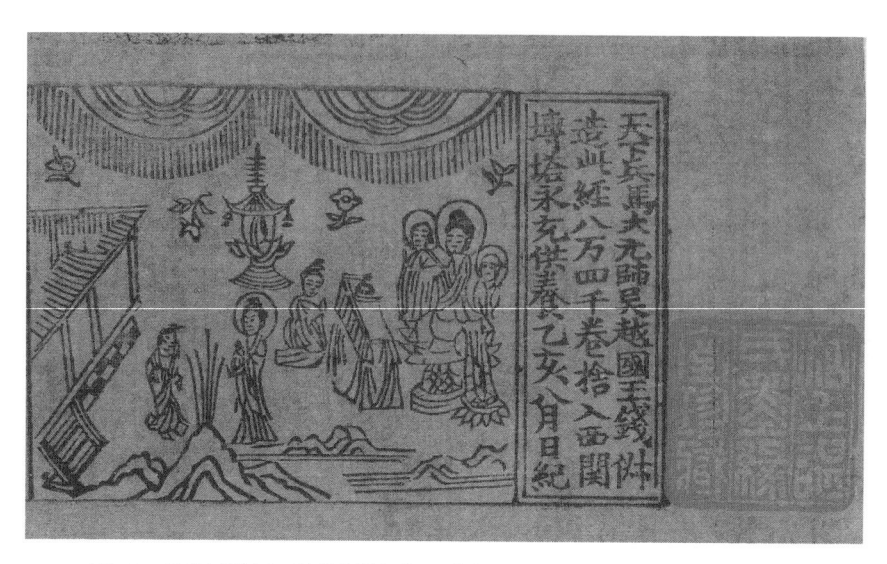

图 13　民国翻刻本《雷峰塔经》，变相图中的一朵飞花被画成马蹄莲

图 14　民国翻刻本《雷峰塔经》，卷端钤盖"傅"字号标记

〔作者：翁连溪，故宫博物院研究员〕

北宋刻本的调查与研究刍议[*]

刘蔷

摘　要：北宋时期雕版印刷取代手抄形式，逐渐发展盛行，成为中国古代印刷的主要方式。北宋刻本存世稀少，且散藏海内外，以往研究难以全面顾及。随着早期印本的新发现，对北宋本的版刻特征有了更多的清晰认识。围绕存世的北宋刻本，结合文献记载，对雕版印刷术的早期发展、流行与传播，提供准确描述与判断，以断代史方式开展北宋刻书的研究，已经具备一定可行性。

关键词：北宋刻本；版本学；印刷史

2013年，习近平总书记在谈到文化发展时指出："让书写在古籍里的文字活起来。"文明的传承与古籍文献息息相关，"唯殷先人，有册有典"，数千年来，中华典籍世代相传，成为中华优秀传统文化的重要载体。散藏于海内外的北宋刻本是中国雕版印刷的早期实物，不仅是古籍中的举世珍本，也是文明传承中的重要一环，是极具代表性的珍贵文献。全面调查其存世状况，深入研究其学术价值，对研究中国印刷史乃至东亚汉字文化圈印刷史、落实"让书写在古籍里的文字活起来"、弘扬文化自信，都具有重要的现实意义。

北宋一朝在中国版刻史上具有特别重要的意义。然而北宋本存世数量极为有限，且散藏海内外，难以集中探讨其规律性，以往研究少有带有结论性的观点。但是随着北宋早期印本尤其是单刻佛经的陆续公布，我们对北宋版的特征有了更多的参照和认识，结合文献记载，全面恰当地阐明其版刻规律及学术价值，已经具备一定可行性。

---

[*] 本文系国家社会科学基金课题"海内外现存北宋刻本的调查与研究"（项目编号：20BTQ027）的部分成果。

一、历史地位与研究现状

中国的雕版印刷术肇端于唐，成于五代，盛于两宋，延衰于元明清三代。北宋立国后，长期推行崇文抑武政策，大力发展文化事业，投入大量人力财力，国子监、崇文院等校勘刊定书籍，雕版印本日臻兴盛。诸经正义、字书、史书、医书和较大卷帙的类书、小说、诗文总集以及御制文、法帖等，都首次镂板摹印。由于雕版数量激增，不及在开封雕版的监本正经、正史类书籍送杭州开板，民间亦有书坊雕印。正经正史一直是科举必备，官本、坊本传刻不绝。北宋社会稳定，经济文化繁荣，以国子监为代表的官府刻书盛极一时，刻书的内容和文字整体上比南宋以后的版本更加准确和精美。北宋私家刻书沿袭五代，多出官宦之家，数量亦夥。坊刻也发展迅速，苏轼曾有"近岁市人转相摹刻诸子百家之书，日传万纸"之说。当时较为安定富庶的地区都有刻书记载，不仅东京汴梁、杭州、成都，南方的吴越、北方的青州，甚至偏僻的河西也不例外。北宋佛教大兴，大量的版刻佛教经典问世，仅在北宋刊刻或自北宋开刻的就有《开宝藏》《崇宁藏》《毗卢藏》三部大藏经，还雕版刻印了难以计数的单刻佛经，在中国佛教典籍刊刻史上绝无仅有。雕版书册中还出现了版画，雕印技艺较唐五代有显著提高。

宋代是雕版印刷的黄金时代，北宋有9朝167年，南宋也有9朝152年，然而历经千年变迁，现存宋刻本中，南宋刻本占比95%以上，清人陆心源曾说："宋刊世不多见，北宋刊本犹如景星庆云。"海内外现存的北宋刻本寥寥可数，稀如星凤，大部分收藏在中国国家图书馆、上海图书馆、北京大学图书馆、中国台北故宫博物院，以及日本的宫内厅书陵部、杏雨书屋、真福寺等处。北宋景祐刻本《史记集解》还被日本文化财保护委员会认定为日本"国宝"，享有无上地位。

对于北宋刻本的著录和记载，散见于清代至民国以来公私目录和藏书题跋题记，如乾嘉时官修《钦定天禄琳琅书目》中宋版《两汉书》、元祐刻本《资治通鉴考异》，黄丕烈所云"真北宋精椠"之《说苑》《淮南鸿烈解》等书。20世纪20年代王国维《五代两宋监本考》①之中卷考110余种北宋监本四部书籍名目、刊刻情形。赵万里《两宋诸史监本存佚考》②对正史在宋代的历次刊刻作了初步的系联与归纳。宿白《唐宋时期的雕版印刷》之《北宋汴梁雕版

---

① 王国维：《五代两宋监本考》，国家图书馆出版社2018年版。
② 赵万里：《两宋诸史监本存佚考》，原载《庆祝蔡元培先生六十五岁论文集》上册，国立中央研究院历史语言研究所1933年编印，收入《赵万里文集》第一卷，国家图书馆出版社2011年版，第457-465页。

印刷考略》①一篇在王国维探讨的基础上，根据新发表的史料重辑相关资料，研究又有较大扩展，进一步论述了北宋汴梁的雕版印刷不仅有官府印书，还包括私人刻书和书坊刻书；《附现存释典以外的北宋刊印书籍的考察》②一篇记残存于国内外的北宋雕印书籍（除释书外）共6批13种。李致忠《北宋版印实录与文献记录》③一文是作者中国书史系列文章中的一篇，概述了北宋刻书的文献记载，迄于仁宗朝，并著录个人知见的版本实物。除以上专文以外，印刷史著作多将北宋、南宋合并论述，并未作单独区分，如魏隐儒《中国古籍印刷史》④、张秀民《中国印刷史》⑤、李致忠《历代刻书考述》⑥等，且都详于南宋，对北宋时期的雕版印刷所言较为简略。版本学、文献学史著作与印刷史著作一样，对南宋时期的研究普遍远详于北宋，如李致忠《古书版本学概论》⑦、曹之《中国古籍版本学》⑧、黄永年《古籍版本学》⑨、孙钦善《中国古文献学》⑩等。

日本是中国以外收藏汉籍珍本最多的国家，历来对宋元版的珍视与中国如出一辙。相比中国学界，日本学界对北宋刻本的鉴定和研究成果更为突出，这些成果源自日本学者长期以来对中国宋元版古籍的高度关注。涩江全善、森立之所编《经籍访古志》⑪全面反映了江户时期日本所藏包含宋元版在内的善本汉籍情况。长泽规矩也撰有《宋代合刻本正史之传本》以及多篇论考，还编撰宋元版所在目录、刻工名表等。阿部隆一在第二次世界大战后策划并实现日本、中国台湾地区、中国香港所藏宋元版本之全面调查，运用刻工名信息分析版本种类，推定刊刻时间，撰有《中国访书志》⑫一书，此外还发表《日本国见在

---

① 宿白：《北宋汴梁雕版印刷考略》，载《唐宋时期的雕版印刷》，文物出版社1999年版，第12-62页。
② 宿白：《附现存释典以外的北宋刊印书籍的考察》，载《唐宋时期的雕版印刷》，文物出版社1999年版，第63-71页。
③ 李致忠：《北宋版印实录与文献记录》，载《文献》2007年第2期，第3-22页。
④ 魏隐儒：《中国古籍印刷史》，印刷工业出版社1984年版。
⑤ 张秀民：《中国印刷史》，上海人民出版社1989年版。
⑥ 李致忠：《历代刻书考述》，巴蜀书社1990年版。
⑦ 李致忠：《古书版本学概论》，北京图书馆出版社1998年版。
⑧ 曹之：《中国古籍版本学》，武汉大学出版社2007年版。
⑨ 黄永年：《古籍版本学》，凤凰出版社2005年版。
⑩ 孙钦善：《中国古文献学》，北京大学出版社2006年版。
⑪ [日]涩江全善、森立之编：《经籍访古志》，班龙门、杜泽逊点校，上海古籍出版社2014年版。
⑫ [日]阿部隆一：《中国访书志》，汲古书院1976年版。

宋元版本志》①经部部分。尾崎康曾多年跟随阿部隆一在日本、中国台湾地区及中国大陆系统调查存世宋元版本，并选择中国古典学术最为重要的基本典籍——正史为个人着力方向，其《正史宋元版研究》②综合考察宋元时期各次系统性刊刻正史的情况，对《史记》至《金史》共21部正史今存传本皆有论述，其中涉及北宋刊本4种6部。以尾崎康在北京大学演讲为基础整理而成的《以正史为中心的宋元版研究》③一书，书前附有《姓解》《孝经》等多部北宋刻本图版，书中还提到通过高丽皇室"高丽国十四叶辛巳岁藏书大宋建中靖国元年大辽乾统元年""经筵"藏书印判定北宋本的特别方法。

北宋刻本的版本鉴定是开展研究的基础，因其年代久远，内情复杂，掺杂原刻、翻刻、原版、补版，鉴别殊为不易，常见混淆。如同尾崎康所叹："旧时各种书目、书志、解题之失实，超出想象。"民国时期王文进、傅增湘注意到了北宋版书口以横线栏断之的做法。经过赵万里等前辈的努力，以《中国版刻图录》④《北京图书馆善本书目》为代表，其中体现出的宋元版鉴定方法逐渐走向科学化。《正史宋元版之研究》一书通过实物调查、版本比较、刻工分析以及文本校勘等多种鉴定方法综合运用来确认北宋版，对前人鉴定结论或补充推进，或纠谬创新，使正史宋元版的鉴定达到新的高度。张丽娟《宋代经书注疏刊刻研究》⑤一书通过对宋刻经书注疏传本的全面考察，结合文献记载与书目著录，厘清今存宋刻经书版本的类型、源流，各版本刊刻时地等，其中涉及北宋国子监刻《九经》与南宋及后代翻刻本的鉴定。20世纪90年代以来发表的成果中有数篇涉及北宋版的鉴定，如《琅函鸿宝——上海图书馆藏宋本图录》⑥中列举的6种证据考证杭州净戒院印本《长短经》当刻于北宋，《北宋刻本〈结净社集〉与版本鉴定》⑦和《珍贵典籍的重大发现——北宋刊本〈礼部韵略〉》⑧都是关于新发现北宋刻本的鉴定。难能可贵的是，有学者尝

---

① ［日］阿部隆一：《日本国见在宋元版本志》，《斯道文库论集》第一八辑，日本庆应大学斯道文库1981年版，后收入《阿部隆一遗稿集》第一卷，日本汲古书院1993年版。

② ［日］尾崎康：《正史宋元版研究》，乔秀岩、王铿编译，中华书局2018年版。

③ ［日］尾崎康：《以正史为中心的宋元版研究》，陈捷译，北京大学出版社1993年版。

④ 北京图书馆：《中国版刻图录》，文物出版社1961年版。

⑤ 张丽娟：《宋代经书注疏刊刻研究》，北京大学出版社2013年版。

⑥ 上海图书馆编：《琅函鸿宝——上海图书馆藏宋本图录》，上海古籍出版社2010年版。

⑦ 沈乃文：《北宋刻本〈结净社集〉与版本鉴定》，《版本目录学研究》第九辑，国家图书馆出版社2016年版。

⑧ 李致忠：《珍贵典籍的重大发现——北宋刊本〈礼部韵略〉》，载《文献》2013年第1期，第3-11页。

试对北宋本的版刻规律加以总结，如《略论北宋刻本的书口特征及其鉴定》[①]一文通过对现存版刻实物的梳理，归纳出五代至北宋时期刻本不刻鱼尾的书口特征存在五种版式；《宋代版刻书法研究》[②]对宋代版刻书法进行了系统的梳理，从书法史角度作出总结。

以往对北宋刻本的研究，多局限某一类文献或某一种书之考察，尚不足以覆盖四部之书。谈到北宋刻本，又大都只言及佛典以外的四部书，未将宋刻佛经纳入研究视野。北宋本存世数量极为有限，珍逾琬琰，且文本精善，在今天具有极高的文物、文献双重价值。综合历代著录及文献记载，证以版本实物，推进古籍版本学中同一朝代内版本的断代研究已经成为可能。

二、研究意义与可行性

北宋一朝在中国版刻史上具有特别重要的意义。这一时期雕版印书取代手抄形式，开始通行起来，规模逐渐扩大。装帧方式上由卷轴装向册页装过渡，出现了蝴蝶装。宋版书在公私藏书中都享有崇高地位，宋版鉴藏活跃，佞宋之风相沿不绝。对雕版印刷术的早期发展、流行与传播，提供准确描述与判断，以断代史方式对北宋刻书进行研究尚无先例。

古籍版本学是一门实践性很强的学问，那些看似带有"观风望气"色彩的鉴定经验并非玄虚，都是建立在实践基础上的经验和积累。当下版本学已发展到可以进行理论总结的阶段，总结北宋刻本的鉴定方法，为传统的"观风望气"作理论升华，探讨前贤尚未解决的问题，厘清重要概念的认识，这将有助于推动传统版本学向现代学术的迈进，进一步促进古籍版本学的学科建设和发展。

从版本学的角度对北宋刻本进行深入、系统的研究，揭示其版本面貌和特点，归纳其基本类型，分析其分布及演变规律，具有重大学术价值。这不仅关系到北宋刻本区别于南宋刻本的鉴定问题，还涉及中国书史、中国印刷史的若干重要问题。而目前这一课题涉足者甚少，可资开拓者很多。

2007年，中国启动"中华古籍保护计划"，全面、科学、规范地对现存古籍开展调查、保护工作。北宋时期作为中国雕版印刷史上的重要阶段，每一部存世的北宋刻本皆为嫏嬛秘籍，缥缃精品，诚乃国之重宝。如今，一部北宋刻本哪怕仅是零缣断简，也已成为各收藏单位引以为傲的珍贵特藏，而在近年拍卖会上，每部北宋刻本的现世都备受瞩目，买家竞价争求。调查其存世现状

---

① 刘明：《略论北宋刻本的书口特征及其鉴定》，载《中国典籍与文化》2013年第3期，第50-61页。

② 刘元堂：《宋代版刻书法研究》，南京艺术学院2012年博士学位论文。

及确切数量，研究其丰富的文化内涵，对国家正在倡导的流失中华典籍的抢救与整理，具有一定现实意义。

传世北宋刻本虽然寥若晨星，但大都已编目在册，如《中国古籍善本书目》[①]上著录包括佛经（包含 20 世纪 60 年代后考古发现者）在内的北宋刻本 37 种 70 部；日本和中国台湾地区的宋元版有《日藏汉籍善本书录》[②]《台湾公藏宋元本联合书目》[③]等书目可资备检，虽不尽准确，其大致面貌渐有踪迹可寻。加上新近发现、上拍的北宋刻本有如横空出世，如 2013 年发现于江西、后为南京图书馆购藏的《礼部韵略》、2015 年自韩国回流的《西湖昭庆寺结净社集》等，传世古籍、佛经及考古发现的北宋刻本，版本数量已足以支撑研究所需。近年来《中华再造善本》《国家珍贵古籍名录图录》[④]和各馆藏珍品图录的出版也为我们提供了相当多的书影，在实在无法提阅原书时可略窥究竟。如在已公布的五批《国家珍贵古籍名录》上有总计 111 部北宋时期刻本。以上种种，都为查访北宋刻本以及进行深入全面的研究提供了可能。

三、研究内容与思考

目前对北宋刻本的研究尚存许多空白和不足：如北宋时期除了汴梁、杭州、成都还有哪些具体的刻书地点？文献记载中北宋私人校辑刊刻的文集是否有实物遗存？确定北宋刻本的标准；不同时期、不同地域的北宋刻书的"典型标准本"的特征；北宋官刻本与坊刻本之版本差别如何；南宋绍兴初年覆刻北宋本规模、品种、数量，覆刻本与原刻底本之间有哪些版刻规律可循？对鉴定北宋原本有什么参考意义？北宋时期的版画成就；为何雕版印刷已然流行还会在嘉祐六年（1061）刊刻石经？北宋官刻本的用字标准；北宋监本、蜀本、浙本等不同类型刻本的字体、版式；见于文献的北宋版刻书手有哪些？见于北宋刻本实物上的刻工情况，不同地区的刻工有哪些迁徙流动？北宋本与南宋本在版刻风貌上的差别；对于北宋刻本前人有哪些认识？清代藏书家所谓的"北宋小字本"是否果如前人所云"几乎统统是南宋杭州的监本和其他官刻本"？清代乾嘉时期以来官私目录及藏书题跋、藏书志上所记载的"北宋本"是否真的无疑之北宋刻本？如今这些珍本是否存世？藏于何处？等等。如今海内外尚无一部对北宋刻本进行综合性研究的专著，其存世状况更是从未全面搜集整理，并多

---

① 中国古籍善本书目编委会：《中国古籍善本书目》，上海古籍出版社 1986—1997 年版。
② 严绍璗：《日藏汉籍善本书录》，中华书局 2007 年版。
③ 昌彼得：《台湾公藏宋元本联合书目》，（中国台北）"国立中央"图书馆 1955 年版。
④ 中国国家图书馆、中国国家古籍保护中心：第一至五批《国家珍贵古籍名录图录》，国家图书馆出版社 2008—2018 年版。

有语焉不详、人云亦云之说，与学界对宋元版书的研究盛况相比，反差颇大，其学术地位亟待深入研究。

经过笔者两年多的调查，目前已知佛典以外的北宋刻本仅存30部左右，散藏世界各地。其中中国大陆13部（国家图书馆8部、北京大学图书馆2部、上海图书馆1部、南京图书馆1部、民间1部）、日本14部（日本宫内厅书陵部3部、真福寺4部、国会图书馆1部、杏雨书屋1部、京都国立博物馆1部、尊经阁文库1部、静嘉堂文库1部、御茶之水图书馆1部、京都东福寺1部）、中国台湾地区2部（中国台北故宫博物院1部、"中央"研究院历史语言研究所傅斯年图书馆1部）、俄罗斯2部（俄罗斯科学院东方学研究所圣彼得堡分所2部）、德国2部（柏林普鲁士学士院1部、德国国家图书馆1部）。佛经除几部《大藏经》及其零种外，还有数批考古发现中的北宋刻本，如敦煌藏经洞发现之北宋刻本《切韵》残页、有太平兴国五年（980）刊记的《大随求陀罗尼经咒》；吐鲁番吐峪沟出土之北宋刻本《龙龛手鉴》残叶；黑水城出土之北宋刻本《吕观文进庄子义》残卷、《初学记》残页；苏州瑞光塔发现之咸平四年（1001）和景德二年（1005）所刊《大随求陀罗尼经》各一纸；温州慧光塔及白象塔发现之宋明道二年（1033）胡则刻本《大悲心陀罗尼经》等；山东莘县宋塔出土的一批庆历二年（1042）迄熙宁二年（1069）杭州晏家和杭州钱家雕印的《妙法莲华经》；浙江丽水碧湖宋塔发现的政和六年（1116）钱塘张衍刻本《佛说观世音经》等。

笔者成功申请了国家科研课题，研究将围绕存世的北宋刻本展开。力图将文献记载与版本实物相结合，把握北宋刻本的版刻规律，准确、全面、详尽地揭示存世北宋刻本的整体情况，以此为基础开展相关研究。

内容将分两部分。上编为综论。首先按时代顺序讨论北宋雕版印刷历史，将北宋九朝分为初期（太祖、太宗、真宗）、中期（仁宗、英宗、神宗、哲宗）和晚期（徽宗、钦宗）三个时期，根据各个时期政治需求、经济状况，史籍文献中所记载的官私印书机构、刻书史事、所刻印的图书种类、特点，一一备述或以图表列出。其次按刻书地域，各个地域再分述其先后变化，以及官刻、私刻、坊刻之发展。以史料与历代书目著录相印证，考证北宋刻书地点。再次，北宋刻本之鉴定。对今存北宋刻本的刊刻时间和地点、印刷时间做精细化、科学化的研究，显示在版本项著录中就是更为细致的时代分期（如北宋初期、北宋前期、北宋中期、北宋后半期、北宋末年）、刊刻地区划分（如汴梁刊、浙刊、北方刊、蜀刊）、刊本间关系的表述（覆刻、递修、后印、南宋初年翻刻本、南宋翻刻本、后世翻刻北宋本）、行格、字体差别（如北宋刊小字本、北宋末南宋前期蜀刊大字本）等。对同版不同印本，亦通过比较鉴别，区分各本补版情况、印刷时间。总结字体、版式、刻工、纸墨等特征和规律，归纳其鉴定方法。最后，北宋刻本之文献价值。国子监诸经诸史雕版前都经反复校勘，故北宋监本文本精善，南宋初期覆北宋版以及此后的宋元明再翻版，传存北宋版的精良文本，形成独特的北宋版系统。此节着意比较各本体例、文本，并通过文字校勘来考察版本关系，证明北宋刻本的文本价值。以上皆为整体研究。

下编为解题，对存世北宋刻本以部为单位，依经史子集四部为序，做详尽的书志著录与版本考辨。举凡各本行款版式、卷端题署、存卷缺页、原版补版、牌记衔名、刻工避讳、装帧尺寸、钤印题跋、现藏单位等项，皆一一详记，跋一书而其书之形状如在目前。爬梳本书内外各种文献记载，并广泛收集前贤时彦成果，凡涉及版本或援为考订之资者皆详录之，将其刊印者、刊刻时间和刊刻地点尽可能考证详尽。书末附书名索引、人名索引和刻工索引，以备检索。

北宋刻本星散海内外，海外所藏者超过半数。加之佛经部分，全藏及《大藏经》零种、单刻佛经数量庞大，其收藏机构不仅有图书馆，还有博物馆、寺院和私人藏家，遍访极为不易。这些书无一例外珍若拱璧，世人难获一见，这也是限制以往研究无法深入具体的主要原因。笔者将从文献学角度，努力通过调查、目验、考订、整理和发现，对以往含糊不清的北宋刻本的整体情况进行全面研究，希冀有所创获。

〔作者：刘蔷，清华大学图书馆研究馆员〕

清代的缩刻铜版印书

邢立

摘 要：本文通过史料钩沉，结合清代缩刻铜版典型图书《诗韵合璧》《吟香阁丛画》《缩刻铜板千百年眼》《康熙字典》等实物研究，从印刷技术史角度，对清代存在于中日汉籍出版活动中的缩刻铜版印书活动进行了探讨。缩刻铜版印书采用凹版印刷，内文字体笔画温和圆润，粗细对比度弱，笔画多采用刻针，直接刻线，字体不再经修饰，经过凹印铜版蚀刻形成等线体，与雕刻木活字经过电铸技术所形成的小字号铅字相比，边缘没有凸印的边缘溢墨，已经达到汉字印刷在当时技术条件下适应可读性要求的极限。笔者认为，缩刻铜版印书是中西印刷技术交融的复合技术产物。从中国印刷技术史角度看，其技术、工具对于汉字印刷字体的影响，微字形的形成对于目前屏显字体开发，以及对书籍装帧形式的变化和印刷术语的影响等，都有更深入探讨研究的必要和价值。

关键词：印刷史；凹版印刷；缩刻铜版；铜版印书

铜为版，在中国古代的文献记载中通常有翻砂、失蜡、雕刻的制版方式，这些在印刷工艺上按照版面结构形式分类，归为凸版。凸版印刷是历史上最悠久的印刷工艺，起源于中国的木刻雕版。在中国，最晚到清代出现了属于凹版的铜版印刷形式，虽然这种凹版从版面结构看很像拓石，但着墨的部位相反，从15世纪中叶，欧洲最早使用凹版印刷，中国从清代的康熙年代开始到道光时期，在清宫内应用铜版凹印有明确记载和实物留存。自清代，中国的印刷技术史已经与西学东渐的西方技术不能割裂，当时使用铜作为版，属于凸版印刷范围的不但有中国传统技术，还有电铸铜版、腐蚀铜版、照相网目铜版等。属于凹印的有蚀刻铜版、雕刻铜版等，还有属于平版的珂罗版。但以往一些研究仅从古代早期制铜方法的角度出发，有研究者认为至少在清代，在科举用书市场，铜版印本并不存在，这个结论不客观。清代在中日之间的汉籍出版中包括科举用书，有一种铜凹版，采用微字形和微缩图像的缩刻铜版印书工艺，本文从印刷技术史角度，主要对缩刻铜版印书进行探讨。

一、清代使用铜材质版的印刷工艺

"铜版"在《辞海》条目中解释为：①用铜铸成或用铜板刻成的印版。早在后晋天福年间（936—943），曾用铜版印刷《九经》；11世纪初，北宋曾以铜版印纸币等。②亦称"铜版印刷"。古代以铜活字排印书籍。③照相铜版、电铸铜版、雕刻铜版等的总称。[①]除延续自古的印刷工艺，从清代康熙时期开始，以铜为制版和印版材料的应用更具有多样性，凸、凹、平三种印刷方式俱全，尤其是随着中西交流的发展不断深入，外来印刷技术与中国传统印刷技术交融和本土化的过程中，产生了多种适合汉字印刷的复合性技术。

（一）属于凸版的铜版工艺

除承自古代的砂型铸造、失蜡法铸造和雕刻制铜的工艺方式外，主要有铜活字版、电铸铜版、铜锌版、照相网目铜版等，铜活字排版是典型的使用铜材料为版的凸版印刷，铜活字版在印刷史上有多种记载，以康熙雍正年间开始印刷的《古今图书集成》最具代表性，但并没有遗存铜活字和组版实物及工艺记载，目前铜活字的制造以砂型铸造和雕刻或者两者结合的说法为主流，但"中国清康熙年间制造铜活字时也有传教士在内府，不排除参与的可能性"[②]，存在蚀刻法的可能性。从当时存在的技术分析，失蜡法和蚀刻法都具有技术上的可行性，这方面的复原实验研究笔者也有进行，但目前还没有定论。

电铸（镀）铜版是一种涉及化学、电学、电化学等技术的制造印刷铜版的方法，1843年欧美开始以此方式用于制造铜字模、装饰花边、印刷图案印版。中国记载电镀的最早文献是1855年上海墨海书馆出版的《博物新编》，1848年美国长老会从美国订购图案铜印版运抵宁波，现存1856年由宁波华花圣经书房的出版物《地球说略》就采用了这些铜版做插图（图1），1871年由宁波迁沪后的上海美华书馆又进行了重印。1859年美华书馆使用电铸技术制造汉字铜字模，1869年开始使用电铸铜版工艺，印制了《天道溯源》[③]（图1）。这种技术直到20世纪30年代，商务印书馆和中华书局仍在使用。1855年法国人弗明·稽录脱（M.Gillot）发明照相铜锌版，1882年德国人梅森巴赫

---

① 《辞海》第六版彩图本，上海辞书出版社2009年版，第2277页。

② 邢立：《论中国活字版印刷术的历史性贡献》，载《印刷文化（中英文）》2020年第1期，第27页。

③ 邢立：《电铸铜版在中国出版印刷的初始应用》，载《中国出版史研究》2019年第2期，第154页。

（Meisenbach）创制照相网目铜版，1900 年由土山湾印刷所在中国最先使用。1892 年美国人威廉·库尔茨（William Kurtz）发明三色照相网目版，清宣统时商务印书馆改良照相铜锌版试制成三色网目铜版。① 商务印书馆在 1904 年时开始使用黄杨木版，实际印刷使用是转成铜版凸印。1932 年"一·二八"事变中，日本轰炸商务印书馆，这些版被炸毁："藏版部系三层巨厦，被焚后所藏铜、锌、铅等版均熔成流质，溢出墙外，凝成片块。"②

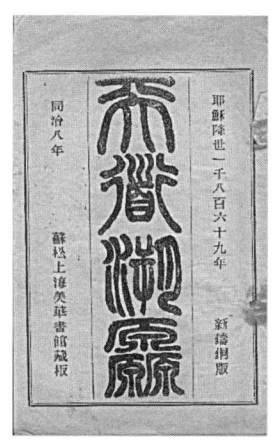

图 1 《地球说略》《天道溯源》

（二）属于平版的珂罗版以铜做版

平版印刷工艺在清代的使用主要是石印，它是一种直接印刷方式，后来发展到通过橡皮布转移的间接印刷即胶印。1876 年出版的月刊《格致汇编》，插图来源于国外的铜版图样，仅第一年使用通过石版转印的图像数量过千。珂罗版印刷，采用水油相斥的原理，为平版印刷工艺，1869 年由德国人阿尔伯特（Joseph Albert）发明，珂罗版最初使用的版基材为铜，将鱼胶、明胶等混合重铬酸盐，流布于铜板，后来发展为使用玻璃为基材。

（三）凹印铜版在清廷

在西方谈到印刷术的发明，通常是指以德国人谷登堡为代表的铅活字版印刷技术，而不是同一时期产生的凹版印刷技术。在欧洲凹版印刷开始时主要是用于美术作品的复制，有干刻和蚀刻两种方式，以后才陆续发展了美柔汀、飞

---

① 贺圣鼐：《三十五年来中国之印刷术》，收入《最近三十五年之中国教育》，商务印书馆 1930 年版，第 184-185 页。

② 何炳松：《商务印书馆被毁记略》，载《商务印书馆九十五年》，商务印书馆 1992 年，第 246 页。

尘等技法。虽然版的形式与我国的阴刻相近，但油墨在版面的凹处，印刷所需要的压力远大于凸印、平印，需要用专业的印刷机和能承受大压力的版材，一般使用铜或钢材料。明代，西方的凹版印刷品被中国人所了解，明万历十九（1591）年，耶稣会传教士利玛窦到中国时，将凹印铜版画赠予制墨大师程大约。程大约在《程式墨苑》中将4幅铜版画以木版仿刻。清康熙五十二年（1713）来自罗马教廷的传教士马国贤（Matteo Ripa，1682—1745）在清宫内指导使用凹印铜版印刷，《清廷十三年：马国贤在华回忆录》[①]中记载了在承德避暑山庄和清宫内配制蚀刻用酸、制凹印油墨，造印刷机，雇用中国刻工，培养两位中国徒弟，刻印《热河四十景图》[②]，康熙五十八年（1719）制《皇舆全览图》[③]。

清廷内另一个镌刻铜版画的题材是描写战争场面的得胜图，从乾隆年到道光年一直在制作。其中乾隆帝于乾隆二十九年（1764）令郎世宁（Giuseppe Castiglione，1688—1766）、王致诚（Jean Denis Attiret，1702—1768）等起稿绘图[④]，乾隆三十年（1765）墨绘稿经广州十三行送法国镌刻印刷，现在中国台北故宫博物院及法国有相关档案和版画保留。中国台北故宫博物院称这批铜版画为《平定准噶尔回部得胜图》，故宫博物院著录为《平定伊犁回部战图》《平定伊犁回部得胜图》。这批铜版画制作是由法国建造总监兼绘画研究院院长马力尼（Marquis de Marigny，1727—1781）侯爵负责，巴黎最出色的雕刻师及设计师尼古拉·柯升（Nicolas Cochin，1715—1790）主持，率当时最好的7名刻工历时12年完成，是当时欧洲铜版画的巅峰之作，受到了路易十五国王和乾隆帝的称赞，是中西文化融汇交流的杰作。

乾隆到道光年清廷还雕刻印刷了《乾隆内府舆图》[⑤]、《平定两金川得胜图》16幅、《圆明园长春园图》20幅、《平定台湾得胜图》12幅、《平定廓尔喀得胜图》8幅、《平定苗疆得胜图》16幅，嘉庆三年（1798）刊刻《平定狆苗

---

① [意大利]马国贤：《清廷十三年：马国贤在华回忆录》，上海世纪出版股份有限公司，上海古籍出版社2004年版。

② 据《清廷十三年：马国贤在华回忆录》记载：陛下知道我的雕版工艺获得了一些进展，决定要印刷一批采自他亲令建造的热河行宫《热河三十六景图》。后又描述："他当场命令我刻印《热河四十景图》准备把它们和一些诗文合为一册，作为赠送给满族亲王和贝勒们的礼物。"见[意大利]马国贤：《清廷十三年：马国贤在华回忆录》，李天纲译，上海古籍出版社2004年版，第63页。

③ 受法国国王路易十四派遣到中国的耶稣会士法国人白晋（Joachim Bouvet，1656—1730）在其著《康熙帝传》中认为：1718年后马国贤刻44块铜版。见[法]白晋：《康熙帝传：外国人笔下的清宫秘闻》，珠海出版社1995年版。

④ 中国第一历史档案馆收藏多种战图线描画稿。

⑤ 又名《乾隆十三排图》或《乾隆皇舆全图》，全套舆图铜版现藏于故宫博物院。

得胜图》4幅，道光年（1821—1851）刊刻《平定回疆得胜图》10幅，其中的道光九年（1829）刊刻《柯尔平之战图》（也称《平定张格尔战图》，图2），这块铜版现藏于中国科学院国家科学图书馆，版与图的局部细节从印刷技术看明显低于在法国印制的铜版画，但从技术角度看完全可满足缩刻铜版印书。乾隆十六年（1751），有北京青年高类思、杨德望得到法国耶稣会士蒋友仁之助前往法国学习，1764年在法国学习绘图和雕刻铜版等技艺，1765年回到北京，后在江西、广州等地传教，对其回国后的经历目前仍无详细记载。

图2 《柯尔平之战图》铜版和版画局部

从这段历史过程可以看出，从康熙到道光朝，蚀刻铜凹版技术[①]一直在清廷内延续。《本草纲目拾遗》成书于乾隆三十年（1765），初刊于同治三年（1864），对使用强水蚀刻铜凹版也做过记载。清廷内掌握了在铜基材上涂覆保护层、镌刻、酸腐蚀、凹印油墨、凹版印刷机、使用适合纸张的系列完整技术。蚀刻铜版技术是否为民间掌握，未见现有文献记载，但依照常理，在宫内延续五个朝代，使用超过百年，尤其是鸦片战争后，国力的衰落，技术为民间所知晓是正常的。最晚在同治年间（1862—1875）已经在中日两国出现了铜凹版的缩刻印书，说明中国凹印铜版技术的使用，自清代康熙年开始从未间断。

二、缩刻铜版印书的文献记载

凹印铜版在清代并不如木刻雕版、石印、铅印应用广泛，相关文献记载并不多。1931年贺圣鼐的《三十五年来中国之印刷术》介绍了近代印刷技术，对凹印铜版有些论述。比较系统的介绍是1889年王肇鋐所写的《铜刻小记》，这是他在日本学习期间写的地舆学著作，对蚀刻铜版工序作了详细介绍："刻铜之版法，创自泰西，行诸日本。镌刻极精图式，宜取诸此，虽细如毫发之纹，亦异常清楚。其免燥湿伸缩之虞也，胜乎木刻，其无印刷模糊之病也，超乎石

[①] 该技术主要是蚀刻，用线干刻辅助。

印。非心粗气浮者所能从事也。滋就其工之次序缕言之：先磨版，次上蜡，次钩图，次上版，次刻蜡、次烂铜、次修版。"其中对蚀刻铜版缩刻也作了介绍："缩刻之法有二：一须缩绘后付刻；二用照相法，照小再钩出付刻，故能与原样相肖。"①

陈乃乾先生是文献学家、编辑出版家、精版本目录学家。1946年10月11日，他在《大晚报·老上海》发表的《西洋印刷术到上海》文章中写道："和铅印石印同时输入上海的另一种新技术——铜版，是日本人所经营。乐善堂书药铺、修文书局、福瀛书局三家出版最多。所印的书都是袖珍小册，字画工整清晰，较铅印更为美观。这种铜板书完全是手工镌刻而成，和现行的照相制版不同。你如果要加以鉴别，只须闭上眼睛，用手轻轻按摩，觉得有字的地方，比空白的地方稍凸出，即是手工刻成的铜板，若是用照相铜板印书，便摸不着丝毫痕迹。"②从文中可以看出一是袖珍本；二是此铜版不同于一般照相铜版印书的凸印；三是字墨凸起为凹印。张静庐《中国近代出版史料·二编》介绍乐善堂铜版图书的条目记述："用铜版雕刻缩印中国古典图书，创自日人岸田吟香所办之乐善堂药书店。"

日本人在上海经营的芦泽印刷所认为乐善堂："约在明治十六年（1883）前后，发行清朝高等文官科举考试的中国古典的袖珍本，虽然是在日本铜板雕刻，在上海印刷的，但是与旧有的3号活字的中国书籍相比，因其小巧便于携带进入考试场，出售了15万部，据说赚了大钱。"③

1961年6月22日，张静庐先生在《人民日报》第八版发文《喜见〈铜版典林〉》。文章介绍了慈水锄经阁藏版的《铜版典林》，这套缩刻铜版书八册，底本是宁波一经堂重校的江永《四书典林》，"版口高十公分，宽七点二公分"，年代考证为"在公元1862—1872年"，时间上早于乐善堂等缩刻铜版印书。文章认为"《铜版典林》雕刻之工，不亚于乐善堂各书本，一点一画，纤如毫发，字体同七号铅粒而明晰过之"。作为近现代出版史研究的专家，张静庐认为在清代时期我国已经应用缩刻铜版印书的观点具有研究价值。从该文也可看出，他对缩刻铜版印书在中国开始的时间已经有了新看法。鸦片战争后，中日印刷技术水平差距缩小，在陈乃乾、张静庐生活的年代日本已经实现了反超。例如，汉字、片假名铅活字制造技术，本是1869年从上海美华书馆传入日本，由姜别利（William Gambel，1830—1886）传授给被称为"日本铅活字始祖"

---

① 张静庐辑注：《中国近代出版史料·初编》，中华书局1957年版，第298-308页。

② 陈乃乾：《陈乃乾文集》上册，虞坤林整理，国家图书馆出版社2009年版，第133页。

③ 陈祖恩：《岸田吟香与海上文人圈：以1880年中日文化交流为中心》，载《日语教育与日本学》2012年第二辑，第124页。

的本木昌造，后来其弟子平野富二在日本建立筑地活版所，又于1883年在上海开设修文书馆，将铜字模复制和修整后返销中国。这一过程鲜有论述，以至于到现在仍有不少人认为中国铅活字版技术是从日本引进。对于缩刻铜版来说，当时重点是印刷四书五经科考类图书，这类书不是宫廷善本，存在时期短，图书馆少有收藏，因此长期被忽视，更缺少研究。

但是，凹版技术在清末有广泛应用。海关造册处清光绪十四年（1888）用雕刻凹铜版印制税票，度支部印刷局光绪三十一年（1905）建立，引进雕刻凹版制版印刷设备，聘请美国人海趣等来华传授雕刻钢凹版技术等，本文不一一赘述。

三、缩刻铜版的出版物

缩刻铜版工艺的出版物，各大图书馆藏品不多，以往未见技术性系统研究。乐善堂药书店多是由于间谍行为而非缩刻铜版印书在历史研究中受到过一些关注。店主岸田吟香（1833—1905），通过做眼药水和缩刻铜版书等在中日间发展，后为日本军方侵华提供支持，被称为"最大的民间间谍"。1866年，他因随从于美国长老会在日本的传教士赫本（James Curtis Hepburn，1815—1911，习称"平文"）在上海美华书馆印制日英第一部辞典《和英辞林集成》，在上海居留达八个月，是幕府末年在上海居住最久的日本人，他也是最早目睹美华书馆铅活字制造技术的日本人。1869年原美华书馆主持姜别利将汉字铅活字制造技术私授给本木昌造，不会与他没有关联。汉字铅活字制造技术传入日本的这段历史，以往中国在这方面资料较少，近年有不少研究成果，值得关注。

在日本东京大学综合图书馆收藏的《乐善堂发兑铜板石印书籍地图画谱》目录中共有213种，其中四书五经的解说和科举考试的参考书、试题集有62种。中国国家图书馆收藏的乐善堂目录中，《乐善堂精刻铜版缩印书目》部分有36种。[①] 此目录下和同时期缩刻铜版的几套书的基本特征如下：

1.《角山楼重订增补类腋》（图3）。有牌记"东都乐善堂铜刻藏版"，线装书尺寸109毫米×70毫米，每页版框57.5毫米×110毫米。在一页信用卡大小的版框内，容纳1152个字，每字大小约1.8毫米，小于5号字的一半，约5P（1point=0.3514毫米），能够清晰阅读，鱼尾十字线交叉划刻明显，字体为等线体，笔画细线约0.1毫米[②]。

[①] 陈捷：《岸田吟香的乐善堂在中国的图书出版和贩卖活动》，载《中国典籍与文化》2005年第3期，第50页。

[②] 该数据由作者用放大镜下胶片的标准细线做比对采集，以下测量方式相同。

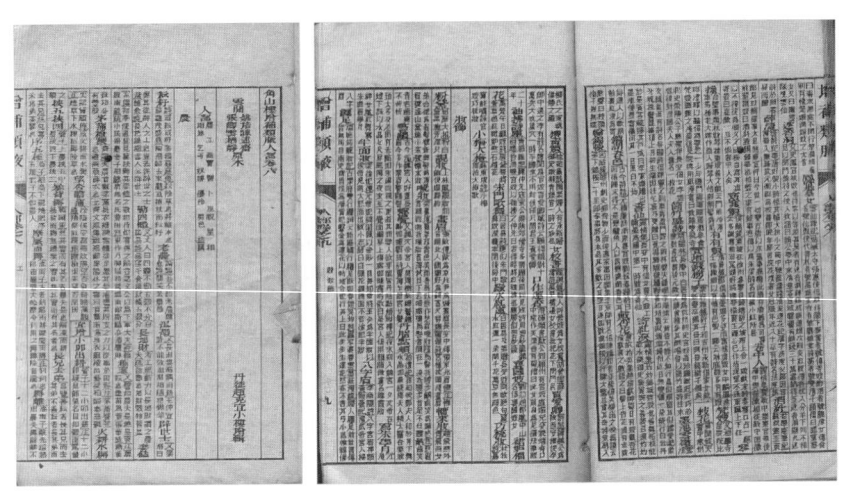

图3 《角山楼重订增补类腋》

2. 精缩铜刻《诗韵合璧》一函5册（图4）。年代为明治十五年（1882），线装书113毫米×73毫米，每页版框85毫米×112毫米，有无行间界栏，江户刻本多无行间界栏，清刻本中也少见，鱼尾十字线划刻明显，小字尺寸为1.95毫米×2.25毫米，字体为等线体，笔画细线约0.1毫米。

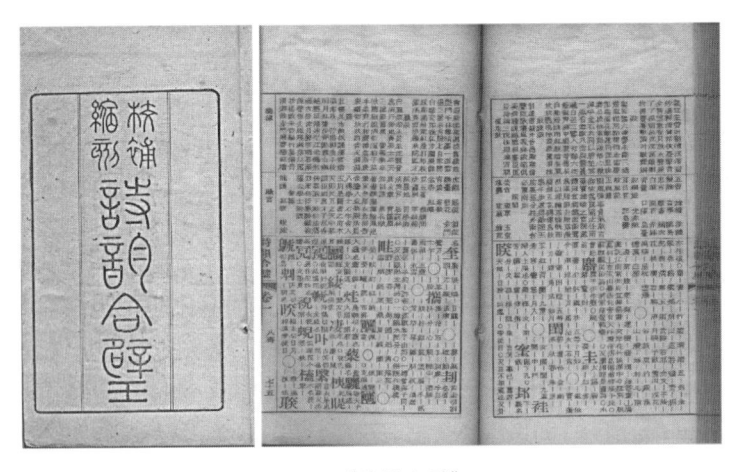

图4 《诗韵合璧》

3.《吟香阁丛画》（图5）。线装书118毫米×74毫米，单页版框81毫米×53毫米，吟香阁丛画宣传称："爰仿泰西照相法，将诸画缩小一寸择良工刻以铜版。"乙酉（1885）夏东都乐善堂缩刻，有王韬等名人序，将山水人物花草勾勒精细，线条精细到0.025毫米。

图5 《吟香阁丛画》

4.《铜板缩刻五经体注》（图6）。牌记为：光绪癸未年（1883）秋九四明珍经阁锓版。武进举人陈允颐作序，称"珍经阁主人不惜重资，既以铜板印五经体注"，是非常精美的凹印铜版书。一函8册，线装书115毫米×75毫米，一页版框86毫米×125毫米，小字正方长宽约2毫米，字体笔画细线约0.125毫米，基本属于等线体，横笔画有装饰角，刻工明显有刻老宋体的功底。鱼尾有明显的十字交叉网状刻痕，册前页用红色字体印有提示"舟车便览，勿携入场"。校对无讹。字迹有非常明显的油墨凸起触感。

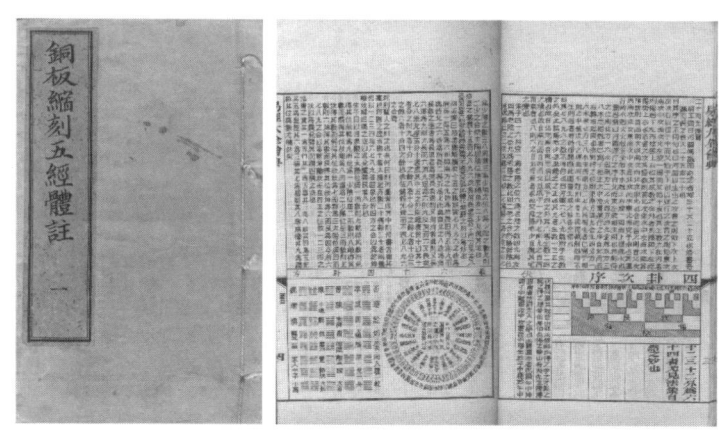

图6 《铜板缩刻五经体注》

5.《缩刻铜板千百年眼》（图7）。牌记为：光绪戊子（1888）夏日四明王氏刻于日东江户客次。一函两册，线装书130毫米×87毫米，一叶版框105毫米×140毫米，内文小字体硬朗，是有衬线装饰角的宋体，小正方字体长宽约 3.23 毫米，鱼尾十字相交，墨迹凸起，堪称精品。清代修四库全书时被列入禁毁书目，是宁波慈溪商人王惕斋在日本铜版缩刻版本。

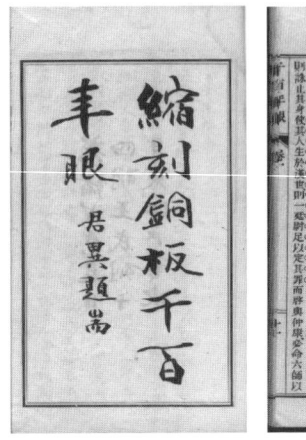

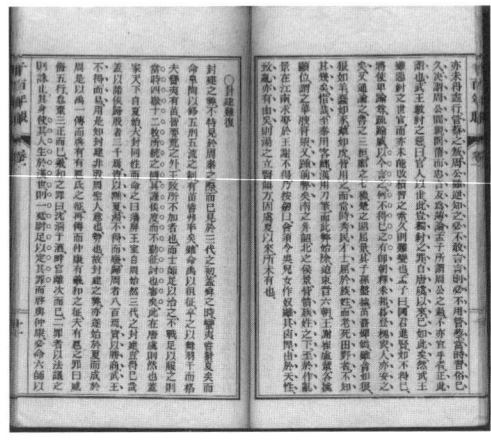

图 7 《缩刻铜板千百年眼》

6.铜版《康熙字典》（图 8）。标识为光绪丙午（1906）孟冬商务印书馆新镌铜版，扉页为龙纹书牌，御制序，纸墨尚佳。整套中式线装 7 册，尺寸 202 毫米×132 毫米，整叶版框 150 毫米×207 毫米，内文小字 2 毫米×3 毫米，近似等线体，略有装饰角，字体笔画细线约 0.15 毫米。鱼尾放大镜下观察有几种现象，有十字交叉网状或 45 度与 90 度刻痕，有多位雕工的风格，似打样修版后转为石版印刷。

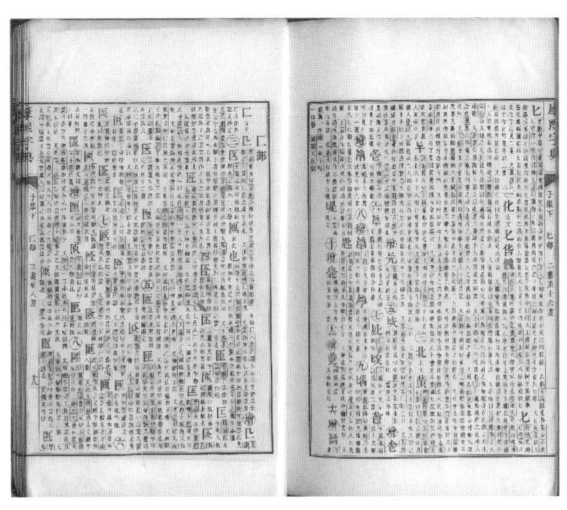

图 8 《康熙字典》

四、缩刻铜版图书技术特征与源流

万启盈编著《中国近代印刷工业史》"凹版印刷"条目介绍:"书馆(指乐善堂书药房)因工繁印慢,价目甚昂,销售不畅,停业后,将《康熙字典》铜版辗转售于商务印书馆,藏东方图书馆多年,'一·二八'事变,东方图书馆被日军炸毁,版亦同烬。"[1] 因为从事间谍活动,岸田吟香入狱,也影响到乐善堂最后停业。虽然在1935年又有使用机制纸的精装本《康熙字典》,也注明"上海商务印书馆新镌铜版印"。[2] 但该版本已经是照相制版,印刷方式也不同,但版的图像来源还是最早的蚀刻铜版,除了用凹版印刷外,也有打样后再行转为平、凸印刷,以其制版方式亦可称铜版。

乐善堂在1887年书目中宣称"铜版精刻珍帙缩本,创制本堂",[3] 这应是一个广告性质的说法,精锜水乐善堂药铺1875年(明治八年)在日本东京成立。乐善堂书药房1880年在上海成立,向日本输入新出版的中国书籍,把日本的中国古籍和刻汉籍等书籍运到中国。日本现存此类书早于乐善堂成立时间的也很多,凤城集书馆"铜版新刻"《掌中诗学含英》,册页装169毫米×64毫米,版框尺寸151毫米×59毫米,正方小字等线体长宽约2.5毫米,笔画细线约0.15毫米,版面上有较多尘状墨迹,铜版凹印非常明显,封底页有"庆应三岁丁卯李秋铜镌新刻",日本庆应三年为1867年,中国为丁卯年(同治六年)(图9),这是有意的刻工题名,所署应为中国人,刻工以雕版为生,赴日从事刻书至晚元代时已有。缩刻铜版技法非常适合翻刻汉籍图书时在汉字行间标注细小的训读等,在日本使用较多但并不能代表技术起源。

张静庐《喜见〈铜版典林〉》文中也认为:"这部《铜版典林》的偶然发现,不仅使我们得以重睹铜版刻书的真貌,而且表明了我国的版刻技术在不断总结前人和吸收外国经验的基础上,确实有着新的创造和发展。"他判断这部书的出版时间也远早于乐善堂成立时间。在中日之间在汉籍出版上,清代有众多交集,而缩刻铜版也是这一种现象的重要代表。

这些印书的字体笔画温和圆润,粗细对比度弱,笔画多采用刻针,直接刻线,字体不再经修饰。经过凹印铜版蚀刻所形成的等线体,与雕刻木活字经过电铸技术所形成小字号铅字相比,边缘没有凸印的边缘溢墨,已经达到汉字印刷在当时技术条件下适应可读性要求的极限。这种微字形是通过手工以真实尺寸来雕刻的(图形镌刻常使用缩放仪)。虽然雕刻师的风格有差异,但都可以

---

[1] 万启盈编著:《中国近代印刷工业史》,上海人民出版社2012年版,第26页。
[2] 版权页标示:中华民国二十四年十二月国难后第一版。
[3] 张静庐辑注:《中国近代出版史料·二编》,中华书局1957年版,第4页。

清晰辨识，所形成的版式，符合汉字出版的传统，这种字体的出现是技术和功能达到平衡的结果。从技术角度来看，使用剖面的木面木刻，为适应耐刷印和雕刻效率产生了横细竖粗，有装饰角的老宋体，而使用刻针自然会产生这种等线体，蚀刻让这种线有了深度，可以适合复数性印刷需求。在现代技术上通常使用的内文字体在7P左右，通常每减小一个P，易读性会迅速下降，这种缩刻铜版字体竟达到了5～5.5P，且对阅读并没有产生障碍。这种等线体对汉字印刷黑体的最后定型，甚至对现在屏显小字体都有积极的启发性和示范性。

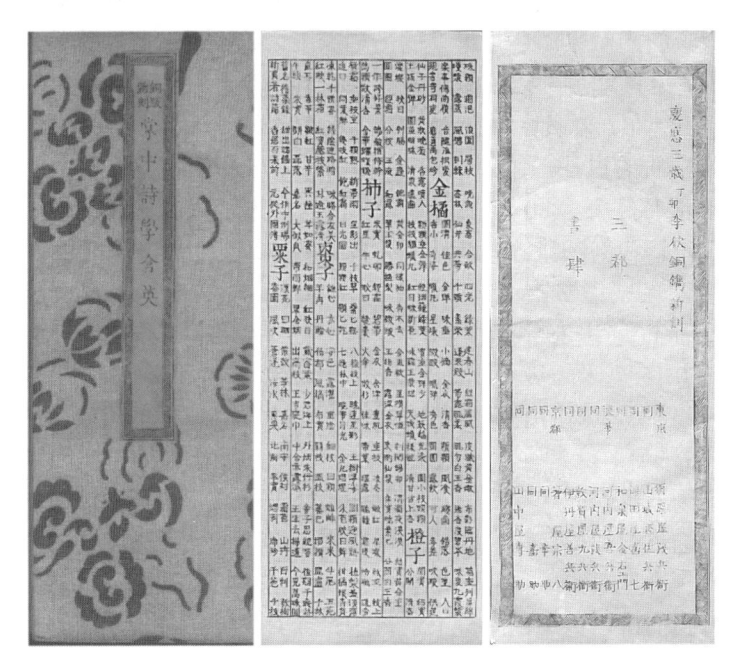

图9 《掌中诗学含英》

清代时期西方印刷技术进入中国后，对中国传统印书技术产生了重大影响。在技术本土化的过程中，为了适应中文出版，适应汉字、版式、纸张等产生了多种技术的碰撞、交融，产生了包括铅字排版转石印、弱酸浸化处理直接落石翻版印教科书、凹版打样到转写纸石印和其他以铜凹版为基础的平版和凸版印刷，产生了技术的多样性、交融性和复杂性。这一时期印书使用各种技术的复合型现象，在西方印刷史上也并不曾存在。包括使用铜凹版变成凸线版的易熔合金塞版技术①，以凹铜版制版为基础的平版、凸版印书或者直接使用凹版的

---

① "易熔合金塞版法"介绍见《凹版印刷术》。[日]矢野道也：《凹版印刷术》，[日]伊东亮次原编辑，苏士清编译，东北银行工业处研究室1949年版，第52页。

印书，并非少见，有些在当时的印刷行业是厂商秘密，甚至在其后的印刷教科书中也少见技术细节或仅有只言片语的介绍，给理解当时的印刷技术和印刷史研究造成困惑。这些缩刻铜版的出版物制作，在版本勘校和字体、版式、用纸等方面都有较高的追求，与当时民间四书五经科考类图书的木版刷印质量迥异，成为高品质的代表。

缩刻铜版印书是中西印刷技术交融的复合技术产物。综上所述，笔者认为缩刻铜版印刷技术、工具对于汉字印刷字体的影响，微字形的形成对于目前屏显字体开发，对于书籍装帧形式的变化和印刷术语的影响等，从中国印刷技术史角度都有更深入探讨研究的必要和价值。

〔作者：邢立，印刷史研究者，收藏家，印捷文化空间创始人〕

清代宫廷征书考述

刘甲良　宿春娣

摘　要：图书典籍是封建统治者们掌控社会发展的重要舆论工具，实现国家思想统治的重要文字载体，因而历朝历代的统治者大都重视国家藏书建设，并以皇家无上的权力和雄厚的财力广征天下藏书。延至清代，不仅继承了以往的征书传统，更是采取了"寓禁于征"的征集方式，借此实行文化高压政策。清初的休养生息，为征书提供了稳定的社会环境和经济基础，康乾盛世时期征书规模达到顶峰，随后逐渐没落，征书内容也发生了变化，征书规模亦大为缩小。

关键词：征书；藏书；清宫

一、清初征书

广征民间书籍，是清宫藏书的重要来源。王朝初建及中兴之时，大多博求书籍以布教化，兴文事粉饰太平。清代书籍的搜求，始自顺治。顺治朝的求书，主要围绕编纂《明史》展开。顺治五年（1648）九月庚午谕内三院："今纂修《明史》，缺天启四年、七年《实录》及崇祯元年以后事迹，着在内六部、督查院等衙门，在外督、抚、镇、按及都、布、政、按三司等衙门，将所缺年份内一应上下文移有关政事者，作速开送礼部，汇送内院，以备纂修。"[①] 当时朝廷着力搜求的主要是纂修《明史》所缺的天启、崇祯两朝档案材料。为获取相关文献，又多次下谕征求。据《北游录》记载，顺治十二年（1655）八月"庚申，初，县官购书郡国，或奏上，贮于詹事府，得其目，《十三经》《二十一史》外，寥寥也。集不下数种，余多地志"。[②] 由此可见，顺治朝征书效果，很为一般。这也是因为顺治朝，战事不断，纷争不已，清廷无暇太多顾及求书事业。

---

① 《清世祖实录》卷四十，顺治五年（1648）九月庚午。
② （清）谈迁：《北游录》，中华书局1997年版，第115页。

同时，藏书者怕触犯朝廷忌讳，不敢上交。而地方官无关其政绩，大多"因循了事"。

二、康熙时期的征书

康熙承续顺治未竟事业，继续传谕礼部搜集明代相关档案、史书。康熙四年（1665）八月己巳，谕礼部：

> 前于顺治五年九月内，有旨纂修《明史》，因缺少天启甲子、丁卯两年《实录》及戊辰年以后事迹，令内外衙门速查开送，至今未行查送。尔部即再行内外各衙门，将彼时所行事迹及奏疏、谕旨、旧案俱着查送。在内部院，委满汉官员详查，在外委地方能干官员详查。如委之书吏下役，仍前因循了事，不行详查，被旁人出首，定行知罪。其官员之家，如有开载明季时事之书，亦着送来，虽有忌讳之语，亦不知罪。尔部即作速传谕行。①

一些臣子，比较清晰地看出了上谕的弊端，指出"伏查馆阁见存书籍，有关明史者甚少，而前经礼部行文各省采取，止广东送书一部，其他山东诸省已经咨覆者，直曰无有。臣等窃虑在外各官职务繁冗，虽奉行部文，等诸故事，必不能极力搜采。而藏书之家，又悀于陈献，稽延日久，即使间有呈送，不过以寻常见闻之书苟且充数，终无裨益"。②实际也确实如此，康熙初年为修《明史》而谕令搜集图书，收效甚微。

明史馆的纂修大臣们，苦于没有文献资料，无法编辑明史，屡屡上书建议朝廷加紧征集图书。《明史》总裁官叶方蔼上疏："……第前世书籍所以能聚者，皆由旁搜博采，或下求书之诏，或遣征书之使，或悬募书之资。臣愿稍仿其义，或敕部议，有献书若干卷者，作何奖赏录用。"③叶方蔼后续上疏："……故购书一事，实为当局第一要务。……或令直省督抚责成该管学臣，或遣官专行采访，不独专载故明事迹，有裨史事，即如各郡县志书及明代大臣名儒文集传志，皆修史所必需，务令加意搜罗，以期必得。其藏书之家，或详计卷帙多寡，给直若干，或开注姓名送部，俟纂修完日，仍以原书给还。或有抄本书籍，官给雇直，遣人就其家誊写。"④叶方蔼的上疏还是比较实用的，不仅提出了征书的方法，也提出了征书的范围。求书或征或买或抄，都得对

---

① 《清圣祖实录》，中华书局1986年版，第239—240页。
② （清）徐元文：《含经堂集》，《续修四库全书》本，卷十八"请购明史遗书疏"。
③ （清）叶方蔼：《叶文敏公集》，《续修四库全书》本，卷一"请增广秘府文籍疏"。
④ （清）叶方蔼：《叶文敏公集》，《续修四库全书》本，卷一"请购书籍疏"。

藏书方予以奖赏；求书范围不能局限于故明事迹，有裨史事典籍也是搜求范围。

在总裁官倡议之下，其他明史馆馆臣也纷纷上书，献言献策，建议朝廷征书。徐元文对征书方法上疏建议："……可见购采书籍，实史馆第一要务。臣窃谓宜仿前代成例，量遣翰林官分行搜访，举凡野史杂编，名臣状志碑碣，诸家文集，悉遵前者不拘忌讳之旨，务令所遣官员悉心罗致。其藏书之家，许计卷帙多寡，厚给赏赉。或所献多者，量行甄叙。若未刻书籍，不愿径献者，官给雇直，就其家钞录。如此则遗书毕出。……至若各省通志府州县志，皆纂辑所必需，应请敕部行令各省藩司悉上史馆。若此外更有臣等听闻所及，知某处有某书，紧要可备采择者，许径知会礼部，行咨转取。"① 朱彝尊更是援引前人做法，对征书内容上疏："史馆急务，莫先聚书。汉之陈农，唐之李嘉佑，明之欧阳佑、黄虞稷、危于㰚、吕复，前代率命采书之官，括图籍于天下，矧《明史》一代之典，三百年之事迹，讵可止据《实录》一书遂成信史也邪。明之藏书，《玉牒》《宝训》贮皇史宬，四方上于朝者贮文渊阁。故事，刑部恤刑，行人奉使，还必纳书于库，以是各有书目。而万历中辅臣谕大理寺副孙能传、中书舍人张萱等校理遗籍，阁中故书十亡六七，然地志具存，着于录者尚三千余册。阁下试访之所司，请于朝，未必不可得。又同馆六十人，类皆勤学洽闻之士，必能记忆所阅之书，凡可资采获者，俾各疏所有，捆载人都，储于邸舍，互相考索。然后开列馆中所未有文集奏议图经传记，以及碑铭志碣之属，编为一目，或仿汉唐明之遣使，或牒京尹守迫卜四布政司力为搜集，上之史馆。……昔者元修宋辽金史，袁桷列状请搜访遗书，自实录正史而外，杂编野纪，可资证援参考者，一一分疏其目，具有条理。"②

针对这些切实可行的建议，朝廷也及时调整了征书措施，采取更为灵活的求书方式，加大了奖励力度，继续敕令各级府衙大臣征集图书。随着国内政局的稳定，经济的恢复和发展，朝廷亦有更多的精力来广征图书。康熙十九年（1680）二月，"吏部遵旨议复，内阁学士兼修《明史》徐元文疏言，纂修《明史》，宜举遗献，请将扬州府前明科臣李清，绍兴府名儒黄宗羲，延致来京。如果老疾不能就道，令该有司就家录所著书送馆"。③ 康熙二十五年（1686）四月甲午，谕礼部、翰林院：

自古帝王致治隆文，典籍具备，犹必博采遗书，用充秘府，盖以广见闻而资掌故，甚盛事也。朕留心艺文，晨夕披阅。虽内府书籍，篇目

---

① （清）徐元文：《含经堂集》，《续修四库全书》本，卷十八"请购明史遗书疏"。
② （清）朱彝尊：《曝书亭集》，《四部丛刊》本，卷三十二"史馆上总裁第二书"。
③ 《清圣祖实录》，中华书局1986年版，第1116页。

粗陈，而裒集未备。因思通都大邑，应有藏编，野乘名山，岂无善本？今宜广为访辑，凡经史子集，除寻常刻本外，其有藏书秘录，作何给值采集，及借本钞写等事，尔部院会同详议具奏。务令搜罗周轶，以副朕稽古崇文之至意。①

康熙皇帝不仅敕令臣子们广征书籍，也以身作则广求书籍。"康熙四十四年（1705）圣驾南巡，至苏州。一日，垂问故灵璧知县马骕所著《绎史》，命大学士张玉书物色原版。明年四月，令人赍白金二百两，至本籍邹平县购版进入内府，人间无从见之矣。"②康熙不仅求书，而且把书版也一并买入，可多次刷印，广布流传，《绎史》也通常被认为是内府本。

在康熙的倡导下，朝臣和地方群臣纷纷进呈书籍。其中徐乾学进书尤多。徐乾学的传是楼藏书富而精，多得清初钱曾、季振宜等家精华。据其"恭进经籍疏"载："臣蒙恩擢，自通籍词馆十七年来，伏见皇上圣性高明，圣学渊邃……购采遗书，又恐曲学异端，诐词杂进，再下谕旨，务得有裨经史之书。睿鉴卓然，在廷无不钦服……谨将家藏善本，有关六经诸史者共十二种，或用缮写，或仍古本，装潢成帙，仰尘乙夜之观。"③徐乾学是康熙九年（1670）以探花身份授内弘文院编修，当应康熙二十五年征书上谕而进呈所藏书籍。此外，因"自开史馆，牵引传致，旬月无虚，重人多为之言。他省远方，百不一二致。惟见列朝实录，人不过一二事，事不过一二语。郡、州、县志，皆略举大凡"。④为纂《明史》进献方志档案资料尤多。这也为后来康熙敕令编纂《大清一统志》奠定了基础。

但康熙皇帝对征集图书，还是有所侧重取舍的。康熙于康熙二十五年闰四月庚午发布上谕对征书内容作了进一步补充说明：

自古经史书籍，所重发明心性，裨益政治，必精览详求，始成内圣外王之学。朕披阅载籍，研究义理，凡厥指归，务期于正。诸子百家，泛滥奇诡，有乖经术。今搜访藏书善本，惟以经学史乘，实有关系修齐治平、助成德化者，方为有用，其他异端稗说，概不准录。⑤

从上谕中可以看出，康熙皇帝侧重征集的图书乃有关修身齐家治国平天下的经史书籍，其他泛滥奇诡的诸子百家概不收录。随着征书的深入和康熙亲政

---

① （清）蒋良骐：《东华录》卷十三，中华书局1980年版，第216页。
② （清）王士禛：《分甘余话》，中华书局1989年版，第6页。
③ （清）徐乾学撰：《憺园文集》卷十，清康熙三十六年冠山堂刻本。
④ （清）方苞：《方苞集》，上海古籍出版社1983年版，第520页。
⑤ （清）蒋良骐：《东华录》卷十三，中华书局1980年版，第217页。

时间的增长，朝廷求书的范围亦逐渐清晰。可以说，清初求书的探索和尝试，为乾隆朝的大规模征集图书提供了经验和基础。

三、乾隆时期的征书

乾隆时期，康乾盛世达到顶峰，政局稳定，经济富实，有足够的精力和财力去开展文治事业。同时乾隆皇帝对古籍文玩又颇有雅好。所以，有清一代的征书活动，以乾隆时间最长、规模最大，得书最多。

乾隆征书，世人皆知的是纂修四库时而广征天下典籍，实则乾隆元年开"三礼馆"时，即编《三礼书目》，按目征书。故宫文献馆藏有的《收到书目档》记录了乾隆元年到四年，各省府衙、各部院、武英殿等的收书目录，其中载："乾隆三年（1738）正月，取到文渊阁《三礼编绎》九本不全，《唐六典》四本不全，《礼书》十八本不全。"可见当时征书效果一般。后李绂为加快征书建议："从前所开《三礼书目》，应行征取者共一百一十六种。今查馆中止有五种，尚有一百一十一种未到。从前行文，未将书目粘单并发，所以各地方官吏无凭搜求。今开馆既久，书当速成，若再行文，缓不及事。查浙江藏书之家，惟故检讨朱彝尊藏书最多，某从前与修《春秋》时，请裁太仓王公将其孙名稻孙者奏令入馆纂修，即令将所有《春秋》各家注解带来，共得一百二十七种，遂不待别有征求，而采集大备。今馆中出有纂修官阙，若仍用此法，将朱稻孙奏请入馆，即将所有三礼各家注解带来，则所少之书，十得七八矣。闻其人贫甚，应令地方官资送，岁内行文，限新年正二月征到，即将其书分发各纂修官采添，亦不过两三月可毕。"① 可惜，事与愿违，并没有达到预期征书效果。李绂"答方阁学问三礼书目"说明了征书困难及原因："右所开《三礼书目》，在注疏经解之外者，共一百一十六种，皆浙江藏书家所有，然购求颇难。有惧当事不行钞写而以势力强取，遂秘而不肯出者；亦有因卷帙浩繁难于钞写，恐时迟费重，遂以无可购觅咨覆者。往复行移，徒淹时日，无益于纂修。……如荆公《周礼义》，徐健庵先生悬千金购之而不可得……"无计征书，为完成纂修任务，只好另觅他法，最终想到从《永乐大典》辑佚图书："……《永乐大典》二万八千八百余卷，余所阅者尚未及千，然宋元三礼义疏，如唐成伯瑜《礼记外传》、宋王荆公《周礼义》、易袚《周礼总义》、王昭禹《周礼详解》、毛应龙《周礼集传》、项安世《周礼家说》、郑宗颜《周礼新讲义》，今世所逸之书咸在，而郑锷、欧阳谦之等诸名家之说附见者尤多，择其精义，集为成书，

---

① （清）李绂：《穆堂别稿》，《续修四库全书》本，卷三十四《与同馆论征取三礼注解书》。

岂不胜于购求世俗讲章之一无可采者哉。"①从《永乐大典》辑佚图书的建议，影响深远。后来纂修《四库全书》时，安徽学政朱筠向乾隆皇帝上奏疏提出求书的四条建议，即建议从《永乐大典》中辑佚珍贵典籍，也应是受到此次辑佚图书的影响。

乾隆三年，校正重刊《十三经》《廿一史》也曾大规模征集图书。乾隆三年十二月十五日，张廷玉、福敏奏称："重刊经史，必须参稽善本，博考群书，庶免舛讹。武英殿为内府藏书之所，就校阅，实为便易。……臣等即通知庄亲王，令武英殿监造等查库内存贮书籍，并无监板《十三经》《廿一史》。……伏祈皇上饬内府并内阁藏书处，遍查旧板经史，兼谕在京诸王大臣及有列于朝者，如有家藏本，即速进呈，以便颁发校勘。并饬江南、浙江、江西、湖广、福建五省督抚购求明初及泰昌以前监板经史，各送一二部到馆，彼此互证，庶几可补其缺遗，正其错误。……又前翰林院侍读学士何焯曾博访宋板，校正《前汉书》《后汉书》《三国志》遗讹。臣曾见其书。并求下江苏巡抚，向其家索取原书，照式改注别本送馆，原本仍还其家，毋得损坏。"②

乾隆六年（1741）正月初四，下诏在全国范围征书："从古右文之治，务求遗编。目今内库藏书，已称大备。但近世以来，著述日繁，如元明诸贤，以及国朝儒学，研究六经，阐明性理，潜心正学，醇粹无疵者，当不乏人。虽业在名山，而未登天府。着直省督抚、学政留心采访，不拘刻本抄本，随时进呈，以广石渠天禄之储。"③三年后，天禄琳琅藏书建立。梁启超曾说天禄琳琅藏书"其中一小部分殆宋金元明累代中秘旧藏，一大部分别康雍乾三朝次第搜集之本也"。④《天禄琳琅书目》（前编）所收之书除前朝所遗外，康雍乾不断征集所得，应是主要来源。

随着征书的进行，乾隆皇帝也逐渐明晰了征书的内容和方法方式。乾隆三十七年（1772）正月初四谕内阁著直省督抚学政购访遗书载："历代流传旧书内阐明性学治法、关系世道人心者，自当首先购觅；至若发挥传注，考核典章，旁暨九流百家之言，有裨实用者，亦应备为甄择；又如历代名人洎本朝士林宿望向有诗文专集，及近时沉潜经史，原本风雅……坊肆所售举业时文，及民间无用之族谱、尺牍、屏幛、寿言等类，又其人本无实学，不过嫁名驰骛，编刻酬唱诗文，琐屑无当者，均无庸采取……在坊肆者，或量为给价；

---

① （清）李绂：《穆堂初稿》，《续修四库全书》本，卷四十三《答方阆学问三礼书目》。
② （清）方苞：《方苞集》，上海古籍出版社1983年版，第565页。
③ 中国第一历史档案馆编：《乾隆朝上谕档》第一册，档案出版社1991年版，第693页。
④ 梁启超：《图书大辞典·簿录之部·官录及史志》，《饮冰室合集》专集第十八册，《饮冰室专集》八十七，民国二十五年(1936)中华书局铅印本，第38页。

家藏者,或官为装印;其未经镌刊,只系钞本存留者,不妨缮录副本,仍将原书给还。"①

为编辑《四库全书》,乾隆多次颁旨征求图书。此次征集图书,寓禁于征,力度空前强大。首先,遵照圣谕,四库馆臣拟定了"访书书目"以指导征书。据《苏斋纂校四库全书事略》书前翁氏致程晋芳手札一通云:"所以必五人集于一几办之者,盖此事需公研讨,又须各种书目,应取备检阅之件,粗以供捃摭,而后此目可就。然即以吾辈五人者所蓄,前史诸志并前贤读书诸记,未必能一家兼有之,假如兄处有可查之书十许种,而次日集弟斋。弟所蓄只一二种,则兄必将所省之十许种者皆携来乎,仰系由不知彼三君之所携,不有复乎?且焉知有五人者,此时所蓄之件,合之即皆足乎?假若明日到馆商之为一百又过,则万一后日集兄处,而人皆恃兄之各种皆全,竟不携来,未可知也。携而复又未可知也。复而仍不足,又未可知也。细由此事,如庀室材,竹头木屑,皆须预计,莫若于明日即写一知单,列五人者之名,而各疏所必携之书目等,毋使复出,其有不足而实想不出者,则亦已矣。其不足而五人稍能忆及者,即乘明日午后于厂肆索之。即如兄处之《菉竹堂书目》现在弟处,一友写之,弟即已遣人追来也。如必需某人集某跋,或向某友借之,亦即于某人名下写出,则头绪不紊,事易集。四月九日。"由此札可看出,拟定征集书目的馆臣应至少有五人。据版本学家沈津推测,此札作于翁氏入馆之初,当为乾隆三十八年(1773)四月九日,因而此五人当为翁方纲、姚鼐、程晋芳、任大椿、陆锡熊②。当时《永乐大典》辑佚已开始,乾隆正严谕全国进书之时。翁氏等五人非《大典》本纂修官,遂一起商定访书目以指导征书。拟目的取材主要为前代之书目及读书笔记。

清翁方纲辑《覃溪杂抄》③,此书收有翁氏及他人所拟的访书书目,原题"拟四库全书草目",后改为"访书拟目",包括:传记类、史评类、谱系、金石、目录、律令。各类下开列书目不等……其中多有修改痕迹,有补入的条目,亦有删除的条目,有修订的条目等。显然,书目也是不断完善的。以下又附有丛书目,"谨按:丛书所载诸书,已依类分如各门,其丛书原名,今仍附载目录后,以表搜辑之勤"。《覃溪杂抄》的存世也实证了馆臣确实拟定了一份《四库》收书目录,并据此作为搜求书籍参考。

---

① 张书才主编:《纂修四库全书档案》,上海古籍出版社1997年版,第1—2页,后为《四库全书总目》卷首《圣谕》所收。

② 沈津:《翁方纲与〈四库全书总目提要〉》,载《中国图书文史论集》,现代出版社1992年版,第153页。

③ (清)翁方纲辑:《覃溪杂抄》不分卷,稿本一册,现藏国家图书馆古籍部。

其次，在总结以往征书经验的基础上，四库征书采取了恩威并施的方法。乾隆三十八年（1773）三月二十八日，乾隆帝再次严诏求书。未几，同年五月，乾隆皇帝又重申前谕，特又展限半年，命各地着力查访图书，以寓禁于征的方式，大规模地征集天下图籍。乾隆三十九年（1774）八月以后，征集图书的工作进入尾声，在乾隆的迭次严谕之下，各省开始转入了更大规模的查缴违碍书籍的活动。同时，对民间典籍采取购买或者奖赏的方式，并设专门书局具体办理征书事宜。对售卖的，倍价购觅；对进献精醇之本的，由皇帝御笔评咏题识于卷端，优先发还；对私人进书百种以上的，奖励内府本，并将其姓名附载于各书提要之末。如谕令给进书500种以上的浙江藏书家鲍士恭、范懋柱、汪启淑和江苏的马裕四家"赏《古今图书集成》各一部，以为好古之劝"；进书100种以上的江苏周厚堉、蒋曾莹、浙江吴玉墀、孙仰曾、汪汝瑮，及朝绅黄登贤、纪昀、励守谦、汪如藻等，"赏给内府初印之《佩文韵府》各一部，俾亦珍为世宝，以示嘉奖"①。对负责采集图书有突出成绩的地方官员，也注明"某人采访所得"附载于后。②

在乾隆帝恩威并施之下，各地督抚皆大力访求，藏书家和书肆纷纷踊跃呈献书籍。各省征集到的图书数量猛增。如浙江一省采进呈献的书籍即达4522种，又如江苏扬州盐商马裕进献家藏珍本776种，浙江宁波天一阁主人范懋柱献书602种。各省纷纷交送典籍，并附有交送清单以便纂修完毕后归还藏书者。这些清单后来汇集成了《四库采进目》。截至乾隆四十三年（1778）八月，全国征书工作告一段落，总共搜集图书已达一万三千五百余种（内二百七十二种重复本）③。皇室藏书得到极大的充实，图书典藏成就超迈历代。

这批典籍最初都交送到翰林院敬一亭，在每部首页盖上翰林院满汉文大官印，外封皮上另盖木印，填写进书人、日期、部数、册数，以便发还。例如，国家图书馆藏《太易钩玄》封面有木印："乾隆三十八年十一月浙江巡抚三宝送到吴玉墀家藏《太易钩元》壹部计书壹本。"由此可见，当时确实想把典籍还给个人。乾隆帝曾于乾隆四十二年（1777）四月十二日、乾隆四十五年（1780）四月十三日两次下旨，要求把已办完的《四库全书》（包括存目书）底本发还各省藏书之家。但由于当时图书管理上的混乱，书籍清理困难，大臣缺乏责任

---

① 参见乾隆三十九年五月十四日"谕内阁赏鲍士恭等《古今图书集成》周厚堉等《佩文韵府》各一部"。张书才主编：《纂修四库全书档案》，上海古籍出版社1997年版，第211页。
② 参见马德鸿：《清代图书典藏制度研究》，中山大学硕士学位论文，第12页。
③ 参见乾隆五十一年二月十六日"吏部尚书刘墉等奏遵旨清查四库全书字数书籍完峻缘由折"。书才主编：《纂修四库全书档案》，上海古籍出版社1997年版，第1930页。

心等原因，除发还两淮 300 种外，其余发还工作没有实施。① 在《四库全书》誊抄完成后，"著录"各书原本（即《四库全书》底本）被收拾整齐，存放在翰林院，供士子查阅，直至清末。

四、乾隆朝以后的征书

乾隆以后的朝廷征书，规模远逊康乾时期，尤其逊于乾隆时期。但也想法去征集了尽可能多的典籍。特别是到了晚清，清政府实行新政和预备立宪，比较注意搜集有关西学之作。据章梫"拟请增辑四库全书折"（戊申）云："我皇太后、皇上惩前毖后，锐意立宪，特简大臣前往东西洋各国考查宪政，凡有关于政法之书，采辑编译，择尤精者进呈御览，不下百数十种。其未经翻译并各使陆续采进者，计不止千数百种。"② 如昭仁殿，在晚清就收藏不少与政局紧密相关的新书，据《故宫物品点查报告》载，除了大量的传统典籍，其藏书还有《日本预备立宪之过去事实》《汉译日本警察法述义》《日本监狱法》《日本宪法略论》等时书。③

五、结语

中国古代皇室历来有藏书传统，以其无上的权力和雄厚的财力搜集图书典籍以收藏，任何私人无与相匹敌。在中国历史上几乎每一个朝代都拥有当时最为丰富完备的图书，并建有藏书楼。如汉代的金匮、兰台、东观、三阁，两晋的秘阁，隋代的嘉泽殿、修文殿，唐代的弘文馆、集贤院，宋代的崇文院，元代的秘书监，明代的文渊阁、大本堂等都是历史上著名的宫廷藏书楼，皆集一代之精华。清代收藏之富则更逾前朝，择历代孤稀善本庋藏于昭仁殿，是为天禄琳琅藏书。其他珍贵图书散藏于宫殿园囿，行宫书阁等。清代藏书的一个重要来源是广征天下图书，可谓"海内藏书，咸集秘府"④。

清王朝入主中原之后，稽古佑文，编纂《明史》，以宣其正统之合法。顺治时为编纂《明史》广征天下图书，是为清廷征书之肇始。但囿于当时兵戎不断等的社会条件，加之清廷征书编纂《明史》的主要目的为标榜其正统地位，故征书效果并不明显。

---

① 参见杜泽逊：《〈四库〉底本与〈永乐大典〉遭焚探秘》，载《山东大学文史哲研究专刊·微湖山堂丛稿（上）》，上海古籍出版社 2014 年版，第 420 页。
② （清）章梫：《一山文存》卷八，宣统刻本。
③ 清室善后委员会：《故宫物品点查报告》第一编第三册，清室善后委员会 1925—1930 年编印，卷一"昭仁殿"。
④ 《四库全书总目》卷十五，经部诗类一，"《慈湖诗传》二十卷"条。

康熙时期，社会日趋稳定，经济恢复，为清廷的文治提供了基础。为维系统治，加强教化，康熙加大了征书的力度。鉴于以往征书效果一般，康熙帝总结了以往征书的实践经验并采纳了大臣进谏，对征书的方法和范围作了新的探索和尝试。征书方法上不再单独以行政方式，采取了或征或买或抄的方式，加大了对献书者的奖励力度。康熙皇帝垂先示范，亲自为朝廷征书，也在一定程度上激励了各级官吏的征集积极性。故康熙时期，征集图书取得了明显成效。在征书过程中，康熙皇帝对征书范围也作出了明确界定，主要征集的是有助于"发明心性、裨益政治"的经史书籍，而"泛滥奇诡、有乖经术"的诸子之书则不收录。

康熙时成功的征书经验为以后的征书尤其是乾隆朝的征书提供了借鉴和基础。康乾盛世，乾隆时为最鼎盛时期，有更为深厚的财力发展文治事业。乾隆时期，兴办了诸多浩大的文化工程，其中最为著名的是纂修《四库全书》，以此为契机，采取"寓禁于征"的方式广征全国图书。恩威并施，是乾隆时期征书的一大特色。在财力基础和文化高压政策下，乾隆时期的征书持续时间最长，规模最大，也最有成效。

乾隆朝以后，征书任务大都完成，朝廷征书式微，鲜有主动征书之举。嘉庆朝的《宛委别藏》藏书为地方臣子阮元奏进，并非朝廷主动征书。近代以降，西学东渐，为变革图强，清廷又征集了有关新学的图书，比如有关西学的宪政等书。但晚清时期，内忧外患，时局维艰，征书规模更不可与康乾时期同日而语了。

〔作者：刘甲良，故宫博物院研究馆员；宿春娣，北京市海淀区教师进修学校附属实验学校教师〕

新昌石氏与宁波地区的家谱修纂和活字印刷

刘云

摘 要: 天一阁藏有大量清代至民国时期宁波地区的家谱。通过对其研究，笔者发现这一时期在宁波地区从事家谱修纂的谱师和木活字印刷匠人大多来自新昌石氏。新昌石氏在家谱修纂和活字印刷方面的历史，湮没良久，鲜为人知。本文通过对新昌及新昌石氏的渊源、清代至民国时期新昌石氏在宁波地区的修谱活动进行考察和分析，有助我们加深对中国木活字印刷在民间传承的认识，对活字印刷在浙东地区传播细节的研究更为深入。

关键词: 新昌石氏；家谱修纂；活字印刷

清代至民国时期，宁波地区仍保留着"三十年一修谱"的传统，修纂家谱仍是各大家族重要的事情之一。天一阁藏有这一时期的大量家谱，在对其整理和研究的过程中，笔者发现宁波地区的家谱大多采用木活字印刷，如《中国印刷史》所说："绍兴一带有专门从事印谱的工人……每当秋收后，他们挑着字担，到绍兴或宁波一带乡镇做谱。"[1]这些活动在宁波地区的谱师谱匠来自哪里？都有哪些人？目前还没有专门的研究。通过对天一阁所藏宁波地区的家谱进行梳理，笔者发现参与宁波家谱修纂和活字印刷的谱师谱匠主要来自四个地方：一是嵊县，如嵊邑丁鲁峰、王信谦、王信德、王振邦、剡西王廷翰、剡北王谦和等；二是暨阳，如傅锦昭等；三是宁波本地，如鄞邑丁成章、奉化胡德坊、宁波古林镇张琴、甬上施秉炎等；四是新昌，如新昌德星堂梁氏、沃洲潘兆熊、沃洲黄宝元等。新昌的谱师谱匠以新昌石氏家族最为突出，有名字可考的足足有十余人，他们的足迹遍布宁波地区，并且形成了自己独有的家谱版式。由于

---

[1] 张秀民著、韩琦增订：《中国印刷史》，浙江古籍出版社2006年版，第600页。

中国传统文化对匠人的轻视,这些谱师谱匠并不会引起社会主流人士的关注和重视,但他们却真真实实地存在过,做过实实在在的事,笔者特撰文表之,希望能有助于加深我们对活字印刷在民间的流传和与此有关的技术人员的了解。

一、新昌其地及新昌石氏的渊源

(一)新昌其地其俗

根据民国《新昌县志》的记载:"新昌,旧为沃洲,又号剡东,至五季钱氏始置为邑。其时与嵊县区域界限剖画不甚明晰。"[1] 新昌今属浙江省绍兴市下属县,位于绍兴市东南部,靠近宁波地区的鄞县,鄞县往东是奉化。康熙《新昌县志》卷一疆域志下区界言"东北至宁波府奉化县一百六十里"[2]。由此可知,新昌距离奉化很近,特殊的地理位置,邻近的地缘关系,让新昌当地人进入宁波走乡串户编修家谱成为可能,这或许可以解释为何奉化谱籍家谱多为新昌石氏所纂。

康熙《新昌县志》有《序》记载,"新,山邑也,其地不通舟楫,无鱼盐菱芡之利"[3]。虽然地处山区,交通不便,商业不发达,新昌的文化底蕴却非常深厚。康熙《新昌县志》卷八《风俗志·习尚篇》言:"邑巨族多聚城市或散处乡村,就田业,大约安土著不利远行,勤本业不务末作,勤俭尚礼宗族长幼有序……民知学,虽舆隶卒圉亦颇识字。"[4] 乾隆《绍兴府志》卷十八《风俗》引《新昌县志》言:"以读书问礼为美事,不远行,商不尚华丽。"[5] 民国《新昌县志》卷四《食货志》下记录新昌当地印刷铺仅有城镇的两家。对于这两家印刷铺从事的是雕版印刷还是活字印刷并无具体记录。此条将印刷铺和杂税统计在一处,或是由于印刷铺是流动作坊,印刷工匠走乡串户编印家谱,就像今天的流动小摊贩。之所以不设门面,大多也是为了减少杂税。或许在当地人看来,走乡串户编印家谱不是什么了不起的生计,在当地也只有少数家族从事此行业。编修家谱并非易事,成为一个合格的谱师是需要一定的文化基础和师承的,在中国传统小农社会中,技术和文化一般都在家族内部传承,父传子或者

---

[1] 金城修、陈畲等纂:《新昌县志》,民国八年(1919)铅印本,第1页。

[2] (清)刘作梁修、吕曾柟纂:康熙《新昌县志》,卷一《疆域志》,清康熙十年(1671)刻本,第2页。

[3] (清)刘作梁修、吕曾柟纂:康熙《新昌县志》序,清康熙十年(1671)刻本,第1页。

[4] (清)刘作梁修、吕曾柟纂:康熙《新昌县志》,卷八《风俗志》,清康熙十年(1671)刻本,第1页。

[5] (清)李亨特等修,平恕、徐嵩纂:乾隆《绍兴府志》,卷十八《风俗》,清乾隆五十七年(1792)刻本,第37页。

叔传侄，表现出一定的排他性，由此，谱师和活字印刷的技术也就只在家族内部代代传承，成为一地独特的文化景观，"新昌谱师"和"绍兴师爷"一样，成了当地一种文化品牌。

为何新昌的修谱风气和活字印刷能够代有传承呢？民国《新昌县志》的《凡例》说的一段话或许可以给我们某些启示："汉晋以来谱学失传、吾浙郡望尽如流寓。郑氏通志特立氏族一门究亦崖略，独新于浙以族得氏一城之内，祀祠已至四百余所，其载家墓亦较他邑为详。不以此为统系，曷标特色，恩荣之坊表附之，此亦因地制宜之一。"① 正是由于新昌地区家族祀祠之风盛行，家谱的修纂亦非常兴盛。乾隆《绍兴府志》卷十八《风俗》引用旧志讲述浙东一带风俗："谨祭祀，力本重农，下至蓬户耻不以诗书训其子，自商贾鲜不通章句，舆吏亦多识字，家矜谱系，推门第，品次甲乙。"② 又如张秀民所言："宁波所属鄞县、慈溪、镇海、奉化亦流行谱牒，台州、金华、衢州所属次之，浙西又次之。"③ 以上都说明以新昌为代表的浙东习俗——家矜谱系、推重门第以及对祀祠的重视，使得这一带修谱的风气长盛不衰。

家谱特定的编纂体例和大同小异的内容，与活字印刷的特性相得益彰。活字印刷在新昌的近邻奉化地区亦是十分盛行。王祯之后，元英宗至治二年（1322）马称德任浙江奉化知州，修尊经阁、完备大成乐，增养士田，外加"镂活书板至十万字"④，用木活字印刷《大学衍义》43卷。张秀民亦在著作中提到"元代木活字流行于皖南、浙东一代则已是事实"⑤。奉化民间或许早在元明时期就已使用活字印刷家谱。尤其值得一提的是，清代乾隆时期新昌秀才吕抚用活字泥版印刷了自己的著作《精订纲鉴二十一史通俗衍义》⑥，这说明新昌一直有使用活字印刷的传统，且在木活字的基础上还有所创新。

在上海图书馆中国家谱知识平台检索"新昌"二字，可以检索到浙江省有113部谱籍地为新昌的家谱，时间涉及清代57部、民国31部、当代24部⑦；版本类型以木活字本为主，有81部。可见自清代以来，新昌家谱修纂风气颇

---

① 金城修、陈畬等纂：民国《新昌县志》凡例，民国八年（1919）铅印本，第2页。

② （清）李亨特等修，平恕、徐嵩纂：乾隆《绍兴府志》，卷十八《风俗》，清乾隆五十七年（1792）刻本，第37页。

③ 张秀民著、韩琦增订：《中国印刷史》，浙江古籍出版社2006年版，第600页。

④ （清）曹膏、唐宇霦修：乾隆《奉化县志》，卷九《名宦志》，清乾隆三十八年（1773）刻本，第4页，"马称德"条目；卷十二《艺文志》，第15页，载元至治三年（1323）《知州马称德去思碑记》。

⑤ 张秀民著、韩琦增订：《中国印刷史》，浙江古籍出版社2006年版，第550页。

⑥ 张秀民著、韩琦增订：《中国印刷史》，浙江古籍出版社2006年版，第578页。

⑦ 其中《新昌班竹章氏宗谱》十卷，抄本一部，未标注时间，故系统统计少了一部。

为盛行，且大多采用木活字印刷。

除了修谱风气使然，新昌和嵊县还是著名的造纸产地。根据《新昌县志》和《嵊州县志》的记载，新昌及与其邻近嵊县皆产纸。在《新昌县志》的《食货志》"旧出产"下有冰纸、麦绢纸、稻秆纸、月面松纹纸、竹纸诸种。竹纸以"今东乡有南屏花尖元书皮纸火纸诸名"[1]。《嵊县志》卷十三《风土志》物产条下有剡藤纸、硾笺、玉笺、敲冰纸、苔笺、月面松纹纸、竹纸、展手、小竹纸、花笺、小簾笺、南屏诸色纸张。其中南屏竹纸更是闻名当时，且当地以造纸而致富。"南屏纸"条下记载："竹纸、工细白莹者厥制为艰，作者绝少，近惟花笺小簾南屏等制造尚便，颇为利市。"[2] 印刷家谱需要大量的优良纸张，新昌、嵊县所产大量优质的竹纸也为家谱的印刷提供了良好的印刷材料。

（二）新昌石氏的文化传承

新昌的家谱修纂与木活字印刷是一体的。其中，活动于宁波地区的新昌谱师和谱匠，除新昌鳌峰梁永康、新邑德星堂梁氏、新邑庆余堂梁氏、新邑积善堂梁氏、新昌沃洲澹云堂梁氏、沃洲潘兆熊、沃洲黄宝元等人外，人数最多的是新昌石氏家族的人。新昌石氏是个怎样的家族？为何石姓族人会在新昌家谱纂修和活字印刷的行业中成为独特的风景？

根据民国《新昌县志》引用《通志略》和《成化志》的记载："汉有石奋，生建、庆，号万石君，武威征音始君。万石君而下三十五世孙元遂检校太保，始居新昌，氏族繁盛，在宋三百年间，故家文献莫有能及之者。"[3] 而民国《南明石氏宗谱》也记载："吾宗以汉万石君为一世，祖至三十五世而迁新昌，自迁新昌今又三十五世矣。"[4] 新昌石氏以汉代的石奋为始祖，三十五世石元遂迁居新昌，到民国时期又有三十五世，家族历史非常清晰。新昌石氏亦是当地最著名的姓氏。康熙《新昌县志》序中称"著姓石、陈、俞、吕、潘、张、何、章诸氏"[5]，石氏被排在首位。

宋代时，新昌石氏就是著名的科举世家，家中富有藏书。康熙《新昌县志》卷十六《选举志》"宋进士"条目石氏家族的"石待旦"之下足有39人之多。天一阁藏一部清康熙二十九年（1690）木活字印本《琅琊新昌王氏宗谱》，此谱是现存新昌谱籍最早的木活字家谱。此谱卷前序在朱熹之后分别由石氏族人

---

[1] 金城修、陈畲等纂：《新昌县志》，卷四《食货志》，民国八年（1919）铅印本。
[2] 牛荫麐、罗毅修、丁谦、余重耀总纂：《嵊县志》，卷十三《风土志》，民国二十四年（1935）铅印本，第20页。
[3] 金城修、陈畲等纂：《新昌县志》，卷六《氏族志》，民国八年（1919）铅印本，第2页。
[4] 佚名编纂：《新昌南明石氏宗谱》序，民国二十六年（1937）庆云堂石刻本，第1页。
[5] （清）刘作梁纂：康熙《新昌县志》序一，清康熙十年（1671）刻本，第2页。

中的宋代状元石继喻和权枢密院编修官石斗文所撰，序中也提到王氏和石氏历代同显，可谓盛矣。

新昌石氏不仅是宋代以来当地著名的文献故家，而且在书籍碑帖的刊刻方面有着辉煌的成就。民国《新昌县志》卷十六《金石志》记载了石氏所刻历代名刻25种，见《宝刻丛编》，即著称于世的"越州石氏本"[①]。

新昌石氏除了文化上的独特优势，其家先祖和朱熹是关系密切的好友。新昌为"程朱二子所游处"[②]，而朱熹是宋代谱学的开创者，其所撰《紫阳纲目》，被称为后世谱牒之祖[③]。朱熹和新昌石氏家族往来密切。根据康熙《新昌县志》卷十《人物志》"名宦"记载："朱熹……绍兴中提举浙东常平茶盐公事，往来新昌，见新剡民饥赈之，与石宗昭、石塾为师友，讲明性理之学，塾有《中庸辑略》，熹尝……有诗寄石斗文，斗文亦有诗答之。"[④]天一阁藏清光绪三年（1877）沃洲余庆堂重修本《中庸辑略》二卷。

也许正是因为有着这样的文化渊源，历经几百年的变迁，新昌石氏后人从事的仍是与文化传承有关的谱师谱匠和活字印刷的工作。

二、清代新昌石氏宁波地区的修谱活动

清代新昌石氏谱师谱匠在宁波地区活动有名字可考的有石绍南、石绍赉、石绪壁、石岐谦、石秉衡和石登荣等。石绍南、石绍赉兄弟在清代乾隆时期就从事家谱印刷，民国六年（1912）版本新昌《鳌峰徐氏宗谱》之《历代修辑董事名目》里保留了乾隆二十五年（1760）重修宗谱时担任"剞劂"的石绍南、石绍赉两人的名字。[⑤]鳌峰徐氏为浙江绍兴新昌县之大族，明永乐、成化、嘉靖、崇祯年间，清康熙、雍正、乾隆、嘉庆、道光、光绪年间至民国六年，谱牒赓续，不曾断绝。其中，民国版本还保留了道光二十八年（1848）重修宗谱沃东廪生石登荣之序。石登荣应该也是石氏家族出身的谱师。石绍南是乾隆时期著名的谱师，活动于新昌、奉化一带，其不仅编纂谱牒，还常有序文传世，署名为"新邑西园石绍南顿首拜撰"。他于乾隆三十四年（1769）纂修了奉化《重修新建郑氏宗谱》九卷首一卷，并撰写了《重修郑氏谱序》，"戊子冬，予任唐氏之谱，郑君昌锦等造局往观……己丑春请余，余为之补残叙次，疑以

---

① 金城修、陈畲等纂：《新昌县志》，卷十六《金石》，民国八年（1919）铅印本，第10-11页。

② （清）刘作梁纂：康熙《新昌县志》序一，清康熙十年（1671）刻本，第2页。

③ （清）丁载和等纂：《剡城丁氏宗谱》凡例，清光绪二十九年（1903）锡庆堂木活字印本，第1页。

④ （清）刘作梁纂：康熙《新昌县志》，卷十《人物志》，清康熙十年（1671）刻本，第21页。

⑤ 徐肇康等纂：《鳌峰徐氏宗谱》，民国六年（1917）余庆堂木活字印本，董事名目，第1页。

阙疑，信以传信"①。此序还提到了他于乾隆三十三年（1768）纂修了《唐氏之谱》。另外清嘉庆十六年（1811）奉化《芦湾胡氏宗谱》保留了乾隆三十五年（1770）的纂修名目，当时的纂修者也是石绍南，且有石绍南所撰《胡氏宗谱序》②。这说明早在乾隆时期新昌石氏谱师就已经活动于宁波奉化一带。

除了石绍南，新昌石氏在宁波奉化地区从事修谱较早留下的记录还有石绪璧。石绪璧于乾隆至嘉庆年间活动于宁波奉化一带。他于清乾隆五十九年（1794）纂修了宁波奉化《晦溪蒋氏宗谱》六卷，清嘉庆七年（1803）编纂并用活字印刷了浙江康岭《奉川茂林连山康氏宗谱》二十七卷，此书现藏奉化市文管会。他的名字被列入编纂者之列，由此可推论，他既完成了活字印刷的工作，也参与了家谱的编修活动，不仅承担了印刷工人的工作，还承担了谱师的工作。

新邑孝谨堂石氏是道光年间活动于宁波一代的活字印刷流动作坊，曾于道光二十三年（1843）撮印了宁波市鄞州区《桃源水氏宗谱》十四卷首一卷，道光二十四年（1844）刷印了《四明平水潭邵氏宗谱》四卷。孝谨堂石氏所印制的家谱有自己独特的版权页，上面大多镌刻有"承先启后 万事家宝"和牌记"新邑孝谨堂镌"或者"新邑沃洲孝谨堂镌"字样。此堂号一直延续到同治年间。国家图书馆和上海图书馆分别藏有一部清同治五年（1866）木活字本《棠溪江氏宗谱》四卷。孝谨堂堂主具体为谁尚不可知，他也只是承担了宗谱的印刷工作。

道光年间（1821—1850），有名字可考的谱师是南明沃洲石岐谦，号晓山。他编纂了《清源金氏宗谱》，为清源金氏宗谱初修本。根据宗谱卷前道光十三年（1833）的序可以知道，石岐谦不仅主持了金氏宗谱的编纂，还负责了它的刷印，"癸巳孟春延南明石先生刊梓以印而参订之，以成一族之完谱"③。石岐谦颇有文采，曾为金氏新建祠堂撰写《垂裕堂记》。道光二十四年（1844），他主持编修了《清源陆氏宗谱》，为清源陆氏撰写的《孝思堂记》亦收入家谱之中。值得一提的是，金氏和陆氏本是亲戚关系，两家同找石氏修谱，可见当时在浙东亲戚邻里之间互相介绍谱师谱匠非常普遍的。咸丰年间（1851—1861），石岐谦还纂修了《上木皂吕氏宗谱》[浙江鄞县]（民国版本收其所撰谱序），并在序中阐发了谱牒的意义。他是清代中期活跃于宁波地区著名的谱师。

光绪年间（1875—1908），新昌石氏主要活动于奉化，有堂号可考的是沃洲承先堂石氏和沃洲敬承堂石氏。前者主要承印了奉化东门《高街孙氏宗谱》，内扉染红，有仿宋体字"承先启后，万世家宝"。后者承印了奉化《晦溪单氏

---

① （清）郑光玖纂：《重修新建郑氏宗谱》卷一，清同治四年（1865）木活字印本，第2-3页。
② （清）胡宗尹纂：《胡氏宗谱》卷一，清嘉庆十六年（1811）抄本，卷首页，第2页。
③ 金德招等纂：《清源金氏宗谱》卷一，民国十九年（1930）敬承堂木活字印本，卷首页，第4页。

宗谱》和奉化《芦湾胡氏西宅房谱诸宗谱》。民国时期（1912—1949），敬承堂仍活跃于奉化及鄞州一带。不管是承先堂还是敬承堂，摆印的家谱都有自己的版权页，纸张一般染黄，或题"承先启后 万事家宝"，或题"文章华国 诗礼传家"。有的还会有专门的牌记"沃洲敬承堂石镌"或者"新昌敬承堂石镌"。这一时期，石如金和石如璋兄弟仍继续使用"敬承堂"的堂号，应该是其后人。也就是说，其家族从事家谱和活字印刷将近百年，从晚清到新中国成立前一直在奉化修谱。

光绪年间，有名字可考的谱师还有新昌石秉衡。光绪二十七年（1901）活动于浙江鄞县的石秉衡编纂并刷印了鄞县《凤山张氏宗谱》，版权页题有"承先启后 万事家宝"；光绪三十年（1904）石秉衡校刊了《建溪唐氏宗谱》。①

三、民国时期新昌石氏在宁波地区的修谱活动及贡献

民国时期，新昌石氏在宁波地区的活动足迹遍布奉化、鄞县和慈溪大小乡镇村落。此时期出现了一批活跃的谱师谱匠，如石履华、石如金（石华封）、石如璋（石华湘）、石华亭、石鸿泰、石绍祺、石固（之英）、石渭畋、石玉如、石聘玉等人。

新昌石氏在从事修谱和活字印刷过程中，逐渐形成了自己的家谱出版风格和广告意识。新昌石氏的家谱内扉一般镌刻"承先启后 万事家宝"8个大字，有时还会有"文章华国 诗礼传家"诸字，或是以"彝伦攸叙"为自己独特的标识，且多把内封染红、染黄或者染成橘色。在家谱内扉页的上端或者右端镌刻出版时间，在内扉的左下端或者下端镌刻"新邑沃洲敬承堂石镌""新邑敬承堂石镌"，或者单独在内扉镌牌记"某某堂用新昌石氏活字版印"等表明自己版权或商标的字样，具有较明显的家族和地方特色，这和嵊县的王氏家族所使用的版权页"瓜瓞绵延"题记是完全不同的。

新昌石氏在宁波地区的修谱和活字印刷从清代延续到民国，在长达百余年的时间中，其中的大多数人默默无闻，他们走乡串户，不辞劳苦，甚至偏僻的山区亦能见到他们的身影。石鸿泰在《鄞东塘岙俞氏宗谱序》中写道："去年春余道过塘岙，见其村人烟稠密，四面崇山层叠，松竹成林，村前溪水潺潺，最胜景也。……余曰自甬而来至吴家山修吴氏家乘。"② 他们从事采访、编纂家谱以及排印、校对等印刷工作，从新昌到宁波再辗转到宁波乡镇诸地，大多难以有机会留下姓名，更不会被收入修谱名录之类。只有极少数技艺精湛的优

---

① 石之英纂：《建溪唐氏宗谱》卷一修谱名目，民国三十七年（1948）世德堂木活字印本，第1页。
② 佚名：《鄞东塘岙俞氏宗谱》卷首，清光绪木活字本，第29页。

秀匠人，不仅娴熟于活字印刷，还逐渐掌握了家谱修纂的学问，成为一名受人尊敬的谱师，才会偶尔被列入修谱名录。尤其是在乡间，由于家谱修纂的本家缺少"文墨者"，他们有时才会被邀请参与修谱、主持修谱或应邀写序。也正因如此，他们的名字才能被记录和流传下来，成为历史的一部分。今述略见表1。

表1 清末至民国时期主要谱师相关介绍

谱师	人物简介	活动编年	风格特征
石履华	新昌人。民国二年（1913）活动于浙江奉化	1913年编纂并排印《奉化连山康氏宗谱》四卷首一卷	版权页染红，镌有"承先启后 万事家宝""文章华国 诗礼传家"
石渭畎	新昌人。民国五年（1916）活动于浙江鄞县，民国十六年（1927）活动于定海，民国二十年（1931）活动于慈溪，前后约15年。宁绍两郡中，无论大小族谱，经其手者"数百间计"[①]	1916年纂修了《鄞南徐氏宗谱》，民国五年（1916）序中"乙卯春延请石君以修全谱，至孟夏谱始告竣"[②]；1927年为定海汤氏排印了《岱山镇志》；1931年纂修《慈东方家堰方氏宗谱》；在《修方氏宗谱记》中自述自己的修谱经历	《岱山镇志》内扉有"新昌石渭畎排字"字样；《鄞南徐氏宗谱》内扉染红楷隶书"彝伦攸叙"；《慈东方家堰方氏宗谱》作为修谱人员列名誊录编辑
石如金（石华封）	新昌沃州人，又称"石华封"。民国二年到六年（1913—1918）活动于奉化，和石如璋为兄弟，都以"敬承堂"为号	1910年排印《芦湾胡氏西宅房谱》不分卷；1913年编纂并排印《奉化王氏双桂宗谱》四卷；1917年编纂《奉化奉川杨墅王氏宗谱》七卷首一卷（卷前有民国六年丁巳桂月余沃州山华封氏石如金撰序）	有专门的书名页，染红或染黄；内封有"承先启后 万事家宝""新邑敬承堂石镌"题记
石玉如	新昌人。民国十三年（1924）活动于北仑地区	1924纂修《大湖胡氏品重祀支谱》不分卷［浙江省宁波市］	纂修者标注为石玉如

---

① 方学秀纂：《慈东方家堰方氏宗谱》之《修方氏宗谱记》，民国二十年（1931）忠恕堂木活字印本，第1页。

② 石渭畎纂：《鄞南徐氏宗谱》序，民国五年（1916）木活字印本，第1页。

续表

谱师	人物简介	活动编年	风格特征
石聘玉	新昌人。民国十四年（1925）活动于镇海地区	1925年纂修《石湫叶氏宗谱》八卷［浙江省宁波市镇海区］	内扉红色，题有"传家之宝"，石聘玉作为修谱人员列入《重修宗谱列名》，镌"缮稿梓印石聘玉兼对读"
石华亭	新昌沃西人。民国十六年（1927）活动于奉化岭东一带，为庙岭程氏纂修宗谱。和华封、华湘为兄弟	1927年编纂《岭东庙岭程氏宗谱》四卷首一卷	宗谱前题有"新昌沃西石华亭序"
石如璋（石华湘）	又称石华湘，堂号为"新昌沃西敬承堂石氏"。民国十七年至二十六年（1928—1937）活动于浙江鄞县	1928年刷印鄞县《清源陆氏宗谱》五卷首一卷（牌记"新邑敬承堂石镌"）；1930年刷印鄞县《清源金氏宗谱》七卷首一卷（牌记"新邑敬承堂石镌"）；1932年编纂《鄞县四明槎湖宋氏宗谱》四卷首一卷（有石如璋序）；1932年编纂《鄞县光溪钟氏宗谱》六卷首一卷末一卷；1933年编纂《四明鄞江新安朱氏宗谱》七卷首一卷；1933年编纂《鄞县西河毛氏宗谱》四卷（有石如璋序）；1933年编纂《鄞县宝峰毛氏宗谱》四卷；1935年编纂《鄞西石乳桥洪氏家谱》四卷首一卷；1937年编纂《鄞县上木阜吕氏宗谱》三卷首一卷（有石华湘序）	多有版权页（图1），染红或染橘色，题有行书"承先启后 万事家宝"或"文章华国 诗礼传家"（图2）。有牌记"新昌沃西敬承堂石镌""沃西敬承堂石""新邑敬承堂石镌"。所撰写家谱序后多镌有"新昌沃洲石华湘"（《重修吕氏宗谱序》），或"华湘石如璋采访"（《宝峰毛氏宗谱》）

续表

谱师	人物简介	活动编年	风格特征
石鸿泰	字子仪，号渐逵。新昌沃州西园人。早期多用石渐逵为名，主要是跟随周毓邠先生参与活字排印工作，中期多用本名石鸿泰，晚期多用子仪为名，独立为乡人编纂家谱。民国十年至十七年（1912—1928）活动于慈溪、镇海和鄞县。跟随慈溪周毓邠（字苇渔）学习修谱并撮印家谱。周氏编纂的家谱或帮助同乡校勘的书稿大多是通过鸿泰撮印，二人合作默契。根据民国十七年（1928）周毓邠撰《四明章溪孙氏重纂宗谱序》："而以吾友新昌渐逵佐之，四阅寒暑，渐以就绪。"民国十七年孙晋阎《四明章溪孙氏重纂宗谱序》："巨资聘慈溪周君苇渔始终其事，周君复聘新昌石君渐逵分任采访。……历时四载。"民国十八年到民国三十七年（1929—1948）年在鄞州地区独立编修刷印家谱。其参与或独立编修的宁波地区家谱可考的多至十余部。在宁波地区活动将近30年，足迹遍布宁波鄞州、慈溪、镇海、舟山诸地	1921年随周毓邠为同县慈溪王氏家族校刻。《二琴居诗钞》四卷、《王征君诗稿》三种，《笙磬集》二种皆由其排字；1921年随周毓邠纂《慈溪王氏宗谱》十六卷首一卷末一卷；1922年随周毓邠编纂《慈溪赭山严氏宗谱》四卷首一卷末一卷，镌有"刻工石鸿泰"；1922年随周毓邠纂修《慈溪赭山严氏文三公支谱》四卷末一卷；1922年随周毓邠编纂《慈溪赭山严氏宗谱》四卷首一卷末一卷，牌记"奉思堂用新昌石氏活字版印"；1923年随周毓邠编纂《慈邑灌浦郑氏宗谱》二十四卷首一卷尾一卷，牌记"中华民国十二年重纂复训堂用新昌石氏活字版印周毓邠署签"；1924年随周毓邠编纂《镇海西管乡后倪倪氏宗谱》十六卷首一卷，牌记"培德堂用新昌石氏活字版印"；1928年随周苇渔纂修《鄞县四明章溪孙氏宗谱》十卷首一卷末一卷；1928年随周毓邠纂修《慈溪庄桥舒氏宗谱》三卷首一卷末一卷，牌记"试墨堂用新昌石氏活字版印"；	多有版权页，染黄或染红，或染粉色，题有"承先启后 万事家宝"字样。版权页多有牌记"某某堂用新昌石氏活字版印"或者有牌记"中华民国某某年重纂某某堂用新昌石氏活字版印周毓邠署签"或"中华民国十年／二琴居诗钞／周毓邠题盟鸥别墅用／者活字版排印／新昌石渐逵排字"。职名页有："印造新昌石鸿泰。"其所纂家谱作序后题"新昌沃州西园鸿泰石渐逵"或题"新昌石鸿泰子仪甫撰"或"子仪父"。1948年在所撰王氏创谱序中称："其族人贤达宁兴奉宗老之命延余编纂，余则依其采访录编成初稿，与其族人再为考证……余不敏，追随诸宿儒从事谱牒有年，辱承王氏垂，勉竭庸愚，将改正之初稿发凡起例，悉心编纂，昼夜不敢荒怠。"

续表

谱师	人物简介	活动编年	风格特征
		1929年石鸿泰纂修《鄞东雅庄夏氏金塘支谱》不分卷[浙江省舟山市定海区]； 1931年纂修《吴家山吴氏宗谱》； 1932年纂修鄞东塘岙俞氏宗谱（有序，详述其修谱游历之事，及到吴家山修《吴氏宗谱》之事）； 1932年石鸿泰纂修[浙江鄞县]《四明汤山李氏宗谱》二卷首一卷末一卷，有石鸿泰撰序"今年夏，鸿泰重纂俞塘俞氏之谱，将成，其邻村汤山李氏宗老……捧其谱过俞氏谱局，延余重纂，余不获辞。……余即从是编纂，订其讹，续其新，不一月而稿告成，厘为四卷。付之梨枣，俾广其传。……民国二十一年孟冬月"； 1933年随周毓邠编纂《慈溪赭山杨氏宗谱》十二卷首一卷末一卷，牌记"敦睦堂用新昌石氏活字版印"； 1934年编纂《鄞东沙家山袁氏宗谱》四卷首一卷末一卷（撰序）； 1934年纂修《鄞东华家岙华氏宗谱》四卷，撰序"诸君等至亭溪杨氏谱局，延余编修宗谱"； 1948年编纂《鄞西方家埠》，王氏宗谱四卷首一卷末一卷	

新昌石氏与宁波地区的家谱修纂和活字印刷 | 81

续表

谱师	人物简介	活动编年	风格特征
石绍祺	民国十四年至民国十五年（1925—1926）活动于奉化、舟山定海地区，民国十八年（1929）活动于鄞县地区	1925年编纂[浙江楼隘]峨阳张氏宗谱二卷；1926年编纂《定海白泉虞氏文昂公派支谱二卷；1929年纂修《鄞东盛垫桥马氏宗谱》四卷首一卷末一卷	版权页题有"彝伦攸叙"
石固（石之英）	字之英，号性白。民国十四年（1925）活动于鄞县，民国十六年（1927）活动于慈溪和宁波，有新昌石氏质行轩活字版。民国二十二年至民国三十七年（1933—1938）活动于浙江鄞县，前后活动长达23年。其作坊号称"新昌石氏质行轩"，其所撮印家谱常有牌记"某某堂用新昌石氏活字版印"。某某堂为所印家谱家族堂号。石固是新昌石氏家族中较为杰出者，其参与纂修家谱不仅是排字，还具有独立纂修、总裁的能力，也会写序，有时还代人题字，如《梅江王氏宗谱》有石固书"永言孝思"	1925年纂修《古董洪氏宗谱》九卷首一卷末一卷；1927年纂修《慈溪支溪峚张氏家谱》七卷《采访册》一卷（撰序）；1927年纂修《甬上雷公桥吴氏家谱》十六卷，牌记"承德堂用新昌石氏活字版印"；1930年活板刷印江五民修[浙江奉化]《计然村何氏谱》十四卷首一卷，牌记"自创谱至今修计属第三期始改用聚珍版由石性白氏承印"；1931年刷印《鄞东忻氏支谱》不分卷，牌记"用新昌石氏活字版印"；1933年纂修《鄞县顾氏家乘》十卷首一卷，镌有"参校及印刷人 会稽石性白"；1938年纂修《鄞东明楼徐氏家乘》十一卷，牌记"中华民国二十七年五月崇敬堂用石氏活字版印"有"性白石之英序"；	有版权页，多染红，题"彝伦攸叙"，牌记内容为"中华民国十六年丁卯/十月敦本堂用新昌石/氏质行轩活字版排印"，或"中华民国某年用石氏活字版印"或"改用聚珍版由石性白氏承印"

续表

谱师	人物简介	活动编年	风格特征
		1947年纂修《鄞东莘桥袁氏宗谱》四卷末一卷，内封有"传家之宝""中华民国三十六年孝思堂用活字版印""中华民国三十六年越州石固撰序"题记； 1947年纂修《鄞县梅江王氏宗谱》六卷； 1948年纂修《鄞西桃源王氏宗谱》《鄞县建溪唐氏宗谱》（镌有"石固序、总裁兼校刊，光绪本校刊石秉衡"）和《鄞县梅江王氏宗谱》四卷首一卷	

图1 新昌石氏所修家谱版权页

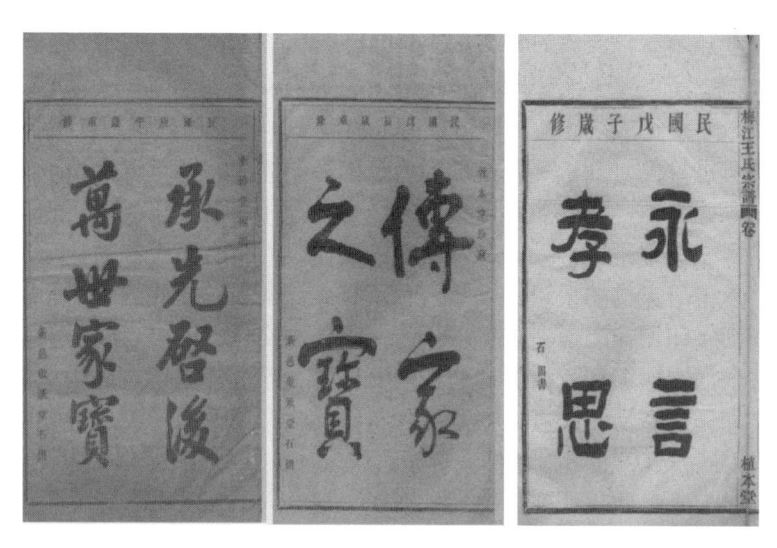

图 2 　新昌石氏所修家谱牌记

四、结语

关于新昌石氏家族从事家谱纂修和活字印刷，需要特别指出的是，并非所有新昌石氏的谱师谱匠都参与编纂家谱和活字印刷，他们当中既有参与编纂也承担刷印工作的，也有仅仅承担活字印刷，情况不尽相同，这是由于编修家谱的家族有不同需要而造成的。有些世家大族会请本地的塾师或者当地谱师来编纂家谱，再找人撮印。由于塾师或者本地谱师并不承担印刷工作，所以他们也各自有合作对象，而这些专门承担印刷工作的合作者也多为新昌石氏族人。《光绪剡城丁氏宗谱》之"修谱条则"记载："修谱大约刻板者少撮字者多，印刷时必须共议，族中有文墨者一人专在谱局，逐板对正，勿致错落。"[①] 如奉化的江五民、慈溪周毓邠、张琴都是当时有名的谱师，编纂了众多的家谱，他们也各有固定合作的活字印刷工人，且多为新昌石氏，如慈溪周毓邠就常常请新昌石渐逵助其活字印刷家谱，后来石渐逵也成长为著名的谱师；奉化的江五民也常常只承担编纂的工作，活字印刷的工作由新昌石氏承担，他编纂的《计然村何氏谱》和《镇海柏墅方氏恭房支谱》都有牌记标明是新昌石氏用活字印刷的。有些谱师是家族所聘请的私塾老师，如四明平水潭邵氏编纂的《浙江鄞县四明平水潭邵氏宗谱》四卷便是延请刘乙照为其纂修，再以新邑孝谨堂石氏木活字印刷。此书卷前有刘乙照序："延余馆其家并嘱以谱事，余思修谱难，创

---

① （清）丁载和等纂：《剡城丁氏宗谱》卷一"修谱条则"，清光绪二十九年（1903）锡庆堂木活字印本，第 1 页。

谱尤难，欲辞不就，念诸君皆吾旧东道主，其喆嗣辈尚执经门下，不得不徇所请……夫谱者所以奠世系辨昭穆，使后世子孙沿流溯源，皆知一本之支而孝悌之心油然以生，礼曰：亲亲故尊祖，尊祖故敬宗，敬宗故收族，以此而已。"①从这段话可以看出，刘乙照便是邵氏所请的私塾先生，同时也承担了编纂家谱的重任。除此之外，一些乡野山村人家由于缺少相应的文化人脉，则会全部委托石姓谱师来承担采访、编修以及印刷的工作，而新昌石氏作为一个没落的文化家族，承担着家谱的采访、编修，也承担着江南浙东一代的活字印刷，使家谱文化和活字印刷在江南浙东得以传承，是民间文化的守护者和传承者。

宁波的活字印刷和家谱纂修与新昌石氏的关系非常密切，这些从事家谱修纂及活字印刷的新昌石氏族人不是中国传统文化意义上的精英，所参与的工作也不是具有特殊意义的历史事件，但是他们真真实实地出现过。他们是哪些人，从哪里来，做了哪些事，在历史的长河中，这些人的活动有着什么样的意义，对我们今天的生活有什么样影响，这些问题为笔者所关注。由于这些谱师谱匠多处于社会的底层，扎根于民间，很难在历史上留下鲜明的印记，鲜有现成的资料来研究他们，只在他们所编纂或者印刷的家谱中留有蛛丝马迹，研究者必须足够仔细，才能够发现他们的影子。这些谱师谱匠虽然没有像活字印刷术发明者那样名传千古，但他们是文明的守护者和传承者，他们通过自己平凡的工作使中国的家谱文化和活字印刷在民间流传和传承。一如湮灭于历史长河中的新昌石氏族人，他们曾有过辉煌的家族历史，虽然后世已没有先世的荣耀，但几百年后的后人依然可以依靠世代的文化积累立身立业，江南的家谱文化和活字印刷经由他们传承了几百年。他们是那个时代通晓文墨的人，有着自己的小骄傲，正如自称"新昌末学"的石渭畋在《修方氏宗谱记》中写下的："余本一谱工耳，人皆称为谱师者，以余老于谱事业，余亦窃自负，曾不却所称，盖宁绍两郡中，无论族大小，谱之经余手，屈指数百计间，有体例不合者乎？曰无有也。问有次序失当者乎？曰无有也。余故亦以谱师自居，未曾逊谢之。……但嘱他人任排印而已，装订而已，其余则不胜其任矣。"②仅以此文献给这些默默无闻的活字印刷的文化守护者和传承者。

〔作者：刘云，宁波市天一阁博物院副研究员〕

---

① （清）刘乙照纂：《四明平水潭邵氏宗谱》原序，清道光二十四年（1844）新邑孝谨堂木活字印本，第1页。

② 方学秀纂：《慈东方家堰方氏宗谱》卷首《修方氏宗谱记》，民国二十年（1931）忠恕堂木活字印本，第1页。

红色印刷机构述略

侯俊智　黄超

摘　要：新民主主义革命时期，中国共产党领导下的红色印刷在服务党的宣传工作中发挥了重要作用。其跌宕起伏、惊心动魄的发展过程，是党的出版历程的真实反映。本文依据公开出版的文献史料，对新中国成立前党领导下的主要印刷机构作简要梳理，大体上可以勾勒出这一时期党的印刷事业的发展脉络。

关键词：印刷史；印刷机构；宣传工作；出版工作

新民主主义革命时期，红色印刷机构是我党对敌斗争的重要阵地，在党领导下印刷出版了大量宣传马克思主义的书籍报刊。我党自建立起就非常重视印刷出版工作，在不同时间阶段、不同斗争环境下，设立印刷机构，建立宣传阵地，以笔为枪，以印刷机器为武器，在传播马克思主义、开展对敌斗争、宣传党的政策方针等方面，印刷发挥了重大作用。我党早期领导人大多都有印报办刊、印书发书的经历。他们领导并创办了又新印刷所、昌华印刷局、国华印刷所、协盛印刷所、新生印刷厂等一大批印刷出版机构。在新民主主义革命时期，根据形势需要，一些印刷机构从公开走到"地下"，一些印刷机构从"地下"走到公开，它们存续的时间或长或短，但不管是在隐蔽战线还是在解放区根据地，党的印刷工作始终伴随着革命进程，与党和人民的宣传工作一道发展壮大。

一、又新印刷所

1920年2月，《新青年》编辑部迁回上海以后，印刷工作最初委托一些小型印刷厂印刷，诸如"民友社"和"太平洋"等印刷厂。

1920年7月，共产国际代表维经斯基召集各个城市的革命者在上海召开了中国积极分子会议——社会主义同盟会议。会议重点讨论了是用"社会党"

还是"共产党"命名新的革命组织的问题。同时，会上决定建立一个革命者自己的印刷所。据承办者郑佩刚回忆："当晚决议先建立一个有力的战斗的印刷所，委托我全权负责。Stromisky 君交二千元给陈君转给我收，作为印刷所的开办费。为了工作方便和力争自力更生，这印刷所是公开营业的，接受外间订货，秘密印刷社会主义者同盟的书刊文件传单等。我在辣斐德路成裕里租到一幢新建好的石库门房子，马上着手筹备一切：购家具、买铅字；印机就用'民声社'存下来那一部……此外，还从我以前领导的华强印刷所调了四位熟练技工来，这样一个新的战斗阵地很快就部署好了。"[①]

郑佩刚在另外一篇回忆文章中说："议案很多，议决首先是进行宣传工作，建立一个有力的战斗的印刷所，开辟宣传阵地，委我全权负责。我便在辣斐德路成裕里租一房子，建立'又新印刷所'（'即日日新，又日新'之意），第一次印刷了陈望道翻译的《共产党宣言》。"[②] 据章泽锋、邢立考证，由于《共产党宣言》印刷封面在当时难度较大，又新印刷所则委托技术先进的上海华丰印刷铸字所制版印刷。[③]

1920 年 8 月，又新印刷所承印的《共产党宣言》初版 1000 册很快售罄。9 月再版，加印 1000 册，又销售一空。借着《共产党宣言》的火爆销售，又新印刷所趁势而上，印刷了李汉俊译的《马格斯资本论入门》和陈独秀著的《政治主义谈》等一批革命书籍。

当时的又新印刷所印刷的刊物，既有《共产党》月刊和《新青年》，又有无政府主义者景梅九主编的《自由》等。1921 年 2 月，又新印刷所因承印革命书刊被查封。[④]

二、明星印刷所

1921 年 7 月，中国共产党成立以后创建的第一家出版机构——人民出版社出版的图书是在什么地方印刷的？创办者李达没有留下这方面的回忆材料。20 世纪 50 年代，出版史专家吴贵芳认为："一九二一年中国共产党在上海成

[①] 郑佩刚：《无政府主义在中国的若干史实》，载《无政府主义思想资料选》下册，北京大学出版社 1984 年版，第 958 页。

[②] 《郑佩刚的回忆（一九六四年二—五月）》，《"一大"前后——中国共产党第一次代表大会前后资料选编》（二），人民出版社 1980 年版，第 483-484 页。

[③] 参见章泽锋、邢立：《第一、二版〈共产党宣言〉中文全译本封面印刷特征研究》，载《印刷文化（中英文）》2021 年第 2 期，第 45 页。

[④] 林伟成：《又新印刷所：首部〈共产党宣言〉中文全译本诞生地》，载《中国新闻出版广电报》2021 年 9 月 4 日。

立以后，在当时，党还没有自己经营的印刷机构。"[①] 党所出版的书刊，利用上海租界的特殊条件，委托一些书局或印刷厂承印。有时是利用当时的合法条件承印，有时是通过各种关系找一些中小型印刷厂秘密印刷。当时承印中国共产党宣传品数量较多的是开设在上海梅白格路（今新昌路）西福海里的明星印刷所。这一时期人民出版社出版的"马克思全书""列宁全书""康明尼斯特全书"中的大多数图书在明星印刷所印的可能性偏大。

1923年成立的上海书店起初亦延用明星印刷所印刷革命书刊，包括党和青年团的中央机关报《向导》《中国青年》等刊物。据吴贵芳记载，负责与明星印刷所进行联系工作的是中共上海地委书记徐梅坤。他曾在上海《民国日报》印刷厂当过临时工，由陈独秀亲自介绍入党的，是江浙地区第一名工人党员。另外一名党员张伯简负责接送稿，他后来出任1924年成立的中央出版部首任书记。

明星印刷所是一家私营印刷所，老板叫徐上珍。1925年6月，五卅运动期间，明星印刷所因承印瞿秋白主编的《热血日报》被捕房搜查，徐上珍也被抓去，后被保释出来，罚款150两结案。1928年，因房屋业主翻造新屋，明星印刷所乃迁至麦根路（今淮安路727弄）继续营业。这时，党自办的崇文堂印务局已经成立，明星印刷所承印党的出版物较以前有所减少，但1932年仍遭到一次搜查，搜出了《青年之光》《第一防线》革命图书，明星印刷所于1932年被封，徐上珍被判刑3年。[②]

三、昌华印刷局

1925年"五卅"运动以前，中国共产党没有自己的印刷所。党成立以后最早建立的秘密"地下印刷所"不是在党中央所在地上海，而是在工人运动正在风起云涌的古都北京。

据参与创办工作的印刷工人刘明（鉴堂）回忆说："一九二五年二月三日，李大钊同志通知陈伟人，召集我们在北京大学第一院第三教室开会，主要是讨论成立印刷厂，为党印刷刊物……李大钊同志说，我们要建立一个印刷厂，主要是印《向导》。你们把这个工作做好点快点……开会由陈乔年主持，他向我和刘抵如说，建立一个小型印刷厂，需要多少时间？刘抵如说需要两三个月，陈乔年说时间太长了不行，大家讨论了十几分钟，最后陈乔年要求两个星期，

---

① 吴贵芳：《记党的早期印刷工作和第一个地下印刷厂》，载张静庐辑注《出版史料》补编，中华书局1957年版，第270页。

② 吴贵芳：《记党的早期印刷工作和第一个地下印刷厂》，载张静庐辑注《出版史料》补编，中华书局1957年版，第270页。

我说二十天可以出版，这样就决定了。"①会上，陈乔年派陈楚梗主办，刘明协办，并给了陈楚梗华比银行钞票 2000 元开办费。

他们随即购买了一批旧印刷设备，计有：16 页铅印机一部，2 号脚踏机一部，有手摇铸字机一部，铡铅刀一架，以及铅字、铜模等工具、器材，厂址选在北京广安门内大街广安西里 8 号，"对外字号为昌华印刷局，由王永珍协助建厂事宜，筹备于二月十日开工。人员分工是：陈楚梗为经理，我为厂长，马贵珍任会计兼营业，刘抵如为排字部主任，和振芳为铅字部主任，马扶青为通讯员，计有工人 35 名，于二月十一日正式开工"。②

昌华印刷局主要任务是印刷北京区委机关刊物《政治生活》以及一些党的传单、标语等宣传材料，也翻印上海出版的中共中央机关报《向导》。为了躲避敌人搜查，印刷局白天印刷一些公开的稿件、书籍等，到了夜里才开始印刷党的刊物和革命宣传品。后因不断有警察和特务盘查，又有便衣暗探在印刷局周围活动，为了安全考虑，印刷局只好搬迁到北城花枝胡同，改名为"明星印刷局"。

1926 年 4 月，张作霖入京，形势险恶，遂由董学仁、刘抵如率全厂工人随冯玉祥军队撤往西北，昌华印刷局就此停办。

此后，党又在上海、天津等地都建立了自己的地下印刷所，为配合党的宣传事业薪火相传，顽强地战斗着。

四、崇文堂印务局（和记印刷所、文明印刷所）

据上海书店经理徐白民在 20 世纪 50 年代回忆："到了 1925 年秋……因为革命形势日渐好转，读者的范围大大地扩充了。于是原来承印上店出版物的一家私营印刷所就来不及印，也有些不便的地方，于是中央决定在闸北香山路香兴里自己办了一个国民印刷所，由倪忧天同志主持其事。从此以后，凡是可以在原来印刷所排印的仍交给这个印刷所，不便的就可在自己的印刷所里印了。"③

徐白民所说的"国民印刷所"即国华印刷所，由杭州印刷工人出身的党员倪忧天、陈豪千负责。为了安全起见，倪、陈二人商议后，决定效仿当时上海

---

① 刘鉴堂：《回忆向导周刊在北京印行的经过》，载张静庐《中国近现代出版史料》，上海书店出版社 2011 年版，第 83-84 页。

② 刘鉴堂：《回忆向导周刊在北京印行的经过》，载张静庐《中国近现代出版史料》，上海书店出版社 2011 年版，第 84 页。

③ 徐白民：《上海书店回忆录——一九二三年》，载张静庐辑注《中国现代出版史料甲编》，中华书局 1954 年版，第 63-64 页。

许多小工厂惯用方式，在国华印刷所招牌上再挂一块崇文堂印务局的招牌，并由倪忧天代表崇文堂、陈豪千代表国华签订一份国华印刷所为崇文堂特约加工印刷的合同，全厂财产为国华所有，但国华不得自行承接业务，双方账务分开，对外发票由崇文堂开出。崇文堂印务局有工人二三十人，对开平板机3部，脚踏架1部，具有一定规模，承印了当时党的主要出版物，包括《向导》《中国青年》、上海总工会的小册子及传单等。①

开办不久，印刷所在转送校样过程中，遇到捕房搜查，仓促间将校样丢失。为避免暴露，崇文堂决定暂时停业。1925年10月，《新闻报》上刊登了一则启示："崇文堂因无意经营，由和记受盘。"半个月后，上海书店将印刷设备迁往闸北青云路桥堍广益里，以和记印刷所的名义开办。为了提高警惕，印刷所在不远的路口安放了守望哨。但不久，和记印刷所遭突击户口检查，被抓走会计一名，被拿走上机印刷一半的《向导》一份。党组织决定将印刷所迁入租界，这个印刷机构经扩充筹备后，改用文明印务局的名义，分别在两处开业：一处在新闸路大统路口的西新康里（今西斯文里），为全能机构，有工人五六十人，并增加了全张铅印平板机设备，除了印刷党的报刊文件之外，还大量印刷一种革命日历。另一处在新闸路鸿祥里办的一个专事浇版印刷的小印刷所。②

1926年底，倪忧天奉调至汉口筹创长江书店的印刷厂，携走了鸿祥里的全部机器。③上海方面由毛泽民、彭礼和负责，坚持党的地下印刷斗争。

五、长江书店印刷厂

1926年底，党中央在汉口开办长江书店，经营由曾任新青年社经理的苏新普主持，长江书店印刷厂由倪忧天、陈豪千负责，厂址在汉口济生三马路福生里（今汉口前进三路），厂房为三幢两厢石库门房子，又在同里租到了二层房子三间，楼下办公，楼上为宿舍。工厂设备由上海搬来一部分，又新添了一些。机器设备齐全，现代化程度较高。印刷车间计有全张铅印机2台，对开铅印机2台，圆盘机1台，马达动力设备全套；铸字制型车间有手摇铸字炉2架，脚踏铸字炉1架，高低刨床各1台，压版、浇版、烘版机器各1台，各号钢模4副，其他熔铅、制型等辅助设备齐全；制本车间备有34寸裁纸机1台，三面切书

---

① 吴贵芳：《记党的早期印刷工作和第一个地下印刷厂》，载张静庐辑注《出版史料》补编，中华书局1957年版，第270页。

② 吴贵芳：《记党的早期印刷工作和第一个地下印刷厂》，载张静庐辑注《出版史料》补编，中华书局1957年版，第270-271页。

③ 吴贵芳：《记党的早期印刷工作和第一个地下印刷厂》，载张静庐辑注《出版史料》补编，中华书局1957年版，第272页。

机 1 台，烫金机、压书机、打样机各 1 台，其他辅助设备齐全。长江印刷厂为半公开性质，主要为长江书店服务，重印上海书店的出版物，同时出版新书，也承印国民党左派的印刷品。①

七一五反革命政变后，长江印刷厂宣布停业，贴出"招顶出盘"的广告，逐步遣散工人，对外声称将工厂设备交运输公司运往上海，倪忧天等人也宣布回上海。实际上，倪忧天和少数工人却隐蔽起来，在汉口暗中筹建一处秘密印刷厂。但不久，厂里突然来了武装军警和便衣警察，搜查不出什么东西，就将倪忧天抓走了，后被保释出狱。这个地下印刷厂就此结束。②

六、协盛印刷所

1925 年 11 月，为加强上海书店的力量，中央决定调毛泽民出任中央发行部经理，主要负责上海书店的秘密发行工作。③ 就这样，毛泽民化名杨杰来到了上海，他的公开身份就是印刷厂杨老板。

上海书店被查封后，倪忧天前往汉口，毛泽民奉命留守上海，坚持党的地下出版工作。他和彭礼和一道，主持上海的地下印刷工作。

1926 年初，随着革命形势的高涨，秘密订购革命书刊的读者越来越多。扩大出版书刊就需要前期预付大笔的印刷费，毛泽民就向总书记陈独秀借钱。陈独秀回答：没有钱可借，自己去想办法。毛泽民的公开身份是印刷厂杨老板，于是他就利用自己的身份向同乡、朋友、熟人借钱。他还找一家小厂子代为装订图书。毛泽民的爱人钱希均负责每天到一些中央领导同志家里拿稿件或清样，送到印刷厂去。④

四一二反革命政变后，毛泽民根据党央的指示，乘船离开上海奔赴武汉，短暂担任过《汉口民国日报》总经理。不久，汪精卫在武汉分共。毛泽民离开武汉，回到长沙。

1927 年 11 月，毛泽民奉命二次回到上海，仍担任发行部经理。1928 年，毛泽民请示党中央同意，办起一个印刷厂，取名"协盛印刷所"，地址在爱而近路春晖里。他请家乡韶山的党组织送来几个青年同乡当工人，还以"老板"

---

① 倪忧天：《党的汉口长江印刷厂创办经过》，载湖北省新闻出版局党史小组编《湖北革命史料》1，1988 年版，第 89 页。

② 吴贵芳：《记党的早期印刷工作和第一个地下印刷厂》，载张静庐辑注《出版史料》补编，中华书局 1957 年版，第 270-272 页。

③ 徐白民：《上海书店回忆录——一九二三年》，载张静庐辑注《中国现代出版史料甲编》，中华书局 1954 年版，第 63-64 页。

④ 钱希均：《从岳麓山下到西北边陲》，《革命回忆录》12，人民出版社 1984 年版，第 101 页。

的身份与商会拉上了关系，以自己的厚道、热情和信誉，取得了社会上许多人的信任。以此为掩护，他们秘密印刷了《中国青年》《红旗》《实话》等大量进步书刊。其中仅《共产主义ABC》一书，半年内就印销了3万余册。他经常往来于中央发行部机关和党领导下的上海协盛印刷所之间，组织地下的出版发行活动，从排版、校对、铅印，到购买纸张等，他亲力亲为。①

1928年四五月间的一天，反动密探发现了协盛印刷所正在印刷的党的宣传品，随即严密封锁了弄堂口。毛泽民正在厂子里，他装作是商人，巧妙应对，机敏脱身。又有一次，毛泽民被反动密探绑架到一个旅店，让他拿几万块钱赎身。毛泽民谎称要筹措资金才脱身。

鉴于党在上海的出版活动已经暴露，中央认为毛泽民和印刷厂都必须转移。为了蒙蔽敌人，毛泽民在《新闻报》上刊登广告，拍卖机器。敌人认为毛泽民在变卖设备筹集资金，就放松了监视。而毛泽民等人则秘密把机器设备打好包，伪装成别的货物，通过轮船托运到天津去了，毛泽民也悄悄离开了上海。

七、天津华新印刷所

1929年春，毛泽民奉周恩来之命，从上海转移到天津。他在顺直省委的帮助下，在原英租界广东道福安里4号，即现在的唐山道47号，找到一座洋楼，利用从上海托运过来的印刷机器设备，开办华新印刷公司，继续从事印刷活动。

毛泽民改名周韵华，公开身份为华新印刷厂的经理。在这里毛泽民吸取了上海的教训，印刷所搞得更加巧妙秘密。印刷所在一旁开设了一家布店，用布包裹纸张，掩护纸张运输。他们还在印刷厂门厅开设对外业务，承接信封、信纸、表格、发票、请柬之类的印刷品做掩护。在柜台下面安装了一个电铃脚踏开关，直通印刷车间。一有情况，营业员脚一踏开关，印刷车间就可以采取紧急措施，隐蔽党的印刷品，拿出一些信封信纸请柬来印刷。②

华新印刷厂主要从事党的内部读物、文件、传单，以及河北省委主办的《北方红旗》等刊物的印刷工作，有时还翻印些马列书籍。华新印刷厂历尽艰辛在天津坚持了两年多，为在北方传播革命火种作出了贡献。③

1931年1月，毛泽民奉命从天津第三次回到上海。这时上海党组织遭到严重破坏，到处是一片白色恐怖。毛泽民以开设"天生祥酒行"为名，为恢复

---

① 钱希均：《从岳麓山下到西北边陲》，《革命回忆录》12，人民出版社1984年版，第103页。
② 韶山毛泽东同志旧居陈列馆：《毛泽民同志与上海书店》，《书店工作史料》第一辑，第18-19页。
③ 韶山毛泽东同志旧居陈列馆：《毛泽民同志与上海书店》，《书店工作史料》第一辑，第18-19页。

党的秘密组织和重建印刷厂而日夜奔走。4月，顾顺章叛变，党中央紧急通知毛泽民撤离上海去香港，并经香港前往江西辗转进入瑞金中央苏区。①

与此同时，在白色恐怖下的上海，党的印刷机构转战在上海各地，如虹口某处、西藏路永和里、爱文义路陈家浜春晖里、杨树浦等地，频繁更换名号②。据研究者赵春英统计，从1927年至1933年临时党中央迁入瑞金中央革命根据地止，党在上海前后开办的秘密印刷所达17家之多。③另据参加过这一时期印刷工作的老工人徐鸿生回忆，在最艰难的时期，党的印刷工作一度在吴淞口外的长江民船上进行。④

八、保定协生印书局

20世纪30年代初，党在南方的出版工作转入地下，因此当时北方各省难以看到南方秘密出版的革命书刊，党的宣传工作受到影响。

1931年9月，保定地区特委闻悉党员王辛民在保定革命互济会工作期间，通过协生印书局编审赵云韬认识了经理张培植。为了革命斗争的需要，保定的党组织决定自己动手刊印一些适宜群众阅读的马列主义读物，以备革命之需。于是就派1929年入党的青年党员王辛民与张培植接触、协商。王辛民，又名王禹夫，毕业于保定二师。

协生印书局坐落在保定西大街路北。经理张培植是一位进步人士，编审赵云韬是一位有进步思想的保定第六中学教员。王辛民和他们商定，每印出一本书，随即付交一部分印刷费。⑤他们先试着翻印了两本上海书店出版的出版物，一本是张伯简编译的《各时代社会经济结构元素表》，另一本是瞿秋白著《社会科学概论》。这两本书印出来后，通过党组织秘密系统发行了一部分，收回了一些书款，很快就支付给印书局，合作很成功。于是党组织决定继续搞下去，就派王辛民专门负责此事，编辑部秘密办公地点就选在保定二师院内。在王辛民的主持下，北方人民出版社利用协生印书局翻印了大量革命书籍，在北方一带广泛传播。

---

① 钱希均：《从岳麓山下到西北边陲》，《革命回忆录》12，人民出版社1984年版，第101-105页。

② 吴贵芳：《记党的早期印刷工作和第一个地下印刷厂》，载张静庐辑注《出版史料》补编，中华书局1957年版，第270-272页。

③ 赵春英：《中央印刷厂职工的生产与生活》，载《印刷文化（中英文）》2021年第2期，第67页。

④ 吴贵芳：《记党的早期印刷工作和第一个地下印刷厂》，载张静庐辑注《出版史料》补编，中华书局1957年版，第270-272页。

⑤ 韩晓明：《"北方人民出版社"始末》，《河北出版史志资料选辑》，河北人民出版社1989年版，第10页。

1932年7月，因反动派镇压保定的学生运动，北方人民出版社被迫停办，王辛民转移北平。这时他还拖欠着协生印书局一些印刷费。王辛民秘密到北平后，在北平又设法出版了一些革命书刊，如《苏联革命过程中底农业问题》等，收回了一笔现款，从而偿还了拖欠协生印书局的印刷费。[1]

张培植的协生印书局一直开到抗日战争时期的1939年。据记载，1939年，张培植因支持抗日，向晋察冀抗日根据地运送印刷器材时，被保定日本宪兵队逮捕并杀害了。[2]

九、瑞金中央印刷厂

党在中华苏维埃共和国时期出版事业的开展，是从一间小小的民间印刷所开始的。

1929年3月，毛泽东、朱德、陈毅率领的红四军入闽并攻占了长汀县城，利用中共地下党员毛钟鸣开设的"毛铭新印刷所"印刷大批红军文件、布告、宣言等。1931年春，闽西苏维埃政府在毛铭新印刷所的基础上，创办了闽西列宁书局，标志着苏区出版事业的兴起。据毛钟鸣回忆说，毛泽东曾经对他谈道："我们的革命宣传好比是向敌人发射的精神炮弹，印刷所好比是制造这种精神的兵工厂。"[3] 这是对党的印刷工作的精辟评价。

1931年11月，中国共产党在江西瑞金成立中华苏维埃共和国临时中央政府。苏维埃临时中央政府下设中央印刷局，主管中央苏区的印刷事业，中央印刷局第一任局长由中央工农检察委员会委员张人亚兼代。1932年6月中央出版局首任局长朱荣生离任后，张人亚出任出版局局长，同时兼代中央印刷局局长。张人亚曾经在上海担任过由商务印书馆的编辑和工人组织的同孚消费合作社负责人[4]，因此对印刷工作是比较熟悉的。

1931年秋，中央印刷厂成立于瑞金叶坪下陂村，又称中央政府印刷厂，受中央出版局和印刷局管辖。厂长陈祥生、副厂长杨其鑫、祝志澄，后由古运来接任。

中央印刷厂是苏区最大的国营印刷厂，有对开印刷机5台（其中1台是地

---

[1] 王辛民：《忆北方人民出版社》，《中国出版史料（现代部分）》第一卷下册，山东教育出版社2001年版，第37—41页。

[2] 韩晓明：《"北方人民出版社"始末》，《河北出版史志资料选辑》，河北人民出版社1989年版，第10页。

[3] 转引自张养志、周亚茹：《中央苏区红色印刷的理论与实践》，载《印刷文化（中英文）》2021年第3期，第85页。

[4] 张人亚革命事迹调研组：《张人亚传》，学林出版社2011年版，第28页。

下交通队从上海运来的新印刷机,有 2 台是从长汀毛铭新印刷所搬来的),石印机 11 台。该厂分设铅印、石印、排字、刻字、编辑、裁纸装订、铸字、油墨 8 部门。主要任务是承印《红色中华》《斗争》《苏区工人》等刊物、书籍、传单等,还负责为苏区政府印刷纸币、公债券、布告、公文等。

中央印刷厂建厂之初,工人有 200 多人,1933 年迁移至沙洲腊梨时,工人超过 300 人,系营业最盛时期。1934 年 10 月红军长征开始,厂长古运来率领 10 多名工人抬着一套印刷机随中央机关一起长征,剩下的机器和工人坚持在于都桐树坪生产。1935 年 1 月,留厂干部李某逃跑后,工人将机器、铅字埋藏后打游击去了。①

另外,在苏区,还有青年实话印刷所、中央财政人民委员部印刷厂、中央教育人民委员部印刷所、中央革命军事委员会印刷所等。

在敌人的严密封锁和不断"围剿"下,中央苏区的出版印刷设备极其简陋,印刷以油印为主,石印和铅印为辅,还有一些手抄本和木刻印刷。1930 年前的早期出版物,由于条件限制,主要是油印,某些重要著作和劳动券采用石印。后来条件有所改善,铅印石印逐步增多,铅印一般限于印制马列主义经典著作、苏区政府法规条例章程、重要政纲文献、中共中央主要领导人著作、重要而且印数较大的著作,以及中央党政军群机关报等。②

在如此艰苦的条件下,中央苏区的出版事业却生机勃勃,出版图书的品种非常丰富,从马列译著到党内文件,从小学课本到军事理论书籍,从纸币债券到画集地图,应有尽有。据统计,1932 年至 1934 年的两年间,全苏区出版图书就有 408 种之多。为此,中华苏维埃共和国临时政府主席毛泽东曾在第二次中华苏维埃大会上,对苏区的出版事业给予过高度评价。

十、延安中央印刷厂

1936 年冬,党中央进驻延安,在原中华苏维埃共和国临时中央政府西北办事处财政部国家银行印刷所基础上,开始筹建中央印刷厂,以解决宣传教育多方面的需要。1937 年 1 月,祝志澄奉命前往西安、上海采购机器设备,招聘技工。祝志澄是上海人,曾经在上海商务印书馆做过杂工。1932 年 5 月进入瑞金中央印刷厂工作,后参加长征到达延安,负责筹建延安中央印刷厂。祝志澄冒着生命危险,通过各种关系,设法在国统区购买铅印及其他现代化印刷器材,拆解后放到棺材里,用一支送葬队伍运到延安,使延安的印刷技术一步

---

① 严帆:《中央革命根据地新闻出版史》,江西高校出版社 1991 年版,第 62-63 页。

② 严帆:《中央革命根据地新闻出版史》,江西高校出版社 1991 年版,第 261 页。

步向前改进。①他还冒着生命危险,在上海陆续招聘了两批共 11 名排字、印刷、刻字、铸字等各个工种的印刷技术人员。②

1937 年 2 月,印刷厂在延安城外清凉山设置厂房,3 月,开始排印书刊。4 月以后,陆续有上海、西安的技工和印刷机、铸字机模到厂。此时工厂属于中华苏维埃临时中央政府财政部领导,未正式命名。1937 年七七事变后,陕甘宁边区政府成立,印刷厂归属中央党报委员会和边区政府,正式命名"中央印刷厂"。1938 年,中央印刷厂划归中宣部中央出版局印刷科领导。中央印刷厂首任厂长祝志澄,副厂长朱华民,后由万启惠、惠泽民、雷达天等人接任。1946 年,中央印刷厂在鼎盛时期在册人员约 300 人。

中央印刷厂创建初期,计有对开平台印刷机 5 台,四开平台印刷机 1 台,圆盘印刷机、三色鲁林印刷机各 3 台,铸字机 3 台,打纸型工具 2 套,钢模、铅字等,还有印厂工人自制的切书机、切纸机、油墨机等。③

1939 年 2 月,为了保证局势突变时不致生产中断,在安塞县高家皂口建立分厂,担负书籍排版印刷任务。1940 年分厂撤销。1947 年初,总厂前往子长县魏家岔,延安作为分厂,坚持印刷《解放日报》。1947 年 3 月,中央印刷厂坚壁清野,随游击队向西北转移。7 月,改编为西北野战军后勤司令部警卫连。10 月,在米脂县杨家沟复厂。1948 年 3 月,中央决定印刷厂留交西北局,中央印刷厂结束。部分人员随中央转移至河北平山,成为新华印刷厂的基础。

中央印刷厂的生产任务异常繁重,党中央和边区政府的各种公开发行和内部发行的印刷品,以及某些社会印件,都是由中央印刷厂承印。计有:报纸、期刊、政治理论书籍、政策文件、干部教育读物、中小学课本、科技卫生读物、文艺书籍、领袖像、地图、日历月历等,以及纸币、财政税务部门各种证券、报表、商标十余类。④

坐落在黄土高原上的延安古城,生活、办公条件十分艰苦。加之外部的经济封锁,出版印刷所必要的物质条件和技术都十分缺乏。印刷条件很差,没有必要的印刷机器设备,印刷用纸尤其十分短缺。边区纸张供应存在较大缺口,造纸工人就用马兰草土法生产纸张来代替,不得已时甚至节制书籍的印数。油墨来源出现断绝,就以松树自烧烟灰,轧制油墨。印刷设备陈旧落后,就因陋

---

① 《新华书店在延安成长》,华岳文艺出版社 1989 年版,第 28 页。
② 张彦平编:《延安中央印刷厂编年纪事》,陕西人民出版社 1988 年版,第 5 页。
③ 赵晓恩:《以延安为中心的革命出版工作》,载《出版发行研究》2001 年第 2 期,第 74 页。
④ 万启盈等:《延安中央印刷厂厂史概况》,《中国出版史料》(现代部分)第二卷,山东教育出版社 2001 年版,第 323 页。

就简地以油印、石印,甚至传统木刻的方法印书。① 当时的陕甘宁边区参议会主席谢觉哉曾经为中央印刷厂赋诗一首:

> 马兰纸虽粗,印出马列篇。
> 清凉万佛洞,印刷很安全。

这个时期,除了延安的中央印刷厂外,延安还有八路军印刷厂、光华印刷厂、机要印刷厂和木刻石印印刷厂,分别承担着部分印刷任务。此外,各个根据地陆续都建有自己的印刷厂,负责印刷各个根据地的党报和宣传品,翻印解放社和新华书店的图书。② 新中国成立后,部分延安中央印刷厂的工作人员进入在北京重新组建的新华印刷厂。

中国共产党领导的印刷工作旗帜鲜明地传播马克思主义,无数党的优秀印刷工作者和受党积极影响的进步分子投身其中,为中华民族独立和革命事业谱写了可歌可泣的印刷篇章。

〔作者:侯俊智,人民出版社编审,青岛科技大学传媒学院兼职教授;
黄超,首都博物馆副研究馆员〕

---

① 吴永贵:《中国出版史》(下册),湖南大学出版社2008年版,第378页。
② 曹国辉:《延安时期的出版工作概述》,《中国出版史料》(现代部分)第二卷,山东教育出版社2001年版,306页。

解放战争时期共产党在国统区出版工作的策略与实践[*]

高杨文

摘　要：在解放战争时期的国统区，面对国民党的新闻出版统制政策和对共产党及其领导进步出版的迫害，共产党通过建立出版统一战线、开辟第二战线、部署三条战线等策略，不仅出现了抗战胜利后共产党在国统区出版的短暂复兴，而且打造的出版铁军成了共产党在文化战线上的有生力量，为解放战争胜利和新中国成立作出了特殊、重要贡献。本文以翔实史料、典型个案为素材，按照史论结合、点面结合的思路，对解放战争时期共产党在国统区的出版进行了梳理，呈现了共产党与国民党在出版战线上的斗争。

关键词：解放战争；共产党；国统区；出版

抗战胜利后，共产党抓住国民党在收复区站脚未稳的契机，在以上海、北平为代表的国统区，开展了大量出版活动，出现了共产党领导的进步出版的短暂复兴。全面内战爆发后，国民党对国统区进步出版的迫害变本加厉，导致国统区进步出版几乎全军覆没，地下党团结国统区各界进步力量，积极在第二条战线上与反动当局开展艰苦卓绝的舆论斗争。为了应对国民党的新闻出版统制政策和对进步出版的迫害，共产党领导进步出版力量采取了三条线作战的策略，形成了第一线出版机构冲锋陷阵和第二、第三线出版机构作为后备力量的出版布局。

---

[*]　本文为国家社会科学基金项目"中国共产党百年出版思想史研究"（项目编号：21BXW084）阶段性成果。

一、国统区出版的短暂复兴

抗战胜利后，中共中央和毛泽东就在大城市开展工作先后发出了明确指示。1945年8月29日，中共中央指示："趁日伪投降，国民党统治尚未建立和稳定的混乱期间，我们应在各个方面建立工作，利用合法，团结群众，以便将来更有力地进行民主运动。"①1945年9月14日，在重庆谈判期间，毛泽东致电中央并转华中解放区负责人时指示："上海新华日报及南京、武汉、香港等地，以群众面目出版的日报，必须尽速出版。根据国民党法令，可以先出版后登记。早出一天好一天，越晚越吃亏。""除日报外，其他报纸、杂志、通讯社、书店、印刷所、戏剧、电影、学校、工厂等方面无不需要。就近请即先到上海工作，在今后和平时期中有第一重要意义，比现在华中解放区的意义还重要些。""华中可去上海等地公开活动的，如范长江、钱俊瑞、阿英、梅益等，要多去，快去。"②从两份指示中可以看出：出版工作是当时共产党在收复区较为重要的工作之一。正是在这两份指示的推动下，共产党与国民党在收复区展开了激烈的出版阵地争夺。

根据中共中央和毛泽东指示，许迈进、梅益在上海地下党的帮助下，启动了《新华日报》（上海版）的筹备工作，并在筹备办公室外挂出了"新华日报筹备处"招牌，到1946年初筹备工作已基本完成。同年2月潘梓年受命到上海主持《新华日报》（上海版）出版工作时，周恩来专门写信给时任上海市长钱大钧，请潘梓年当面交涉报纸出版事宜。同年5月又派陆定一到上海与潘梓年一道找时任上海市长吴国桢交涉，《新华日报》（上海版）终因国民党中央宣传部、上海市政府、上海市社会局的百般阻挠而未能出版。《救亡日报》虽然按照国民党"凡抗战前或抗战中出版发行过的报刊可先复刊后登记"的规定，于1945年10月10日更名为《建国日报》在上海复刊，但终因文章切中时弊、刺痛当局，仅出版了12天就被国民党当局查封。

叶剑英率领北平军调部中共代表团于1946年2月22日在北平创办的《解放》报，是抗战胜利后党在北平公开出版的第一份报纸。虽然该报是经北平军调部三方商议、在国民党政府合法登记的公开出版物，但是在出版的过程中，国民党特务不仅对报社进行严密监视，而且通过邮寄恐吓信、街头撕毁报纸、用手枪威胁报童、威胁印刷厂等方式，百般阻挠《解放》报的出版发行，甚至

---

① 《继往开来：纪念〈向导〉创刊七十周年暨发扬党报传统学术研讨会论文集》，上海社会科学院新闻研究所1993年版，第218页。

② 中共中央文献研究室、新华通讯社：《毛泽东新闻工作文选》，新华出版社1983年版，第131页。

还采取拘捕报社人员、强行查封报社等极端方式，压制包括《解放》报在内的进步出版机构。为了争取出版发行自由，在北平地下党的领导下，解放报社、人言周刊社牵头成立了"北平市出版业联合会"，成员单位联合署名发出《北平市出版业联合会通电呼吁出版自由》的通电。由于通电所控诉反动当局的行为，国统区的进步出版物都有亲历，所提出的要求，国统区的进步出版物也都渴望。因此，该通电得到了全国进步出版单位的积极响应。1946年4月3日凌晨，国民党军警特务非法搜查了北平解放报社、新华社北平分社以及军调部中共代表团军事顾问滕代远住址，并逮捕了解放报社社长钱俊瑞、采编部主任杨赓等41人，《解放》报因此终刊。

虽然共产党在上海、北平公开出版的报刊受到了国民党当局百般阻挠和强暴干涉，但是南方局、晋察冀中央局领导两地党组织和进步力量，秘密出版了《新生活报》《新生代》《文萃》《民主》《消息》《群众》《世界知识》《人人周刊》《学生新闻》《教师生活》《联合日报》《平津晚报》《国光日报》《人言周刊》《人民世纪》《铁路之友》等进步报刊，与国民党开展舆论斗争。

《时代日报》创刊于1945年9月1日，前身为1945年8月16日创刊的《新生活报》，名义上是塔斯社俄文《新生活报》的中文版，实则为由中共党员姜椿芳主持出版的党报，是上海收复后民众见到的首份党报。《时代日报》作为一份以苏商名义出版的党报，报道从形式上要体现苏联人的立场，为此采取了多种方式。一是作者用与苏联人名相似的笔名，如夏衍笔名为戈洛宾，姚溱用过马克宁、萨里根、秦上校等笔名。二是在标题上做文章，大标题中立，小标题有倾向性，甚至用寓意深刻的诗句，如"塞上风寒、孤雁哀""关内桃花、关外雪""春风已度娘子关""长江浪涛""江南暮雪"等[1]，上海民众一看即知其寓意。三是引用外报外电的报道，如《菲律宾华侨新报》《香港中华报》塔斯社等，也有过假称美国旧金山广播报道，实则是延安广播报道。

《时代日报》作为上海地下党一个最为重要的宣传阵地，为了把更多政治、军事、经济、学生运动、工人运动的真实情况报道给民众，报社采取了杂志化的办报方式，以扩大报道的信息量。该报开辟了"半周军事述评""半周国际述评""半周经济述评"三个专栏，开办了《新文学》《新文字》《新园地》《新妇女》《新木刻》《新美术》《新音乐》七个副刊，三个专栏轮流刊发，每天一个副刊。军事述评由中共上海文委负责人姚溱主持，国际述评由夏衍、陈翰伯主持，经济述评由杨培新主持，采取概括、综述、评价的形式告诉民众实情，揭露国民党的虚假宣传。

---

[1] 金炳华：《上海文化界：奋战在"第二条战线"上史料集》，上海人民出版社1999年版，第209页。

《联合晚报》创刊于1946年4月15日，前身为1945年9月21日创刊的《联合日报》。《联合晚报》是在周恩来关心和指导下，由中共上海工委领导，以民营名义出版的秘密党报。《联合晚报》作为民营报，要传播党的声音，又不能暴露与党之间的任何关系，这既是党组织对报社铁的纪律要求，也是对报社管理团队的一种政治考验。周恩来要求《联合晚报》"严格保持民营姿态，不许有党报的作风"[1]，并给出了三点明确指示："报社的性质要绝对秘密，这是铁的纪律""报纸要尽量办下去，稍微妥协一些也可以，出比不出好""千万不能左"，这三点在办报的过程中不能动摇[2]。为了贯彻周恩来的指示，《联合晚报》主要采取了五方面的措施，一是成立了由总编辑陈翰伯、总经理王纪华、《经济周刊》主编郑禹森组成的秘密党支部，加强对报社的政治领导；二是把设法搞来的于右任题词，印在每期头版最引人注目的位置，给人以国民党元老支持该报的错觉；三是出版与政治没有直接关联的《宵夜》《影剧圈》《老上海》《股票座谈》《健康常识》《诗歌与音乐》等副刊、周刊；四是注意用较"灰色"的标题和词语，避免用党报常用的"尖锐"标题和过激言论，如《怎样交朋友》《家书与情书》《有计划地谈天》《在贞节牌坊下边》等文章，用与民众密切相关的日常生活话题，深入浅出地传播革命道理；五是在版面编排上做文章，如在新闻夹缝里采用美联社、联合社等外电的电讯，以转移新闻检查人员的注意力。

《联合晚报》作为当时中共上海工委唯一可以依赖的宣传阵地，除传播党的声音外，还肩负着做好报刊界统一战线的重任。周恩来对报社的指示中强调："办报就是打政治仗，你们在工作实践中，时刻不能忘记发展进步势力，争取中间势力，孤立反共顽固势力的政策。""你们已经出版的进步报刊肩负着重大责任，不仅要努力把自己的报纸办好，还要更好地团结新闻界同业一同前进，共同奋斗，切不可孤军奋战。"[3]这既是对《联合晚报》的指示，也是任务要求。报社秘密党支部根据周恩来的指示，通过给其他报刊供稿、联合抗争反动当局等方式，在报刊界做了大量的统战工作，形成了由《文汇报》《新民晚报》《联合晚报》组成的进步报纸阵营，在许多重大新闻的处理上，采取一致态度，相互支持，密切合作。正是由于三种报纸的联合，对国民党反动当局形成了很大的舆论压力，1947年5月24日，三种报纸同时被勒令停刊。1949年4月，周恩来赞扬《联合晚报》："你们的统一战线工作搞得不错！这是我们上海地下

---

[1] 中共"一大"会址纪念馆、上海革命历史博物馆筹备处编：《上海革命史资料与研究》（第六辑），上海古籍出版社2006年版，第372页。

[2] 中共上海市委党史研究室编：《周恩来在上海》，上海人民出版社1998年版，第130页。

[3] 吴小宝：《周恩来1946年在南京》，中央文献出版社2008年版，第151页。

党和《联晚》全体同志的共同光荣。"①

《文萃》创刊于1945年10月9日，1947年3月12日更名为《文萃丛刊》秘密出版，同年7月，因主编、编辑等人员被捕而终刊。《文萃》在创刊初期为文摘性刊物，主要转载重庆、昆明、延安等地出版的党报党刊文章。《文萃》之所以定位为文摘性刊物，主要是出版比较方便，能够很快与读者见面，迅速占领阵地。随着上海民主运动高潮的到来，文摘性的《文萃》已不能适应上海革命形势发展需要，此时恰有大批文化、新闻、出版界人士从大后方返回上海，给《文萃》在上海组稿提供了可能，编辑部顺势而为，调整办刊定位，办成了具有很强战斗性的时政刊物。《文萃》以其顽强的战斗性，在成为上海民众指路明灯的同时，也成为直刺敌人胸膛的一把匕首，刚出版了5期，淞沪警备司令部就以"与共产党同词"，密令上海警察局取缔。解放战争爆发后，国民党军警对《文萃》开展了大搜捕行动，共拘捕40余人主编陈子涛、发行负责人吴承德、承印负责人骆何民。三人殉难，史称"文萃三烈士"。

《文萃丛刊》从形式上看更像一本书，32开本，每期换一个刊名，先后出版过《论喝倒彩》《台湾真相》《人权之歌》《新畜生颂》《五月的随想》《论纸老虎》《烽火东北》《臧大咬子伸冤记》《孙哲生传》共9期，第10期《假凤虚凰》未来得及发行即被查抄。从内容上看，则是一本杂志，每期都刊登若干篇文章，如《论纸老虎》刊发了斯特朗的《毛泽东论纸老虎》、郭沫若的《学潮问题》、彭雪峰的《寓言》等文章；《孙哲生传》刊发了乔冠华的《论世界矛盾》、张沛的《仲夏战场》、冯玉祥的《告全国同胞书》、苏平的《孙太子嘴脸》等文章。《文萃丛刊》第1期在最后的《告读者》中称："从这期起，《文萃》在形式上有所改变了，这是一种书的形式，而内容则仍旧是一本杂志。这种改变，完全是为了适应发行上的需要。"这段话既对该刊的特点进行了说明，也表露了这种改变是迫于无奈。

《平津晚报》由晋察冀中央分局社会部平西站站长梁波领导地下党王真夫等人于1945年8月19日秘密创办，是抗战胜利后党在北平出版的第一份报纸。《平津晚报》在筹办期间经历了由办杂志到办报纸、由出版日报到出版晚报的调整过程，而且在正式创刊前，还出版了一期日本投降的套红大字"号外"，在北平街头散发，轰动了北平全城。《平津晚报》出版后，在北平发行量达到2万份，天津也有1万份，创造了抗战胜利后北平报刊销量之冠。《平津晚报》作为北平地下党创办的秘密刊物，把传播共产党的声音、揭露国民党的暴行作为报纸的重要内容。《平津晚报》出版期间，全国人民最关注的是重庆谈判，

---

① 中共上海市统战部统战工作史料征集组编：《统战工作史料选辑》（第二辑），上海人民出版社1983年版，第112页。

报纸以"重庆航讯"独家新闻的形式作了系列报道。另外,《平津晚报》还报道了国民党军队进攻解放区、解放军奋起反击的战况,揭露了国民党"假和谈、真备战"的丑恶面目,揭穿了国民党中央社的虚假宣传。把远在西南国统区发生的事关国家、民族甚至个人命运的国共谈判情况,及时传播给北方国统区的人民。

《人言周刊》由北平地下党宋匡我、孙逊与进步人士马毅民、马迅于1946年1月28日合作创办,并取得了国民党当局的杂志登记证,在北平公开出版。主编宋匡我在创刊号社论《我们的话》中指出:"本刊命名为人言的来源,便因为看重了这一个信字,信是诚的表现,无信无诚者不足以谈友情、论国事。"在《编辑人语》中指出"《人言周刊》撰稿的重点是人的生活的实录,和人的呼声的代传"。这反映出,《人言周刊》具有以诚取信、为民代言的办刊特点,是北平人民生活的实录和人民呼声的代言。《人言周刊》在编辑手法上采用了"两面报导、以我为主"的形式,即围绕同一问题,同一期同时刊发左、中、右三种不同意见的文章,如围绕当时国共双方争斗的焦点东北问题,《人言周刊》第四期出版了"东北问题特辑",转载了国民党中央机关报重庆《中央日报》的《论东北问题》、中共中央机关报重庆《新华日报》的《解决东北问题的途径》、新华社发的《中共中央发言人谈东北现状及中共对东北问题的主张》。此外,还转载了《中国民主同盟机关报提出的东北问题的主张》,以及进步人士柳亚子和周鲸文的文章,向读者提供了左、中、右三方的立场,使读者在对比中得出正确结论。这种做法既打破了国民党当局的言论封锁,宣传了党的政治立场,也争取了更多的读者,避免了过早地被查封。

二、第二条战线上的出版

抗战胜利后,饱经战乱的中国人渴望和平,国民党反动派在昆明西南联大制造的"一二·一"惨案,打破了国人天真的梦幻,烈士们的鲜血擦亮了国人的眼睛。一场在国统区的爱国民主运动由此拉开了序幕,并在全国蓬勃发展,逐步形成了与军事战线相配合的第二条战线。

在第二条战线上,党领导的进步出版在推动民主运动开展的同时,民主运动也促进了进步出版的发展。昆明的《民主周刊》《罢委会通讯》《学生报》《青年新报》《中国周报》,南京的《中大人报》《金大新闻》《生活通讯》《拿饭来吃》《五二〇血案真相》《凶手,你逃不了!》,上海的《学生报》《学生新闻》《复旦新闻周报》《争民主反迫害快报》,重庆的《挺进》《反攻》《突击》,北平的《新闻资料》《北大半月刊》《清华周刊》《北大清华联合报》《燕京新闻》《辅仁通讯》《诗歌丛刊》《诗号角》《反饥饿反内战罢课专刊》，成了共产党在国统区与国民党当局进行舆论斗争可以依靠的重要出版力量，其中最具代表性的是《罢委会通讯》《挺进》《北大半月刊》。

《罢委会通讯》由昆明中等以上学生罢课联合委员会于1945年12月1日惨案发生当天创刊，旨在把"运动进行的情形随时作忠实的报道"，《假面具掩盖不了血的事实》《血！血！血！我们付出了这样大的代价》等报道极富战斗性和鼓动性，该刊成了昆明学生罢课运动的舆论旗帜。《罢委会通讯》因学生复课，于12月27日出版了第15期后终刊，该期社论《这是一个新的开始》宣称"通讯会在另一个名义下面和读者继续见面，为我们的目的而努力的"。1946年1月11日，昆明中等以上学生联合会机关报《学联简报》出版，从第2期开始更名为《学生报》，使《罢委会通讯》在时隔3天之后就以另一个名义与读者见面。《学生报》以"报告你真实的消息，说你要说的话""争取和平，争取民主！"为方针，刊发《废止一党专政，取消个人独裁》《拿出诚意来》《不要被转移了视线》等文章，抨击国民党；出版《李公朴先生死难专号》《闻一多先生死难专号》，控诉反动当局对进步人士的迫害。《学生报》在两个专号出版后不久就被查禁，在终刊号上刊发的《油印〈学生报〉——对中华'民国'的尖刻讽刺》，充分说明了该报在昆明第二条战线上的影响。

《挺进》创刊于1947年7月，创办该报的想法来自与党组织失去联系的重庆地下党。他们通过办刊曾经使用过的邮政信箱收到了香港寄来的《新华社通讯稿》和《群众》周刊，就摘编出版油印小报，在重庆传达党的声音。正是通过出版该油印小报，这些地下党与重庆党组织取得了联系，并将小报正式定名为《挺进》。该报不仅成为中共重庆市委机关报，而且成为《新华日报》停刊后，党在重庆的重要出版阵地。《挺进》在出版报纸的同时，还出版了《挺进丛刊》，包括《目前的形势和我们的任务》《人民解放军大举反攻》《耕者有其田》《被俘人物志》四种小册子。为了加强《挺进》的办报力量，重庆市委将另一份地下党所办报纸《反击》并入《挺进》，并在民居和电料行内设置了两个据点，分别收录党在延安、邯郸两地广播的新闻，给《挺进》供稿。《挺进》因叛徒出卖导致主编、收录广播的人员被捕而停刊，后来该报还曾两次复刊，最终于1949年7月终刊。

《北大半月刊》由北京大学学生自治会于1948年3月20日创办，社长先后由北大地下党南系①总支宣传分支书记佘世光、王立行担任。从两任社长的

---

① 在当时的北京大学，中共地下党包括北系、南系两个党组织，北系是北京大学南迁办学期间，留在北平的人员组成的党组织，南系是在西南联大建立的党组织。北大学生自治会是在北系、南系共同努力下建立的进步学生组织。

身份可以看出，《北大半月刊》是党领导的进步学生刊物，也是北平和平解放前坚持到最后的进步学生刊物。《北大半月刊》在发刊词《我们的话》提出"借这个小刊物，把我们的声音带出学校去。把我们的不平，把我们的渴望和要求，诉说给全国人民"。按照这一办刊宗旨，《北大半月刊》紧密结合形势发展，围绕学生最关心的问题，邀请知名教授撰写文章，不仅代表了爱国学生心声、知识分子心声，而且代表了北平人民的心声。据统计，曾经给《北大半月刊》撰稿的有许德珩、张奚若、吴晗、费孝通、郭沫若、樊弘、张奚若、冯至、闻家驷、季羡林、张东荪、张申府等20余位知名教授。对于刊物的约稿，这些教授不仅有求必应，而且还不拿稿费，确保了每期都有1～2篇知名教授的文章，在处于黎明前黑暗中的北平，宣扬民主自由思想，支持爱国学生运动。《北大半月刊》在北大校内外都有一定影响，鲁迅夫人许广平曾两次从上海来信赞扬《北大半月刊》"取材精审确当，锋利明正，殊足以称北方辰星""读之更似服清凉剂、定心丸"①。

地下党除创办刊物外，还设法指派一些党员秘密打进国民党和民办的出版机构，当时北平的《益世报》《平明日报》《新生报》都有地下党，他们以公开身份做掩护，开展进步的新闻宣传活动。如1947年毛泽东的《目前形势和我们的任务》发表后，《平明日报》地下党接受党组织安排的任务后，就找人设法在《太平洋》杂志全文刊发了该文，使平津广大民众听到了来自延安的声音。

南京地下党指派打入《中央日报》的党员，在该报从1948年秋开始着手迁往台湾出版后，逐步掌握了南京中央日报社的领导权，不仅刊发了一些揭露国民党恶行的报道，而且还编辑出版了1949年4月24日、25日的《中央日报》以及4月26日的《解放新闻》。在4月24日出版的《中央日报》头版刊发了《我们的声明与希望》中声明："我们的报纸，从今天起，完全是为南京市服务的报纸。我们的全部资财也都完整地保存着。"4月26日出版的《解放新闻》成为党在南京解放后出版的第一份报纸，报道胜利的消息，传达党的政策，以安定民心。地下党还以解放新闻社的名义接收了中央日报社的资财，并顺利转交给后来成立的新华日报社。

上海地下党还注重出版统一战线建设，在地下党的领导下，进步出版机构发起成立了上海新出版业联谊会、上海杂志界联谊会、上海书报联合发行所等统战组织，形成了由《文汇报》《新民晚报》《联合晚报》组成的报刊统战阵营，以及由群益出版社、云海出版社、海燕书店组成的出版发行机构统战阵营。

---

① 北京市地方志编纂委员会：《北京志·新闻出版广播电视卷·报业·通讯社志》，北京出版社2006年版，第34页。

三、三条线作战的出版

进步报刊在舆论战线上冲锋陷阵的同时，国统区的进步出版机构按照三条线作战的部署，在各自阵地上出版了大量进步图书。三条线部署出版机构的思想，是周恩来于1942年在重庆会见徐伯昕时提出的，周恩来指出："在投资合营于化名自营的出版机构中，务必要区分一、二、三条战线，以利于战斗，免于遭受更加严重的损失。"① 这一思想不仅体现了党的出版统战政策，而且体现了合法斗争与秘密斗争相结合的精神，成为党在国统区出版工作开展的重要方针之一。

在上海，处于第一线的华夏书店，先后用拂晓社、丘引社、燕赵社、中国出版社等名义，出版了毛泽东的《论联合政府》《新民主主义论》、胡绳的《辩证法唯物论入门》、艾思奇的《论中国之命运》、俞铭璜的《新人生观》等政治图书，以及茅盾的《腐蚀》、赵树理的《李有才板话》、周而复的《春荒》等文学作品，发行了《青年学习》《民主生活》《民主星期刊》等进步期刊。处于第二线的读书出版社、峨眉出版社、韬奋出版社，出版了《资本论》《辩证唯物主义与历史唯物主义基本问题》《中国近代史》《中华民族解放运动史》等大量理论著作。处于第三线的骆驼书店、致用书店、新生图书服务社，出版了《巴黎圣母院》《战争与和平》《双城记》《高老头》等文学名著。

三条线出版力量布局不仅体现在不同出版机构之间，还体现在同一出版机构的不同分支机构之间，如生活书店作为全国性综合书店，在全国建立了诸多分支机构，以生活书店总店和分店命名的处于第一线，以中国出版社、黑白丛书社、韬奋出版社、人民出版社等名义从事出版活动的处于第二线，以骆驼书店、远东图书杂志公司等名义从事出版活动的处于第三线。

在北平，北平中外出版社、朝华书店、北方书店分别处在第一、第二、第三条战线上，出版发行进步出版物，并通过在清华大学、北京大学、燕京大学等大学建立的书刊代售点，把进步出版物发行到学生手中。其中，北平中外出版社影响最大。

北平中外出版社由北平地下党于1945年9月创建，是抗战胜利后党在北平的第一家图书出版机构，也是地下党在北平的出版中心。该社支持创建的天津知识书店，成为抗战胜利后党在天津的第一家出版机构。北平中外出版社名义上隶属于重庆中外出版社，社长名义上仍由重庆中外出版社社长孙伏园兼任。通过这种方式，很顺利地在国民党北平社会局登记并领取了营业执照，取得了"合法"地位。北平中外出版社用重庆中外出版社纸型重印了斯诺的《战时苏

---

① 中共中央文献研究室：《周恩来年谱》，中央文献出版社1998年版，第538页。

联游记》，用生活书店纸型重印了萧红的《回忆鲁迅先生》和吴晗的《历史的镜子》，以及解放区新华书店出版的《论持久战》《新民主主义论》《论联合政府》等毛泽东著作和《李有才板话》《王贵与李香香》《陕北杂记》等文学图书。同时，还创办了《新闻评论》《人民文艺》《集纳》《新星画报》等期刊。北平中外出版社出版发行的进步书刊，对北平市民冲破长期敌伪统治下的思想禁锢，起到了十分重要的作用。许多读者通过阅读进步书刊，看到了光明，走上了革命道路。有读者在给出版社的信中说："我们的眼睛都要瞎了，是你们给了我们光明，我们的耳朵都要聋了，是你们告诉了我们真理。""当你们接到我这封信时，我已经到达我向往的理想的地方，感谢你们给我指出了生活的道路。"[1]

四、结语

解放战争时期，共产党不仅抓住国民党在收复区站脚未稳的契机，在以上海、北平为代表的国统区，积极创办报刊、出版图书；而且通过建立出版统一战线、开辟第二战线、部署三条战线，壮大、保存了共产党在国统区的出版力量，打造了一支出版铁军，成了共产党在文化战线上的生力军，有力地配合和支持了共产党在军事战线上斗争，为共产党领导解放战争取得伟大胜利和新中国的成立，作出了特殊、重要的贡献。

〔作者：高杨文，北京印刷学院马克思主义学院书记、红色出版研究中心主任〕

---

[1] 中共北京市委党史研究室：《北京革命史回忆录》（第四辑），北京出版社1992年版，第12页。

神秘的汉口解放出版社

胡毅

摘　要：汉口解放出版社是在抗战初期抗日民族统一战线刚刚建立的复杂社会环境下出现的一家出版机构，该社只出版了一套《真理小丛书》就"宣告结束"了，这是极不寻常的，其背后原因值得深入探究。本文立足于当前所掌握的资料，对汉口解放出版社的存续时间、机构性质、结束原因等进行了分析和考证，希望有助于早日揭开汉口解放出版社的神秘面纱。

关键词：汉口解放出版社；《真理小丛书》；出版史

抗日战争全面爆发后，延安解放社作为中共中央创办的出版机构，出版了大量马克思、恩格斯、列宁、斯大林和毛泽东著作，党中央的文献及其他重要著作，为开展对敌思想斗争和抗日宣传发挥了重要作用。鲜为人知的是，在抗战初期汉口曾出现过一个"解放出版社"，由于其名称与延安解放社类似，致使很多人误认为二者是同一出版社，该社在出版了一套《真理小丛书》之后就神秘消失了。这究竟是一家什么样的出版机构？由何人何时创立？为何突然消失？曹国辉先生在2002年《出版史料》第4辑发表的《关于解放出版社》一文中，对该社进行了简要介绍，但由于资料有限，关于汉口解放出版社的谜底依旧没有揭开。本文依据搜集的多方面资料，对汉口解放出版社作进一步考证，希望有助于早日弄清事实的真相。

一、时代背景

"七七事变"之后，日本帝国主义对中国发动了全面侵华战争，在中国共产党和社会各界进步人士的不懈努力下，1937年9月22日，国民党中央通讯社发表了《中共中央为公布国共合作宣言》。翌日，蒋介石发表谈话，事实上承认了中国共产党的合法地位，这标志着国共两党重新合作和中国抗日民族统一战线的形成。与此同时，经过以周恩来同志为首的中共代表团据理力争，国民党同意我党在国统区公开出版报纸和刊物。随后，中共中央在武汉建立了中国出版社，创办了《群众》周刊和《新华日报》，党在国统区的宣传工作进入一个新阶段，而国民党方面为限制中共在国统区扩大影响力，不断寻找各种借口对进步出版物进行疯狂查禁，武汉成为国共两党开展舆论和思想斗争的主战场。

1937年底，在日军的猖狂进攻下，上海和南京相继失守，武汉成为战时国民政府的军事、政治、经济指挥中枢。与此同时，生活书店、新知书店、读书出版社、黎明书店、中正书局、独立出版社等出版机构陆续由西安、上海、南京等地迁往武汉，一大批文化界人士齐聚武汉，当地新创建的出版机构如雨后春笋般涌现，新出版的各类刊物多达200余种，武汉成为抗战初期名符其实的全国文化中心。

汉口解放出版社就是在这样的时代背景下创立于抗战初期的武汉。

二、《真理小丛书》出版概况

（一）徐特立公开指责《真理小丛书》是"假冒"出版物

1937年底至1938年初，汉口解放出版社出版了一套《真理小丛书》。这套丛书出版计划经过多次调整，最终实际出版了6种：第1种《为独立自由幸福的中国而奋斗》，陈绍禹（王明）著；第2种《游击队基本动作教程》，尤击著；第3种《抗日游击战争中各种基本政策问题》，陶尚行著；第4种《游击队政治工作教程》，彭雪枫著；第5种《十年来的中国共产党》，洛甫等著；第6种《中共对于抗日民族统一战线的主张》，解放出版社编。在这6种书中，只有《游击队政治工作教程》没有"序言"和"编者引言"，"前言"也十分简短，十分特殊。这套丛书出版之后大受欢迎，很快就传播开来，然而让人始料未及的是，一场不小的风波不久便因此而起（图1）。

图1　1938年1月13日，《新华日报》刊登解放出版社出版《真理小丛书》的宣传广告

据抗战时期潜伏在长沙的中共地下党员张生力回忆，1938年春节，中共地下党员梁宜苏在长沙南阳街书店发现一本《真理小丛书》，这套丛书封面印有"解放出版社印行"字样，但并未注明出版地，使人很容易误认为是延安解放社的出版物。八路军驻湘通讯处主任王凌波得知后便指示梁宜苏去打听国民党中统①对这个问题的态度。后来中统负责人袁逸仙对梁说："我们让孙奴军去搞，看毛派对孙的态度，如果毛派没有放弃夺取政权的政策，就会听之任之，甚至和他们合流，到那时我们就抓住证据了。"②梁把这些情况报告了王凌波，八路军驻湘代表徐特立获悉后，深感此事非同小可，遂于1938年1月24日在长沙《大公报》发表了题为《解放社并未出版真理小丛书，市面发售者系假冒名义印行》的声明。声明认为，延安与长沙远隔千里，然而1938年1月9日出版的《真理小丛书》第6种却在1月20日左右便现身长沙，这显然不可能是延安解放社出版的，此书可能是某非法出版机构为了谋利假冒解放社名义印行。声明还指出，《真理小丛书》第6种《中共对于抗日民族统一战线的主张》所收录的前3篇文章是我党在抗战全面爆发之前发表的，这几篇文章中对国民党及蒋介石的批判言论，不利于促进国共合作和维护全民族的抗日统一战线，易被居心不良者利用，因此应当停止散布，或将前3篇删减后再印行。张生力回忆称："事后查明，《真理小丛书》是长沙中统分子配合托派搞的，企图破坏国共合作。"③1938年3月22日，徐特立还专门发表了《论反托派斗争》一文，进一步阐明了中国共产党对托派的态度。

（二）中共中央和八路军总司令部连发声明打击非法出版物

抗战初期，一些出版机构未经授权，大肆编辑出版或翻印与我党我军有关的书籍，其中有些内容并不符合我党的抗日民族统一战线政策，很容易在社会上引起思想混乱。这一时期还有一些敌对机构用心险恶，故意编造出版所谓的中共中央或中共领导人的言论，意在挑拨离间，破坏国共合作和抗战民族统一战线。为此，1938年2月8日，《新华日报》同时刊登了中共中央委员会和八路军总司令部的声明（图2）。

中共中央委员会声明如下：

---

① 陈立夫、陈果夫控制的全国性特务组织中国国民党中央执行委员会调查统计局，简称"中统"——作者注。

② 张生力编：《曾在长沙领导地下特科的王凌波》，《中国共产党长沙地下党人》，出版者不详，2000年版，第81页。

③ 张生力：《"冯杨之乱"澄清记》，载《湖南党史月刊》1989年第9期，第10-11页。

> 自民国廿七年二月八日起，凡关于本党文件，本党领导人之著作和言论，以及关于本党的历史材料及领导人传记等，均请托中国出版社印行。前此各书店所出版之与本党上述各问题有关之书籍小册等，除延安解放社出版者及曾经本党负责人签字交付个别书局印行之个别小册子外，中共中央绝不负任何责任。

国民革命军第十八集团军（即第八路军）总司令部声明如下：

> 近来市上发现各种关于本军过去及现在的小册子和书籍，以及关于本军负责人之著作言论或传记等，事先均未曾征求本军负责机关或负责人之同意和审阅。今特郑重声明，此后上述各类书籍小册等，本总司令部概委托中国出版社及延安解放社印行，其他书局前此及今后未得本总司令部或其负责人之同意所刊行之上述各类书籍小册等，本军概不负任何责任。念（廿）七年二月四日。[1]

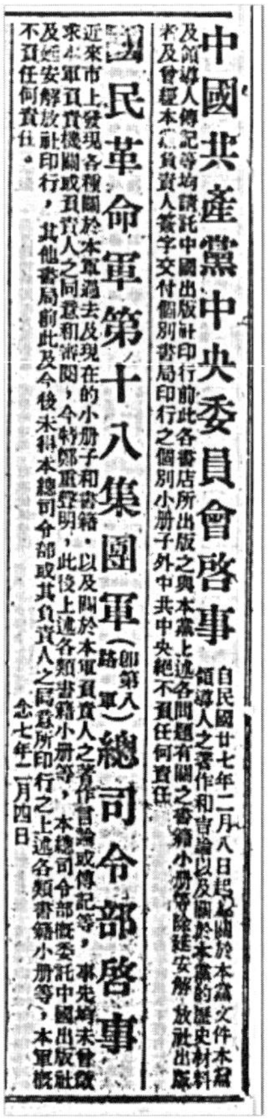

中國共產黨中央委員會啓事

自民國廿七年二月八日起，凡關於本黨文件，本黨領導人之著作和言論以及關於本黨的歷史材料及領導人傳記等均請託中國出版社印行，前此各書店所出版之與本黨上述各問題有關之書籍小冊等，除延安解放社出版者及曾經本黨負責人簽字交付個別書局印行之個別小冊子外，中共中央絕不負任何責任

國民革命軍第十八集團軍（即第八路軍）總司令部啓事

近來市上發現各種關於本軍過去及現在的小冊子和書籍，以及關於本軍負責人之著作言論或傳記等，事先均未曾徵求本軍負責機關或負責人之同意和審閱，今特鄭重聲明，此後上述各類書籍小冊等，本總司令部概委託中國出版社及延安解放社印行，其他書局前此及今後未得本總司令部或其負責人之同意所印行之上述各類書籍小冊等，本軍概不負任何責任。

念七年二月四日

图2　1938年2月8日，《新华日报》刊登的中共中央委员会和八路军总司令部的声明

大约两个月后，1938年4月6日《新华日报》又发表了一篇中国共产党中央委员会的启事，启事称：

> 据各方面所得消息，近来日冠汉奸及其他别有企图分子或伪造所谓共产党领导机关文件及所谓共产党领导人的文章言论，在各地印发；或故意翻印共产党领导机关在过去国内战争时代的文件及共产党领导人在过去国内战争时代的文章言论，在各地散发；意在用挑拨离间手段，破坏国共及其他党派抗日救国的合作和全民族力量的团结。中共中央兹特郑重声明：本党领导机关文件及其他领导人文章言论经党在延安出版之《解放》，汉口出版之《群众》，山西出版之《前线》等杂志及《新华日报》上发表，有关本党之书籍小册等，均由延安解放社及请托汉口中

① 赵晓恩：《延安出版的光辉》，中国书籍出版社2002年版，第8页。

国出版社印行，对于其他任何地方任何机关或个人印发的所谓“共党文件”或“共党领导人的文章言论”，概不负任何责任。此外，中共中央并请各界人士遇有此等伪造或未得本党同意而擅自印行的文件或书册时，立即函寄陕西延安本党中央委员会或汉口本党负责人周恩来、陈绍禹、秦博古等。不仅可以辨真伪，且藉以追究此等所谓文件或书册印发的来源，以杜奸宄而固国共及一切抗日救国力量的团结。民国二十七年四月一日。[1]

以上三份声明表明当时各类非法出版物的泛滥对我党的声誉已造成严重不良影响，引起中共中央高度重视，因此我党多次公开声明明确中国出版社和延安解放社等机构作为我党我军官方出版机构的地位，对打击非法出版物和敌对势力的攻击抹黑发挥了积极作用。

（三）汉口解放出版社公开“宣告结束”

1938 年 1 月 12 日至 14 日，《新华日报》连续 3 天刊登了解放出版社出版《真理小丛书》的宣传广告，在 1 月 14 日的广告中还预告有两种《真理小丛书》即将“日内出版”。然而在 3 天后的 1 月 17 日，《新华日报》却突然发布了解放出版社“宣告结束”的声明（图 3）。解放出版社声明的内容是：

> （一）本出版社为同人组织，与延安解放周刊社并无关系。深恐外界误会，特此登报声明。（二）本出版社现因负责人离汉，即日宣告结束。过去出版“真理小丛书”六种，除一部分绝版外，其他版权概让与扬子江出版社。特此声明。

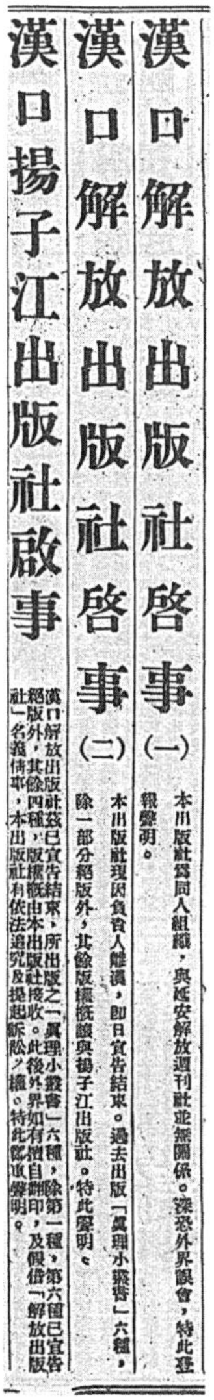
漢口解放出版社啓事（一）
本出版社爲同人組織，與延安解放週刊社並無關係。深恐外界誤會，特此登報聲明。
漢口解放出版社啓事（二）
本出版社現因負責人離漢，即日宣告結束。過去出版「眞理小叢書」六種，除一部分絕版外，其餘版權概讓與揚子江出版社。特此聲明。
漢口揚子江出版社啟事
漢口解放出版社茲已宣告結束，所出版之「眞理小叢書」六種，除第一種，第六種已宣告絕版外，其餘四種，版權概由本出版社接收。此後外界如有擅自翻印，及假借「解放出版社」名義情事，本出版社有依法追究及提起訴訟之權。特此鄭重聲明。

图 3 1938 年 1 月 17 日，《新华日报》发布的解放出版社和扬子江出版社的声明

在该报当天同一版面还刊登了扬子江出版社的一则相关声明，内容是：

① 重庆市政协文史资料委员会等编：《抗战时期国共合作纪实》（上），重庆出版社 2016 年版，第 364 页。

汉口解放出版社兹已宣告结束，所出版之"真理小丛书"六种，除第一种，第六种已宣告绝版外，其他四种，版权概由本出版社接收。此后外界如有擅自翻印，及假借"解放出版社"名义情事，本出版社有依法追究及提起诉讼之权。特此郑重声明。

表面上看，汉口解放出版社"结束"的原因是"负责人离汉"，背后是否与徐特立及中共中央和八路军总司令部的声明有关不得而知，但是有两点是确定的：一是该社的名称与延安解放社类似，很容易引起误会，汉口解放出版社在声明中专门对此进行了澄清；二是该社出版的《真理小丛书》部分内容与当时我党的抗日民族统一战线政策不相符，在社会上容易造成一些负面影响。

三、考证与分析

（一）与托派组织的关系

中共地下党员张生力回忆称，《真理小丛书》是国民党中统联合托派搞的，目的是破坏国共合作，即汉口解放出版社是有托派背景的。当时的中国托派虽然宣传上是抗日的，但实际上却是反对国共合作和抗日民族统一战线的，因此托派编印书刊以图暗中破坏国共合作是有可能的。但是，《真理小丛书》选编的是中共中央公开发表的文件或刘少奇、张闻天、王明、彭雪枫等中共领导人的著作，并无反动言论。并且，丛书还积极地宣传鼓动国共合作，维护抗日民族统一战线，如在被徐特立点名的《中共对于抗日民族统一战线的主张》一书的"编者引言"中就讲道："这本小册子所收集的文献，为的是使读者对于抗日民族统一战线有一系统的了解，同时，也为的是使抗日民族统一战线更加牢固，更加强大，能够再有新大大地发展。这是国共两党党员的责任，也是整个中华民族每个分子的责任。"这与托派反对国共合作的政治主张明显是不相符的。

另外值得注意的是，在《十年来的中国共产党》（图4）及《中共对于抗日民族统一战线的主张》中，"国民党""南京卖国政府""蒋介石""汪精卫""张学良""张群""曾扩情""蒋孝先"等词语被用"×""◇"或"○"等符号替代，如果这些书籍是托派为了破坏国共合作编印的，显然没有这样做的必要。并且，《真理小丛书》是托派编印的说法仅在中共地下党员张生力的回忆中提到，并无其他资料佐证。另外，《真理小丛书》如果是托派组织编印的，《新华日报》作为党的机关报怎会发布其销售广告？因此综合上述情况判断，这套丛书是国民党特务与托派密谋编印的说法值得商榷。

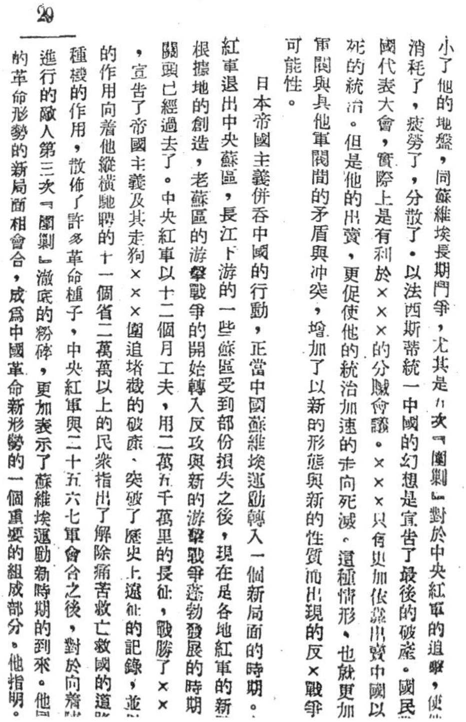
29

小了他的地盤，同蘇維埃長期鬥爭，尤其是五次『圍剿』對於中央紅軍的追擊，使他
消耗了，疲勞了，分散了。以法西斯蒂統一中國的幻想是宣告了最後的破產。國民黨
國代表大會，實際上是有利於×××的分贓會議。×××只有更加依靠出賣中國以
延的統治。但是他的出賣，更促使他的統治加速的走向死滅。這種情形，也就更加
軍閥與其他軍閥間的矛盾與冲突，增加了以新的形態與新的性質而出現的反×戰爭
可能性。

日本帝國主義併吞中國的行動，正當中國蘇維埃運動轉入一個新局面的時期。
紅軍退出中央蘇區，長江下游的一些蘇區受到部份損失之後，現在是各地紅軍的新
根據地的創造，老蘇區的游擊戰爭的開始轉入反攻與新的游擊戰爭蓬勃發展的時期
關頭已經過去了。中央紅軍以十二個月工夫，用二萬五千萬里的長征，戰勝了××
，宣告了帝國主義及其走狗×××圍追堵截的破產、突破了歷史上遠征的記錄，並
的作用向着他縱橫馳聘的十一個省二萬萬以上的民衆指出了解除痛苦救亡救國的道路
種機的作用，散佈了許多革命種子，中央紅軍與二十五六七軍會合之後，對於向着
進行的敵人第三次『圍剿』澈底的粉碎，更加表示了蘇維埃運動新時期的到來。他
的革命形勢的新局面相會合，成爲中國革命新形勢的一個重要的組成部分。他指明。

图4　《真理小丛书》第5种，《十年来的中国共产党》，第29页

（二）与扬子江出版社的关系

扬子江出版社创建于1937年10月，受中共湖北省委领导，负责人是光未然（张光年）和李实[①]，社址设于汉口中山大道清芬二马路一幢房子的楼上[②]。该社存在时间也很短，曾出版过《军队政治工作纲要》《抗战中的陕北》《抗日民族统一战线的新发展》《农村工作讲话》《陕北的群众运动》等20余种革命书籍，1938年夏该社并入新知书店。

从《新华日报》发布的《真理小丛书》宣传广告中可以看出，汉口解放出版社与扬子江出版社关系十分密切，当时汉口解放出版社出版的《真理小丛书》由扬子江出版社负责总经售，在汉口解放出版社“宣告结束”后，该社将《真理小丛书》版权悉数“让与”扬子江出版社。还有一点值得注意，扬子江出版社在声明中强调：“此后外界如有擅自翻印，及假借‘解放出版社’名义情事，

① 叶再生：《中国近代现代出版通史》（第三卷），华文出版社2002年版，第97页。

② 《新知书店的战斗历程》编辑委员会编著：《新知书店的战斗历程》，三联书店1994年版，第171页。

本出版社有依法追究及提起诉讼之权。"扬子江出版社由于接收了《真理小丛书》的版权，所以对于未经授权的翻印理所当然享有追责的权利，但是对于他人"假借'解放出版社'名义情事"该社是无权过问的，除非二者存在延续或关联关系，这也反映了扬子江出版社与汉口解放出版社背后千丝万缕的联系。

扬子江出版社是 1937 年 10 月创办的，但到 1938 年 1 月才正式开展出版业务，而这段时间恰巧是《真理小丛书》集中出版的时期，二者似乎在存续时间上存在承继关系。汉口解放出版社在《新华日报》上发布的声明中称该社"结束"是因为"负责人离汉"，而恰在此时，参与创立扬子江出版社的光未然同志受党组织委派，从汉口前往襄阳开展工作[①]，这难道仅仅是一种巧合？

（三）信息渠道

在《真理小丛书》第 4 种《游击队政治工作教程》中，收载了作者彭雪枫[②]1937 年 12 月 9 日在山西临汾刘村镇写的一段极简短的"前言"，说明该书的正式出版时间应当在 1937 年 12 月 9 日之后，而在 1938 年 1 月 1 日此书已经正式出版。此书从彭雪枫写作前言到在武汉正式出版发行历时不足 1 个月。《抗日游击战争中各种基本政策问题》一文是刘少奇在 1937 年 10 月 16 日发表的，从文章发表到作为《真理小丛书》第 3 种正式出版，时隔也不过 2 个月左右时间。如此高的出版效率，在当时交通和通信条件下，是非同寻常的。如果该社不是与我党有密切关系的出版机构，很难在这么短的时间内获得想要出版的书稿，由此判断，汉口解放出版社很有可能是我党直接领导的出版机构。

（四）《真理小丛书》出版用途

1937 年 10 月，中共湖北省工委成立后，湖北各级党组织迅速得以恢复，党员人数激增，为了适应抗日斗争形势发展需要，湖北省工委积极开展党员教育与干部培训工作，先后在七里坪和汤池开办了多期训练班，为我党培养了大批革命干部。训练班开设的课程包括党的路线方针政策、中国革命的基本问题、群众工作、抗日民族统一战线、抗日游击战争的战略战术等[③]，当时的培训工作急需大量教材。从《真理小丛书》的内容看，不同于我党用于对国民党或普通民众开展宣传工作的书籍，该丛书第 1、3、5、6 种是论述我党的历史及抗日民族统一战线政策的，第 2、4 种则主要是关于具体的抗日游击战争的战略

---

① 严辉编选：《张光年文学研究集》，华中师范大学出版社 2017 年版，第 42 页。

② 时任八路军驻晋办事处处长。

③ 《鄂豫边区抗日民主根据地史稿》，鄂豫边区革命史编辑部编，湖北人民出版社 1995 年 9 月版，第 46 页。

战术问题，是面向具体抗战工作的。因此，从内容上判断《真理小丛书》更贴近于培训教材。《真理小丛书》序中讲道："我们编印真理小丛书，其目的就是在传播真理，使千千万万的战士，能够把握真理，武装战士们的头脑，以战胜我们顽强的敌人，创造我们幸福独立自由的新中国。"在《游击队政治工作教程》一书的"前言"中，彭雪枫也提到该书"特印出藉供给诸同学之参考"。另外，李公仆在其1938年3月写作的《我们在抗战中怎样教育自己》一文中也谈到如何以《游击队基本动作教程》(《真理小丛书》第2种)等书作为参考材料召开讨论会，进行抗战军事教育的问题。《真理小丛书》计划出版的书目经过多次调整，编辑体例并不统一，书中的有些敏感词用符号代替了，有些并没有，给人感觉编印得十分仓促。基于上述原因，我们或可推断《真理小丛书》是为了适应当时抗战干部培训工作需要而紧急编印的（图5）。

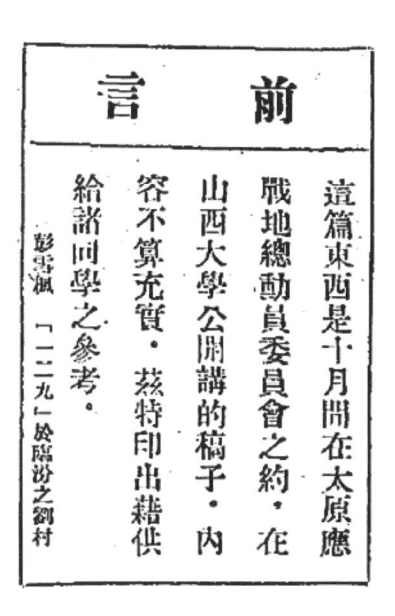

图5 《真理小丛书》第4种，《游击队政治工作教程》，彭雪枫所写前言

（五）起止时间问题

经查，截至1938年1月17日汉口解放出版社在《新华日报》发布声明正式"宣告结束"时，除《真理小丛书》外，该社未出版过其他图书。《真理小丛书》第4—6种的出版时间分别是1938年1月1日、1月5日和1月9日，第1—3种未标注出版时间。在短短9天之内，汉口解放出版社就出版了3种《真理小丛书》，效率非常高。根据这样的出版速度推断，前3种书的出版时间大概在1937年底。

另外，由于国民党反动当局的血腥镇压和残酷屠杀，从大革命失败到全面抗战爆发前的 10 年间，中共湖北地方党组织遭到严重破坏，除鄂豫皖、湘鄂赣两个游击区外，武汉地区仅剩 30 余名党员[1]，此时我党在武汉的革命力量是很薄弱的，不太可能有能力在国民党统治的武汉筹建一个公开的进步出版机构，因此汉口解放出版社的创立时间最有可能是在 1937 年 9 月第二国共次合作之后。

综合上述情况推断，汉口解放出版社的存续时间应当是在 1937 年 9 月至 1938 年 1 月 17 日期间。

四、结语

对于汉口解放出版社的真实情况，鉴于目前掌握的资料有限，还无法给出一个确定的结论，但综合本文分析，可以作出如下推断：汉口解放出版社成立于 1937 年 9 月之后，至 1938 年 1 月 17 日公开"宣告结束"。它与扬子江出版社有可能是一个机构的两个不同名称。这便可以很好地解释为何汉口解放出版社在宣告结束之后要把《真理小丛书》的版权免费"让与"扬子江出版社，因为二者本来就是同一机构。而扬子江出版社成立之初之所以未见有书籍出版，是因为这段时间它是以汉口解放出版社的名义在开展出版业务。从内容来看，该社出版的《真理小丛书》并非托派组织编印的，而是为了适应当时抗战培训工作急需的产物，这便能够解释为何这套丛书出版效率如此之高，甚至让人感觉是仓促印行的。汉口解放出版社在抗战初期的武汉出版界之所以如流星般转瞬即逝，极有可能是因为该社名称与延安解放社雷同，容易引起误会，而被关停。另外，该社出版的《真理小丛书》选编的文献中含有"南京卖国政府""蒋介石、汪精卫、张学良等卖国贼，黄郛、杨永泰、王揖唐、张群等老汉奸""蒋贼""帝国主义及其走狗蒋介石"等批判性言辞，虽然书中将部分敏感词句用符号代替，但仍然不利于当时国共合作及巩固抗日民族统一战线，这可能是该社消失的另一个原因。

汉口解放出版社是在抗战初期抗日民族统一战线刚刚建立的复杂社会环境下出现的，该社只出版了一套《真理小丛书》即告关停，这是极不寻常的，其背后原因值得我们进一步深入探究。立足于当前所掌握的资料，笔者对汉口解放出版社进行了分析和考证，文中涉及的线索和假设，期待更多新的资料加以印证。希望本文能有助于早日揭开解放出版社的神秘面纱。

〔作者：胡毅，中央党史和文献研究院信息资料馆研究馆员〕

---

[1] 王一帆、刘影主编：《郭述申纪念文集》（下），大连出版社 1996 年版，第 467 页。

《绘图新三字经》出版价值探微

李频

摘　要：1944年延安韬奋书店出版的《绘图新三字经》现藏国家博物馆，是中国革命出版物的经典。本文基于新发现的史料，从媒介、传播和传承维度解析其媒介社会关系：极端贫乏的物质条件使出版者选择了古老的木刻雕版印刷；为教化农民，出版了冬季扫盲识字课本；为有效传播并推动农耕文化转型，课本传播破除迷信、组织新型社会的现代知识，并创造了"绘图新三字经"的知识呈现方式；韬奋书店如此策略和行为既是其革命出版活动的内容和特征，也显示了伴随革命出版的革命启蒙和现代文化启蒙。这种革命启蒙与文化启蒙相统一的现代性就是《绘图新三字经》的媒介经典性。

关键词：课本；《绘图新三字经》；韬奋书店；媒介经典性；李文

《绘图新三字经》是1940年代后期在陕甘宁边区及其他解放区流传甚广的通俗书籍。其"木刻板现珍藏在中国革命博物馆"[1]。出版人李文1978年11月1日曾回忆说："在北京革命历史博物馆里，展出有一本延安韬奋书店出版的《绘图新三字经》，画是木刻家古元同志刻的，文字是徐律同志写的毛笔字体，全书的木刻原版也保存在革命历史博物馆内。"[2] 入藏国家博物馆，是殊为稀见的出版荣光。如何认识这一现代典藏的出版史内涵与意义便成为颇为重要的史论问题。

著名藏书家姜德明先生收藏了这书。姜德明说："我存的第四本是《绘图新三字经》，延安韬奋书店出版，作者是毕玕，绘图者是木刻家古元。限于当

---

[1] 中国革命博物馆编写组编：《新民主主义革命时期工农兵三字经选》，文物出版社1975年版，第29页。

[2] 李文：《到革命根据地去——记华北书店、韬奋书店》，见《生活·读书·新知三联书店文献史料集》（上），生活·读书·新知三联书店2004年版，第507页。

时的印刷条件，肯定是画家手刻制版印刷的。这原本已是革命文物，我藏的是革命博物馆的复印本。"① 惜对这书的解释过于简洁。包括姜德明在内有限的几位研究者都仅注意到了这书通俗化的文本形式，而对它通俗化的媒介语境、出版背景、传播影响则未予研究。

《绘图新三字经》的出版史探究须直面一个基本的历史事实：它作为革命文物在"继续革命"的年代里入藏革命历史博物馆；在"告别革命"后，中国革命历史博物馆已更名为中国国家博物馆。有学者提示："我们对其他文明的了解，在很大程度上，有赖于这些文明所用的媒介的性质。我们的了解，要看其是否能够保持下来，或者是否能够被发现。"②《绘图新三字经》有幸保存下来了，该如何再发现其意义呢？如果将这一命题中的"文明"置换为"文化"，则可以援引为《绘图新三字经》研究的方法论导引：在陕甘宁边区的革命文化视域中理解《绘图新三字经》这一"革命"媒介，又从《绘图新三字经》的媒介视角理解革命文化。因此，本文基于新发现的史料，尝试运用媒介、传播视角解析这一现代出版典藏的经典性。

笔者最近发现一份手写资料，特披露如下。

关于延安韬奋书店出版毕珩著《绘图新三字经》的资料
访问李文同志记录

时间：一九七九年六月十五日上午
地点：北京钢铁学院
访问人：周永珍

延安韬奋书店是华北书店于一九四四年十一月为纪念邹韬奋同志而命名的。

邹韬奋同志是我国近代历史上杰出的新闻记者、政论家和出版家。在三十年代旧中国蒋家王朝的黑暗统治苦难岁月里，邹韬奋在上海主编《生活周刊》，创办《生活书店》，出版发行大量进步书刊，与国民党反动统治进行不屈不挠的长期斗争。一九三一年，"九一八"日寇侵占东北三省，邹韬奋为挽救民族危亡，积极宣传抗日救亡运动，揭露国民党蒋介石反动政府对日不抵抗的卖国主义，积极响应中国共产党、毛主席的抗日民族统一战线政策。一九三六年十一月为全国各界救国会领导人"七君子"之一，被捕入狱，于一九三七年"七七"事变，抗日战争爆发后，才被释放出狱。"八一三"全面抗战，生活书店分布全国有

---

① 姜德明：《梦书怀人录》，上海远东出版社 2012 年版，第 194 页。
② [加] 哈罗德•伊尼斯：《传播的偏向》，何道宽译，中国人民大学出版社 2003 年版，第 28 页。

五十五个分支店，出版发行《全民抗战》《世界知识》等十大刊物和数千种书籍，极受全国广大人民群众的热爱和拥护。一九三八年九月武汉失守，国民党反动派对日本帝国主义妥协投降，消极抗战；对内反共反人民，破坏团结，大搞倒退分裂。在国民党反动统治区摧残进步文化出版事业，到一九四〇年六月生活书店各地分支店被查封抓人，被迫停业有四十九处。进步文化事业遭受极大摧残。

敬爱的周恩来同志对韬奋同志和生活书店遭到国民党反动派的迫害，极为同情和关怀。当韬奋同志再次提出希望到延安和敌后抗日根据地去开展文化出版事业时，周副主席请示党中央表示欢迎和支持。当时新知书店和读书生活出版社也同样遭到国民党反动派的摧残。于是生活、新知、读书成立三联书店，在一九四〇年九月派人员去延安和晋东南抗日根据地，建立华北书店开展出版发行工作。

《绘图新三字经》是一九四四年冬在延安出版的通俗读物。为陕甘宁边区开展冬季农民识字扫盲运动的课本。内容紧密结合当时陕甘宁边区的政治经济形势，歌颂伟大领袖毛主席，中国共产党的领导，边区政府三三制民主政治，反映边区人民积极响应党中央的号召，加强团结，组织生产，自力更生，丰衣足食的现实生活，内容是极为生动形象，丰富多彩的通俗读物。是贯彻毛主席《在延安文艺座谈会上的讲话》的精神，为工农兵服务，为工农兵写作。《绘图新三字经》是当时出版的大量为工农兵广大群众所喜爱，极受欢迎的通俗读物之一。

当时陕甘宁边区周围被国民党反动派蒋介石嫡系胡宗南数十万军队包围封锁，出版印刷条件极为困难。纸张、油墨、印刷原材物资全被封锁禁运。边区人民积极响应毛主席的号召：自力更生，开展大生产运动，以马兰草、大蒜、破布、废纸等为原料，大力发展手工业生产各种纸张。自制油墨等印刷材料。以木板刻印出版各种读物。《绘图新三字经》就是用梨木板刻印的，封面和每页上方的木刻插图，是延安鲁迅艺术学院美术系木刻家古元、彦涵等同志的创作。文字的书写，是韬奋书店负责出版编辑工作的徐律同志的毛笔字。回忆起当时《绘图新三字经》出版后，极受边区各地工农兵广大群众欢迎，各地书店和团体纷纷来信，多次增加需要数量，一批印刷装订出来，很快就销售完了，曾不断印刷过好几版，印数有几万册，是当时通俗读物中出版发行量最大的读物之一。

对照目前所刊相关史料，李文这一访谈录是他最为详细、具体地谈《绘图新三字经》的专门文字，具有重要的史料参考价值。它回忆了《绘图新三字经》

的出版机构背景、印制出版活动及其物质条件,提示了这一现代出版典藏的研究线索和路径。

一、韬奋书店折射的革命出版史特征

韬奋书店是《绘图新三字经》封面署名的出版单位。其由来是,1944年7月24日,邹韬奋在上海病逝。中共中央隆重追悼邹韬奋,向陕甘宁边区政府建议将边区政府的华北书店更名为韬奋书店。10月31日,华北书店按照党中央《在延安纪念和追悼韬奋先生的办法》,在《解放日报》刊登启事,公告从11月1日(邹韬奋逝世百日纪念)起更名。11月1日,华北书店举行纪念邹韬奋座谈会。周恩来、张仲实、林默涵、邹恩洵(邹韬奋之弟)等20余人出席。会议给邹韬奋家属发了唁电,在唁电上签名的有柳湜、张仲实、林默涵、李文、卜明、徐律等[①]。

李文原名李济安,1912年生。1928年进徐志摩创办的新月书店。1934年进邹韬奋创办的生活书店。1937年,受邹韬奋委派赴重庆创办生活书店分店,并任重庆分店首任经理。1940年8月,接受周恩来指示赴晋察鲁豫边区创办华北书店,日夜兼程走走停停,于当年10月到达位于山西省辽县(现为左权县)的晋东南革命根据地。高铁时代数小时的车程当年却耗时两个月,彰显了当时的战争环境和农业社会交通闭塞、物质技术条件的落后。李文名字就因这次长途跋涉改换而来。李文任经理的华北书店在1941年元旦开业。1941年4月,他奉命去延安汇报工作,步行两个月,于6月初到达延安,又奉命筹建延安华北书店。"1941年10月,以民营面目在延安开设的华北书店正式开业,李文任经理。"[②]《绘图新三字经》的出版就发生在他在延安工作期间。1945年9月,李文奉中共中央组织部委派赴佳木斯创建东北书店总店,并任总店总经理。1953年5月,李文调任鞍山钢铁公司,任大型轧钢厂厂长。1963年调任北京钢铁学院(今北京科技大学)党委副书记兼副院长。这也就是他1979年在北京钢铁学院接受访谈的由来。

1944年11月,韬奋书店新生。就在这个冬天,《绘图新三字经》以韬奋书店的名义出版。该书出版后半年多,李文离开延安,中国革命出版史就如此凝固了韬奋与李文、韬奋和韬奋书店、韬奋书店和《绘图新三字经》的媒介关系。于李文,是对出版事业引路人韬奋的最好纪念。于中国革命出版史,则为

[①] 赵生明编著:《新中国出版发行事业的摇篮——延安时期新华书店史略》,太白文艺出版社2017年版,第192-193页。

[②] 郑士德:《此生近百岁,拓荒不尽时——记出版发行家李文的艰苦创业历程》,载《出版史料》2010年第2期,第18页。

出版人、出版单位与出版物三者之间灿烂辉煌的永恒记忆。邹韬奋是中国革命出版家的典范,创办于革命圣地延安的韬奋书店,亦为20世纪中国革命出版活动的典范和象征。李文受邹韬奋委派而先赴重庆再赴晋察冀根据地的出版旅程,典型地显示了中国革命出版活动从上海到重庆再到延安的地理空间转移,进而标示了从都市出版到乡村出版的不同文化图景。国统区、解放区的革命出版活动都如火如荼,解放区的出版活动发生在边远、偏僻的乡村环境且伴随着民族解放战争,这是理解解放区出版并分析《绘图新三字经》的史论前提。

"印刷业促进了都市化的趋势。"[1]如果认同这一命题的普适性并援引为分析李文出版活动的理论起点,李文从大都市上海到西部城市重庆再到边远地区延安的"逆都市化"的出版轨迹,则不难发现其现代化启蒙意义。就此而言,李文等人从事的出版活动,不仅属于革命出版史,放宽视域后不难看到,它更属于从农业社会的传统出版向现代印刷传播转型的现代出版史,与传教士将现代印刷出版引入宁波、上海等沿海都市从而参与构建都市文明的行为同属启蒙出版或者说出版启蒙。不同处有三:(1)时间延后;(2)地域从中国东南沿海切换到中国西北腹地;(3)出版内容从基督教教义融入都市日常生活转换到革命理论新社会理论融入乡村日常生活。

革命性和现代性相统一是解析《绘图新三字经》应有的史论主张:一方面在战争环境、革命文化的视域中探究其革命出版行为的境遇与影响;另一方面又"超越革命",在更广阔的中国现代化进程中理解其文化变迁意义。

二、媒介生产方式:木板刻印、油印折射的物质技术制约

李文在访谈中说及"自制油墨等印刷材料,以木板刻印出版各种读物。《绘图新三字经》就是用梨木板刻印的"。《绘图新三字经》木板刻印的印刷文化意义是什么?这是理解《绘图新三字经》的经典性必须回答的问题。

回答前述问题有一个印刷史知识前提,按当时中国境内的印刷技术水平,有铅印、石印、木刻印、油印等形式。李文长途跋涉到晋察冀边区后,因为战时交通受阻,铅印纸型难以如期寄达,便退而求其次:"不一定要铅印的,石印、木刻印、油印……都好!"[2]这就是整个解放区出版的物质技术条件环境,也是《绘图新三字经》梨木板刻印的由来。李文在解放区从事的出版活动,以油印最早,铅印最少,铅印是后来逐渐发展起来的。

---

[1] [加]哈罗德·伊尼斯:《传播的偏向》,何道宽译,中国人民大学出版社2003年版,第102页。

[2] 刘大明:《太行敌后出版、发行"油印本"的回忆——为悼念李文同志而作》,载《出版史料》2010年第2期,第13页。

关于在晋东南根据地华北书店的出版工作，李文曾回忆说：

如何搞出版工作呢？这里纸张和印刷都很困难。纸张要从敌占区买来，敌人严加封锁，很不易买到。印刷只有《新华日报》社，每天要出版报纸，没有余力出版书籍。因此我们决定用油印出版一些通俗读物和文艺书籍。购买文具纸张，要到河北省的阳邑镇敌占区去买。骑牲口去要走三天路程。我们三人商量，由我去跑一趟试试……

我委托他们买了一架油印机，一批油墨、纸张和一些文具。在店里住了一夜，白天不出门，到晚上出发往回走了。在路上，我唱起了"我们都是神枪手，每一颗子弹消灭一个仇敌，我们都是飞行军，哪怕那山高水又深……"好像打了一次胜仗似的心情愉快。刘大明同志刻得一手好钢板字，就由刘大明同志负责编辑和出版工作。自编自刻，自己印刷，自己装订，有时就全体动手，这样就开始了出版油印读物的工作。①

刘大明的回忆是："1940年底，根据周恩来同志的指示，重庆生活书店、读书出版社、新知书店三家进步书店联合起来，以民间形式赴敌后开办书店，我和王华同志，以李文同志为首，从重庆长途跋涉，突破日寇封锁线，到太行山抗日根据地开办了一个华北书店，初创时因铅印书本条件不成熟，在李文同志决策下，曾克服种种困难，以油印方式，'正规'地出版发行了二十来本'油印小册子'，得到了边区各界读者的肯定，堪称是出版史上'史无前例的一支奇葩'，从而也使我们三人结下了深厚的感情。"②相比这批"二十来本'油印小册子'"，《绘图新三字经》稍后三年，属于同一个出版家群体的同一个相沿出版机构前后相继的出版行为，则是肯定的。这位革命出版家在回忆时以引号突出这一出版行为"正规"，意在提示（1）这是解放区政府许可的华北书店的出版单位行为，有合法性；（2）油印作为一种替代性的复制方式，虽然落后于此前此后，或相同时段国统区的铅排印刷，但有其合理性、合规律性，乃至在解放区落后的印刷技术制约条件下突破封锁以满足社会需求的历史必然性。

李文说《绘图新三字经》"文字的书写，是韬奋书店负责出版编辑工作的徐律同志写的毛笔字"。他在回忆延安出版活动时也说："为了印刷通俗读物，我们还自办木刻活体字印刷厂。由徐律同志用毛笔写四号大小的活体正楷字，

---

① 李文：《到革命根据地去——记华北书店、韬奋书店》，见《生活·读书·新知三联书店文献史料集》（上），生活·读书·新知三联书店2004年版，第502-503页。

② 刘大明：《太行敌后出版、发行"油印本"的回忆——为悼念李文同志而作》，载《出版史料》2010年第2期，第10页。

刻成方木块排印书籍，或者刻成木板印刷书籍。"① 可见，徐律"刻成木板印刷书籍"并非仅有《绘图新三字经》一例，是当时延安铅印能力极为紧张的条件下较为常规性的印刷出版形式。

徐律"1933 年进上海生活书店工作，1940 年赴延安，长期从事党的出版工作"②。他和李文一样，在上海从事的是工业化的铅印出版，而到解放区后从事的则是传统农业社会的手工出版。大上海的机制纸、机器印刷和解放区的手工造纸、手工印刷是两种不同的物质技术方式。从上海大都市的铅印出版到解放区乡村的传统木刻出版，这种弃新复旧的"返祖"印刷恰恰是迫于解放区物质技术条件的革命需要，《绘图新三字经》凝结的印刷文化史意涵就在于，解放区作为传统农业社会，印刷媒介的艰难兴起与社会传播的显著变化。

"雕版印刷意义上的印刷机走在排版印刷机的前面。""首先是由于雕版印刷的问世，继后是由于排版印刷的诞生。"③ 这是中西共同的印刷技术、印刷媒介发展的历史逻辑。在西方，"雕版印刷最普及的形式是图文并茂的《贫民圣经》"。④ 出于陕甘宁边区贫乏的物质技术条件，韬奋书店采用隋唐以来的中国雕版印刷技术出版了《绘图新三字经》，中国革命博物馆（现为国家博物馆）将其收藏，入藏价值既在《人民救星毛主席像》等方面印本传播的出版内容，更在整套木刻板及其凝结的印刷出版过程、方式——那绵延近千年的雕版印刷技术在革命文化中催生了新媒介，亦在封面和每页上方的木刻插图出自古元、彦涵⑤等著名木刻家之手——尽管没有著作人署名。如果说，入藏国家博物馆显示了《绘图新三字经》在时间维度上的印刷技术传承价值，以农民为教育对象的通俗化、解放区新的革命文化的教育内容则是它在空间维度上的新传播。传承与传播既如此紧密结合又那样鲜明突出，就是它特有的出版价值形态的经典性。

---

① 李文：《到革命根据地去——记华北书店、韬奋书店》，见《生活·读书·新知三联书店文献史料集》（上），生活·读书·新知三联书店 2004 年版，第 506 页。

② 宋原放：《编辑的匠心——纪念徐律和他主编的〈新华文摘〉》，载《编辑之友》1985 年第 1 期，第 106 页。

③ [加] 马歇尔·麦克卢汉：《理解媒介——论人的延伸》，何道宽译，商务印书馆 2000 年版，第 203-204 页。

④ [加] 马歇尔·麦克卢汉：《理解媒介——论人的延伸》，何道宽译，商务印书馆 2000 年版，第 203 页。

⑤ 徐光在《斯人已故去，钱江潮正涌》中谈及《绘图新三字经》时说："李文于 1945 年约彦涵同志组织鲁艺著名木刻家古元、力群、王流秋等四人制作插图，1945 年出版发行五六万册，很受群众欢迎。"见《爱书的前辈们——三联后人回忆录》，生活·读书·新知三联书店 2015 年版，第 257 页。现据李文 1979 年访谈录，约艺术家画插图时间当为 1944 年，而不是 1945 年。

曾有研究者发现依据韬奋书店出版《绘图新三字经》翻印的三个版本：其一，"新华书店第八支店翻印，油印，1945年4月印"；其二，"新华书店第八支店再版翻印，油印，1945年12月印"；其三，"新华书店第八支店翻印，油印，民国三十五年十二月印，内容图按翻印版重绘"。并考证出"新华八支店所在地为山西交城县五里铺，属于晋绥革命根据地"。[①]这里所说的油印版和延安的木刻版内容相同，但版面形式是不同的。联系李文说的《绘图新三字经》"一九四四年冬在延安出版"的初版时间，可证其在解放区大受欢迎的程度。关于《绘图新三字经》发行总量，李文1979年接受访谈时说"印数有几万册，是当时通俗读物中出版发行量最大的读物之一"。定量说虚，定性说实，颇合口述史情理。徐律后人徐光说该书"1945年出版发行五六万册"[②]，不知依据何来。

三、媒介功能："课本"及其知识呈现方式

李文在访谈中说："《绘图新三字经》是一九四四年冬在延安出版的通俗读物。为陕甘宁边区开展冬季农民识字扫盲运动的课本。"课本是《绘图新三字经》作为出版物的类型，那么该如何从课本维度认识其媒介功能的历史文化价值呢？

首先应该认定对《绘图新三字经》作课本分析的媒介史理论前提。课本是其出版物类型，也明确说明了其媒介生产的意图，但它入藏国家博物馆显然不是由课本这单一因素决定的。国家博物馆固然有教育功能，但国家博物馆不是国家教育博物馆，其专业性质和指向都不在课本。《绘图新三字经》作为课本，其出版意图当然包含但不止于教"农民识字"。显然还有课本之外的另外因素有力合成了它的影响，顺此追问，另外的有力影响因素可能是什么？如何推断？课本的媒介意图、入藏国家博物馆的文化影响作为两个时空端点锁定了这一思考的问题域。在此问题域内，尝试从三个层面予以分析。

（一）《绘图新三字经》作为课本的政治意义

《绘图新三字经》首页为《人民救星毛主席像》。这首页文字为："陕甘宁，边区好；共产党，来领导；咱领袖，毛主席；能救国，能抗日；新民主，三三制；谋团结，讲自治；组织起，搞生产；办教育，助抗战；男人耕，女人织；又丰衣，又足食。"这毛主席像是不是解放区所出版书籍、教材中的第一幅毛主席像，尚有待进一步考证，但不是解放区出版史上出版的第一幅毛主席像，则是

---

① 周君平、寇月英、王志超：《抗战时期的〈绘图新三字经〉》，载《党史文汇》1996年第8期，第21页。

② 徐光：《斯人已故去，钱江潮正涌》，见《爱书的前辈们——三联后人回忆录》，生活・读书・新知三联书店2015年版，第257页。

肯定的。李文1941年10月在延安创办华北书店并任经理。1942年秋，中央宣传部将华北书店划归西北局宣传部领导，西北局宣传部将陕甘宁边区新华书店和华北书店合并，统一经营，李文任经理。"他亲自联系延安的画家，绘制领袖像、年画、连环画，又联系总参等绘制了多种地图，均由该店出版发行。"[1] 顺带一说，1946年7月，李文担任东北新华书店总店总经理后，又于1948年5月，出版了长达千余页的东北版《毛泽东选集》。机缘巧合，出版有关毛泽东的书籍成为李文作为革命出版家的较为独特的行为特征。

意味深长的是，《绘图新三字经》以《人民救星毛主席像》启卷，涉及政治的仅前5个竖行，共30字，仅占全页正文文字的1/2，占全书正文总字数900字的1/30。版面位置的高度推崇和版面容量的尽力压缩所合成的出版景观引人深思。物质匮乏条件下的媒介稀缺是硬约束，针对农民文盲读者、服务冬季农民扫盲运动的需要、用为"课本"是软约束，正是这种硬、软制约形成了"人民救星毛主席像"的情感无限敬仰和文字极度简约。

（二）"绘图新三字经"作为课本的媒介形式

《绘图新三字经》共15页，每页上图下文。上图为木刻线图，示意下文内容，旁边有一个图题，这图题同时也是文题，成为该页内容的主题。下文三字成句，每页20句，分排上下两列，共60字。据此推算并统计，全书共900字。有人撰文称"《绘图新三字经》正文共计15页，每页图文布局相同，均为上图下文，每页字数80，正文共计1200字"。[2] 其所附正文第一页字数60，而不是其所言80个字。

"三字经"诞生于宋朝，在《绘图新三字经》发行前后，流传着多种版本的"抗日三字经"[3]，唯独《绘图新三字经》图文兼具，它组合"绘图"，移用"三字经"传统格式，创新了当时媒介技术条件下通俗化出版新形式。"简洁而灵活的文字，留有余地，适应口语。"[4] 可见李文等韬奋书店出版人的用心和匠心。

上图下文是明清以来绣像小说开创的书籍形式。《绘图新三字经》继承了这一传统，有所创新的是单页有题，题—图—文，三者合成一个完整的内容单元。姜德明也注意到《绘图新三字经》"利用传统旧形式，上图下文填进革

---

[1] 郑士德：《此生近百岁，拓荒无尽时——记出版发行家李文的艰苦创业历程》，载《出版史料》2010年第2期，第18页。

[2] 秦晓杰：《毕玠与〈绘图新三字经〉》，载《文物鉴定与鉴赏》2020年第3期，第14页。

[3] 参见李延军：《太行山文书中"抗日三字经"的独特学术价值》，载《石家庄铁道大学学报（社会科学版）》2016年第2期，第43-49页。

[4] [加]哈罗德·伊尼斯：《传播的偏向》，何道宽译，中国人民大学出版社2003年版，第2页。

命的内容""应该说这是一次成功的尝试"。① 单页题的嵌入是其关键性的文本形式创新。

值得指出的是,文物出版社出版的《新民主主义革命时期工农兵三字经选》仅收录了《绘图新三字经》图下文字,而没有收录这15幅图及标题,严格说来,这有违真实、全面的叙录,删节绘图和15个图题,既彻底否定了该书"绘图"和"新"的独创性,也难免让读者感到莫名其妙。

(三)《绘图新三字经》作为课本的媒介文化意义

"开放社会之所以开放,是因为它有一种同一的、借助印刷品实现的教育过程,这一过程借助积累的手段可以使任何群体实现无限的拓展。印刷书籍以印刷术在视觉秩序上的同一性和可重复性为基础,它成为最早的教学机器,正如印刷术是手工艺最早的机械化一样。"② 开放社会以社会成员的思想开放为物质基础和存在前提。而思想开放以共享知识为条件,因而要实施以知识传播、文明传承为目的的教育。教育与出版的关系由此产生。

出版和教育这两个社会领域的充分发展合成了出版业的教育出版。以教材代表了社会对出版的需求,以教材编纂和印制代表了对社会的知识与技术供给。在社会相对充分地发育,教育出版继而相对充分地发展之后,教育出版的业态构成、需要面对的理论和实践问题已迥然有别。《绘图新三字经》恰好作为落后的农业社会的教材出版样本启发后人思考求解其某种初始意义。

"印刷术既改变了学习过程,又改变了市场买卖过程。书籍是最早的教学机器,也是最早大批量生产的商品。"③ 这是人类社会进程中普适性的教育与出版关系的观察。"经过他的精心策划和日夜操劳,1941年10月,以民营面目在延安开设的华北书店正式开业,李文任经理。由于得到边区教育厅支持,边区的中小学课本由华北书店出版发行。" 两三年后,李文筹资兴建的陕甘宁边区新华书店是延安南门外商业街区的标志性建筑:"一座五间门面的两层楼房,上悬毛主席、朱总司令的两幅巨型画像。""它是当年延安城内最阔气、知名度最高的门面。1947年3月党中央主动撤离延安,1948年4月我军收复延安,中央电影队先后两次拍摄的新闻纪录电影片,均将边区书店作为重点镜

---

① 姜德明:《梦书怀人录》,上海远东出版社2012年版,第194页。
② [加] 马歇尔·麦克卢汉:《理解媒介——论人的延伸》,何道宽译,商务印书馆2000年版,第222页。
③ [加] 马歇尔·麦克卢汉:《理解媒介——论人的延伸》,何道宽译,商务印书馆2000年版,第221页。

头拍摄下来。"[1] 这是解放区特有的教育出版文化景观，既表明教育出版作为文化革命的先导性，也显示教育出版内在动力之一的商业性。

四、媒介传播：组织化的新社会建构

口语作为媒介、基于口语媒介的传播，印刷作为媒介、基于书面印刷的传播，这是两类不同的媒介和两种不同的传播方式。革命出版活动进入延安以前，在陕甘宁边区社会里，主导媒介是口语媒介，口头的、面对面的交流占主导地位，社会的维系与运行基于口语传播，社会文化也主要是口语文化。印刷出版作为新媒介引入陕甘宁边区后，如何适应原有的口语文化，对边区社会生活产生了什么影响？便成为有待解释的历史、理论问题。《绘图新三字经》静默无言，包裹了对这一史论问题的答案。

"新媒介是环境而不是简单的工具，它们能够成为人内心和外表变化的场所。"[2]《绘图新三字经》用为识字课本，就读者对象而言的新媒介显而易见。作为新媒介，该书客观的实际效果是营造了该书发行范围所及的新环境，那是课本内容和形式弥散开来形成的信息空间和思想氛围，在此意义上，新媒介是环境而不是简单的工具。革命出版活动的宗旨就是以心灵革命、思想革命乃至身体革命等手段推动社会变革，"人内心和外表变化"正是出版人期望和追求的，以出版内容组织和出版形式适配这样的出版手段去期望和追求。基于这样的认知，本节认同"把媒介看作场所，我们在这样的场所里看人们在特定环境中追求的希望和梦想"[3]，进而对《绘图新三字经》作关联媒介形式的媒介内容分析。

《绘图新三字经》共15页，每页一图一题（既是图题又是文题），20句60字。这15个图题（文题）分别是：《人民救星毛主席像》《婆姨送饭图》《米麦瓜菜豆图》《劝二流子搞生产图》《变工队锄草图》《张兴送公粮图》《当初穷苦图》《丰衣足食图》《巫神害人图》《医生治病救人图》《调解纠纷图》《慰劳军队图》《站岗放哨图》《加入合作社图》《送娃上学图》。这15幅图，单页独幅，图下的文字是紧密串联的。这就合成了一个完整的课本叙事：以共产党和八路军领导的陕甘宁边区为背景，以老王所见为主线，讲述老王和他的同伴在边区开荒种地、互助和乐、摆脱贫困、欣欣向荣的社会过程。农业社会男耕女织，农民群众的积极向上溢于言表。值得关注、分析的是在这个串接的媒介叙事中镶嵌的多组社会场景。

---

① 郑士德：《此生近百岁，拓荒无尽时——记出版发行家李文的艰苦创业历程》，载《出版史料》2010年第2期，第18页。

② [美]林文刚编：《媒介环境学》，何道宽译，北京大学出版社2007年版，第269页。

③ [美]林文刚编：《媒介环境学》，何道宽译，北京大学出版社2007年版，第265页。

（一）"婆姨送饭图"隐现的叙事策略

第2幅《婆姨送饭图》的文字为："我老王，蒙教化。不努力，还干啥？吴满有，农民师，要向他，来看齐。拿镢头，带铁铣，到山茆，和川原，照计划，去开荒。一垧地，两天完。婆姨娃，来送饭。有豆腐，有鸡蛋。"这表现了《绘图新三字经》的话语策略：其一，以"老王"的视角叙说陕甘宁边区社会生活场景和变迁。其二，"说书人"老王与课本读者属于同类群体，从读者中来到读者中去，以他的口吻叙说，有利于消除课本内容和被扫盲者的心理隔阂，增加全书内容的亲和力。其三，"老王"是"蒙教化"的模范，他以吴满有为"农民师"，开荒种地，过上了"婆姨娃，来送饭，有豆腐，有鸡蛋"的幸福生活。这就使课本内容更有说服力。

（二）"劝二流子搞生产""张兴送公粮"的社会改造

第4幅《劝二流子搞生产图》的文字是："隔我家，二里地。有张兴，懒做事，串门子，不务正，嫖赌吃，可高兴。村主任，叫我劝。说两天，才转变。订计划，搞生产。开荒地，十垧半，没牛驴，我帮他，借犁耙，李四家。"

第6幅《张兴送公粮图》的文字是："不几天，草都光。秋季到，收成好。把张兴，喜极了。交公粮，送得早。都称赞，我们好。过年节，到他家。拉我坐，倒上茶，拍我肩，叫老王。谢谢你，帮了忙。新正月，真欢喜。"

"送公粮"是归顺政府的行为象征。张兴从好吃懒做的"二流子"转变为勤奋有为的新农民，寄托着冬季扫盲的社会理想。正如"老王"对张兴劝说的人际传播，《绘图新三字经》作为媒介传播行为，共同实施了社会改造。

（三）从"当初贫穷"到"丰衣足食"的社会变化

第7幅《当初穷苦图》的文字是："婆姨娃，穿戴起。包扁食，压饸饹，蒸馒头，炸油糕。一家人，都高兴。太平年，好光景。想当初，真穷苦。衣服破，没布补。有锅灶，没米煮。向人借，受欺侮。婆姨气，哭鼻子。"

第8幅《丰衣足食图》的文字是："闹离婚，要寻死。到如今，家道兴，夫妇和，没气生。正拉话，李四来。贺新年，笑颜开。女主人，摆碗筷，端出来，几盘菜。炖羊肉，肚丝汤，炒粉条，炸猪肝。喝了酒，就吃饭。"消除贫困是农村稳定发展的社会基础，这里描绘的丰衣足食图景，展示了农民生活的未来。

（四）"巫神害人""医生治病救人"的对比教化

第9幅《巫神害人图》的文字是："一边笑，一边谈。小娃娃，来添饭。不小心，碗打烂。张兴说，无禁忌，不迷信，自吉利。李四说，对对对，谁迷信，谁倒霉。上个月，初八天，陈大嫂，害肠炎，找巫神，来扎针。"

第10幅《医生治病救人图》的文字是："又画符，又念经。闹一阵，花几千，病人死，很可怜。孙二嫂，也病倒。请医生，来治疗。三剂药，病减半，能起床，能吃饭。信医药，病好了。信巫神，命丢掉。拉完话，回家走。"巫婆谋财害命，医生治病救人，对比鲜明。

（五）"慰劳军队""站岗放哨"的战时动员

第12幅《慰劳军队图》的文字是："要慰劳，咱军队。我说道，这应该。公益事，大家来。共产党，八路军，是咱们，好救星。没有他，保护咱，你与我，还有啥？正说间，娃来告。叫声大，事真妙，前晌午，在哨地。"

第13幅《站岗放哨图》的文字是："盘查岗，一奸细，像敌探，带小镜。送区府，正审讯。区长说，好能力，请县长，把奖给。我教娃，要牢记。保边区，人人事。该尽责，勿大意，奖不奖，没关系。娃答应，懂得清。"当时的陕甘宁边区属于战时社会，需要围绕军事斗争进行社会动员。这两图洋溢着拥戴政府、保卫边区的豪情。

（六）"变工队锄草""加入合作社"的新社会组织

第5幅《变工队锄草图》的文字是："挖过土，溜过畔。努力搞，不迟慢。种洋芋，种糜谷，种蔬菜，务树木。五六月，好天气。下过雨，苗出齐。大家谈，齐欢喜。变工队，组织好。都上坡，去锄草。细细锄，心不慌。"变工即换工，"变工队是陕甘宁边区农业生产中集体互助的劳动组织"。①

第14幅《加入合作社图》的文字是："盘查哨，须认真。寒冬过，又春天。等放晴，去驮盐。多几转，赚大钱。合作社，入股金。都有利，好经营。民办校，要报名。学写算，不求人。讲卫生，爱清洁。衣和被，常洗涤。"如果说，变工队是劳力合作，合作社则是经济合作。这两者都是当时陕甘宁边区从实际条件出发而尝试、推行的经济组织方式，与开荒种植一样是帮助农民致富的新制度安排。《绘图新三字经》当然要作为重点予以宣传介绍。同为新制度安排与推广，《变工队锄草图》安排在"丰衣足食"之前，强调这是解决温饱的初级手段。而"加入合作社"作为倒数第二幅图，显然是有了一定的资金积累后更高级的经济组织方式，描绘的是"老王们"的发展愿景。新中国成立后，农业合作社在全国普遍推广。《绘图新三字经》因而留存了改造农村经济的初始记忆。

"印刷术承担了大批量生产和复制词语的责任。"②《绘图新三字经》以识字课本形式批量复制口语词，教学新语汇重在建构陕甘宁边区新社会。全书以"老王"视角串接的生活场景和贯穿的主线是，新语词—新人物—新组织—

---

① 中国革命博物馆编写组编：《新民主主义革命时期工农兵三字经选》，文物出版社1975年版，第34页。

② [加]哈罗德·伊尼斯：《传播的偏向》，何道宽译，中国人民大学出版社2003年版，第118页。

新气象—新知识—新社会。"和其他任何形式的人体延伸一样，印刷术也有心理和社会的影响，这些影响突然改变了以前的文化边界和模式。"① 就当时陕甘宁边区而言，战时社会动员是传播的现实目标，而实现目标有赖于社会改造与组织。军事动员依靠政治组织的思想动员，而思想动员以一定的共享知识为前提，因而共享知识，具体说是以出版手段实现的出版者和读者之间的知识共享便成为一种社会需求。"字母表（及其延伸印刷术）使力量的传播成为可能，这个力量就是知识。"② 《绘图新三字经》以《送娃上学图》作结，尤为突出了该书对知识的推崇。这也就是《绘图新三字经》作为扫盲课本的知识传播意义。

姜德明先生认为，《绘图新三字经》"更准确地说，这是农民识字课本，主要内容以农事为主，如'挖得深，锄得细，多拾粪，来上地，棉花里，撒芝麻，玉米旁，带豆荚'之类，包括宣传变工队、合作社、送公粮、改造二流子等。它带有浓郁的陕北特色，当然也是新文艺工作者为工农兵服务的一次实践"。③ 说《绘图新三字经》"带有浓郁的陕北特色"未尝不可，更关键的是要看到，"变工队、合作社、送公粮、改造二流子"是陕北新气象，是典型的革命文化实践。它作为变革传统农耕文化的结果，在新中国成立后推广开来成为新中国的社会运动和社会组织方式。需要从 1944 年的陕北转换到 1949 年以后的全国来审视《绘图新三字经》媒介叙事的政治和文化革新意义。"如果仅仅把印刷术看作一种信息储存，或者是快速检索知识的一种新型媒介，那么它的作用就是结束狭隘的地域观点和部落观念，在心灵上和社会上、空间上和时间上结束地方观念和部落观念。"④

麦克卢汉曾断言："印刷术是解放的力量（使《圣经》和各种民主思想资源流传）和革命的力量（重造个体意识和集体意识的载体）。"⑤《绘图新三字经》的革命性不仅在于出版者与国民党的政治斗争和军事冲突的出版背景，更在于它以新媒介的形式和内容改造农民文化、转型为新社会的现代启蒙。

---

① ［加］马歇尔·麦克卢汉：《理解媒介——论人的延伸》，何道宽译，商务印书馆 2000 年版，第 218 页。

② ［加］马歇尔·麦克卢汉：《理解媒介——论人的延伸》，何道宽译，商务印书馆 2000 年版，第 219 页。

③ 姜德明：《梦书怀人录》，上海远东出版社 2012 年版，第 194 页。

④ ［加］马歇尔·麦克卢汉：《理解媒介——论人的延伸》，何道宽译，商务印书馆 2000 年版，第 217 页。

⑤ ［美］林文刚编：《媒介环境学》，何道宽译，北京大学出版社 2007 年版，第 261 页。

五、结语与讨论

"书籍的外部记忆只有通过一个群体的内部记忆才能产生力量。"[①] 本文借助出版人的群体记忆来理解《绘图新三字经》的价值，意在尝试印刷文化研究的新路径。

《绘图新三字经》潜存着媒介史、图像史、毛泽东宣传史等多维度的张力。作为国家博物馆的典藏，它在或长或短的未来总有再被言说的机遇。这种必然性要求研究者自省研究路径与方法，以自觉接受未来的挑战。本文从出版单位钩沉革命出版史的语境，以媒介生产—媒介类型—媒介内容的逻辑揭示《绘图新三字经》出版文化价值的新认知。

20世纪中国出版史贯穿着从隐到显、从起始到发展到高潮的毛泽东、毛泽东思想宣传史。1944年出版的农民课本中有毛主席像，毛泽东被敬誉为"人民救星"，同时也被称为"咱领袖"，是人而不是神。这当然仅仅是毛泽东宣传史初始阶段的出版景观。这是《绘图新三字经》见证并折射的毛泽东宣传史的出版价值。

20世纪中国出版史的历史背景和发展动力是现代化转型。《绘图新三字经》作为都市出版人到偏僻乡村从事出版活动的产物，遗存并个案见证了从说唱那样的口头传播到阅读这样的书面传播的转型。这是《绘图新三字经》的印刷媒介"化石"价值。那种内在的媒介史、传播史价值是显性的红色出版视角难以洞察并揭示的。

有研究者1996年提出"著者毕珩生平不详，待考"。[②] 十多年后，徐光认定"作者毕珩是当时晋绥边区主任续范亭的笔名"[③]，惜此说有明确观点而无详尽论证。2016年有研究者叙及《绘图新三字经》时依然称"其作者毕珩目前不详"。[④] 新近有研究者提出："此毕珩为1942年7月至1944年2月设立的陕甘宁边区政府审判委员会书记官，《绘图新三字经》的内容以陕甘宁边区为故事背景而创作，再结合第二部分《绘图新三字经》的印刷时间，最早也

---

① [法]雷吉斯·德布雷：《媒介学引论》，刘文玲译，中国传媒大学出版社2014年版，第9页。
② 周君平、寇月英、王志超：《抗战时期的〈绘图新三字经〉》，载《党史文汇》1996年第8期，第21页。
③ 徐光：《斯人已故去，钱江潮正涌》，见《爱书的前辈们——三联后人回忆录》，生活·读书·新知三联书店2015年版，第257页。
④ 李延军：《太行山文书中"抗日三字经"的独特学术价值》，载《石家庄铁道大学学报》（社会科学版）2016年第2期，第47页。

是 1945 年 4 月，推测此毕珩应为彼毕珩。至于毕珩的其他信息则无从考证。"①孤证难成史。此说有待其他旁证进一步确认。

　　顺便一说，浙江省平湖市博物馆馆藏的《绘图新三字经》，是否与 1944 年冬至 1945 年 9 月存续的浙东韬奋书店构成出版关系②，亦有待其他旁证进一步确认。主要原因有二：其一，其藏品如果是木刻翻印本，而不是木刻翻印本的复印本，其木刻翻印的母本何来？其二，浙东韬奋书店存续时间太短，如果真由浙东韬奋书店翻印，在那样的战争年代，可能性到底有多大？

〔作者：李频，中国传媒大学传播研究院教授〕

---

① 秦晓杰：《毕珩与〈绘图新三字经〉》，载《文物鉴定与鉴赏》2020 年第 3 期，第 16 页。
② 秦晓杰：《毕珩与〈绘图新三字经〉》，载《文物鉴定与鉴赏》2020 年第 3 期，第 15 页。

《玄览堂丛书》的传播与影响[*]

徐忆农

摘　要：抗日战争时期，郑振铎、张元济、张寿镛、何炳松、张凤举等爱国学者在上海组织"文献保存同志会"，为中央图书馆首任馆长蒋复璁先生居中联络，秘密搜购沦陷区书肆私家旧籍十余万册，其中半属善本。郑振铎等先生忧惧所购古籍遭受损失，选择其中甚具史料价值珍籍编为《玄览堂丛书》陆续影印出版。本文详述丛书首版之印制过程、发行路径，以及再版选印、收藏机构与数字化之状况，同时对丛书问世后，专家学者撰写书评提要、专题论著，以及校辑征引、标点注译等相关学术成果进行梳理总结。经过历史变迁，中央图书馆抗战时期所聚珍籍，现分别藏于北京、南京、台北等地，祈盼两岸图书馆界借助学术交流平台，创设联合出版、数字化资源库共建共享等深度合作机制，使先辈们舍身忘我冒险抢救的"铭心绝品"，化身千百，传之久远。

关键词：玄览堂丛书；中华古籍；影印出版；发行收藏；整理研究

　　《玄览堂丛书》是中华民族一段惊心动魄、可歌可泣历史的见证者。抗日战争时期，为避免中华重要文献流落异域，国立中央图书馆联络香港、上海等地的文人志士，利用管理中英庚款董事会拨交的部分建筑经费，冒险搜购沦陷区书肆私家旧籍。从1940年至1941年，郑振铎、张元济、张寿镛、何炳松、张凤举等爱国学者在上海组织"文献保存同志会"，并由中央图书馆首任馆长蒋复璁先生居中联络，在不到两年时间，舍身忘我地搜购私家旧籍不下十余万册，其中半属善本。这些古籍曾分藏于香港、上海、重庆，到1941年底太平洋战争爆发后，香港陷落日军之手，逾百箱古籍被运往东京，直到胜利后才得

---

[*] 本文据笔者在台湾汉学研究中心参加"鉴藏——两岸古籍整理与维护研讨会"的发言稿整理而成。

回归故土。①在冒险抢救古籍的过程中，郑振铎等先生选择其中甚具史料价值的珍籍编为《玄览堂丛书》陆续影印出版。蒋复璁馆长在《重印玄览堂丛书初集后序》中介绍编印此书背景时说，当善本收购时，因其中不乏秘籍，尤以明代史料孤本为多，深惧在战乱中转运难免遭受不可抗力之损害，遂选择若干孤本，随时摄成照片，以备陆续影印，而广其传。②

宋陆游《老学庵笔记》载：

> 晏尚书景初作一士大夫墓志，以示朱希真。希真曰："甚妙，但似欠四字，然不敢以告。"景初苦问之，希真指"有文集十卷"字下曰："此处欠。"又问："欠何字？"曰："当增'不行于世'四字。"景初遂增"藏于家"三字，实用希真意也。③

此"藏于家"乃隐讽之词，实为"不行于世"的婉转说法。说明书籍若只藏于家而不行于世是显现不出太大价值的。从古至今，这种看法被不少有识之士认同。如郑振铎先生化名"玄览居士"（后"玄览堂"亦用于其藏书室之名）在《玄览堂丛书》序言中说："今世变方亟，三灾为烈，古书之散佚沦亡者多矣，及今不为传布，而尚以秘惜为藏，诚罪人也。"④从此序可以看出，郑振铎等先生认为，搜救古书不能只秘藏不传布，而编印《玄览堂丛书》就是要使珍本秘籍化身千百，传之久远。今天，《玄览堂丛书》初续三集已行于世数十年，其传播范围和产生的影响是否达到或接近先辈们拟实现的目标呢？现通过对此丛书的出版发行、整理研究状况进行梳理总结，稍加概括，略抒己见。

一、出版发行

（一）初版

据《文献保存同志会工作报告》载，在秘密搜购古籍初期，同志会就力主将善本、孤本付之影印传世，本拟印行甲乙种善本丛书若干种，甲种善本收录宋本元椠，用珂罗版印，照原书大小；乙种善本收录史料书，原拟书名《晚明史料丛书》，后扩大范围，拟更名《国立中央图书馆善本丛书》，又考虑不加"善本"字样，将来收书范围，可以较广，而"善本丛书"则留待将来印宋、

---

① 王世襄：《锦灰堆：王世襄自选集》，生活·读书·新知三联书店1999年版，第546-565页。
② 蒋复璁：《图书与图书馆》，《珍帚斋文集》卷二，中国台湾商务印书馆1985年版，第926-928页。
③ （宋）陆游：《老学庵笔记》，《唐宋史料笔记丛刊》卷一，李剑雄、刘德权点校，中华书局1979年版，第9页。
④ 郑振铎等编：《玄览堂丛书·序》，上海精华印刷公司1941年版，第1页。

元刊本时之用，另馆名若别定一名，于寄递为便，最终定名作《玄览堂丛书》，用石印，照《国立北平图书馆善本丛书》大小，由上海精华印刷公司[①]影印出版。《丛书》以"玄览堂"命名，当由同志会在沦陷区所购善本书拟加盖"玄览中区"四字印鉴演化而来，此印取自陆机《文赋》"伫中区以玄览"，有隐示中央图书馆之意。

从《文献保存同志会第八号工作报告》（1941年5月3日）[②]可知，《丛书》最初选目为四集40种，现从实际出版情况看，初选目中《诸司职掌》《昭代王章》《旧京词林志》《（皇朝）马政记》《漕船志》《海运新考》《福建运司志》《皇舆考》《（宣大山西）三镇图说》《东夷考略》《朝鲜杂志》《纪古滇说原集》《裔乘》《高科考》《刑部问宁王案》《兵部问宁夏案》《安南来威图册、安南辑略》《交黎剿平事略》《神器谱》《北狄顺义王俺答谢表》《辽筹》《东事书》等由《玄览堂丛书》初集收录；[③]《（工部）厂库须知》《炎徼琐言》《虔台倭纂》《倭奴遗事》由续集收录；[④]《皇明职方地图（表）》由三集收录。[⑤]而《大明官制》《玉堂丛语》《天下一统路程记》《边政考》《中兴六将传》《家世旧闻》《明初伏莽志》《蹇[謇]斋琐缀录》《刑部问蓝玉党案》《泰昌日录》《史太常三疏》《两朝平攘录》《敬事草》等，《玄览堂丛书》初续三集皆未收录。当然，现已影印出版却未列入初选目的书亦有不少，如《玄览堂丛书》初集之《九边图说》《开原图说》《通惠河志》《神器谱或问》《皇朝小史》《皇明帝后纪略附藩封》《都督刘将军传》《经世急切时务九十九筹》《甲申纪事附大廷尉茗柯凌公殉节纪略》，二集之《工部新刊事例》《鹹闽小史》《皇明本纪》《洞庭集》《庐江郡何氏家记》《怀陵流寇始终录附甲申剩事、将亡妖孽、延绥镇志李自成传》《边事小纪》《倭志》《总督四镇奏议》《大元大一统志》《寰宇通志》《粤剑编》《荒徼通考》《四夷广记》《国朝当机录》《嘉隆新例附万历》《龙江船厂志》《廷平二王遗集》《黄石斋未刻稿附蔡夫人未刻稿》，三集之《今史》《大明律附例》《嘉靖新例》《四译馆增定馆则、新增馆则》《平粤录》《寓圃杂记》《雪窦寺志略》《算法全能集》《旧编南九宫谱》《百宝总珍集》《蹴鞠谱》（"鞠"同"鞠"）等。未列入初选目之书有的是同志会抗战期间秘密

---

① 陈福康《郑振铎年谱》云："殆商务印书馆在沪印刷厂的化名。"陈福康：《郑振铎年谱》，三晋出版社2008年版，第403页。

② 郑振铎等：《郑振铎等人致旧中央图书馆的秘密报告（续）》，陈福康整理，载《出版史料》2004年第1期，第102-124页。

③ 郑振铎等编：《玄览堂丛书》，上海精华印刷公司1941年版。

④ 郑振铎等编：《玄览堂丛书》续集，国立中央图书馆1947年版。

⑤ 郑振铎等编：《玄览堂丛书》三集，国立中央图书馆1948年版。

购得，如据《文献保存同志会第三号工作报告》（1940年6月24日）①所载，二集收录《醎闽小史》是从中国书店所得大兴傅以礼旧藏明末之史料书。亦有抗战胜利后搜购而来的，如郑振铎先生1947年2月2日《日记》载"实君送《嘉隆新例》来，极佳"。②实君指修文堂主人孙诚温（1902—1966），其字实君。二集所录《嘉隆新例附万历》当即此本。

郑振铎先生化名"玄览居士"在序中陈述了选印珍本秘籍的原则："夫唐宋秘本，刊布已多，经史古著，传本不鲜，尚非急务。独元明以来之著述，经清室禁焚删夷，什不存一，芟艾之余，罕秘独多，所谓一时怼而百世与之立言。每孤本单传，若明若昧，一旦沦失，便归澌灭。予究心明史，每愤文献不足征，有志搜访遗佚，而数十年而未已，求之冷肆，假之故家，所得珍秘不下三百余种，乃不得亟求其化身千百，以期长守，力有未足，先以什之一刊布于世。"据谢国桢先生所撰叙文介绍，《国立北平图书馆善本丛书第一集》收录古籍为"清廷毁禁，明史所遗，舆地稗乘，秘家载籍"，③《玄览堂丛书》与其择书范围较为相近。

蒋复璁馆长撰《重印玄览堂丛书初集后序》云："初辑出版于民国三十年。序题'庚辰夏'，木记题'庚辰六月印行'。庚辰为民国二十九年，推前一年者，盖避日方耳目也。"又据1941年10月9日郑振铎先生致蒋复璁馆长函称："兹附函奉上《纪古滇说（原）集》一册，作为《丛书》式样之一斑。"④说明《丛书》的确在1940年尚未出版发行。另外，由于在特殊的历史时期，蒋复璁馆长在《后序》中称此《丛书》"由徐森玉先生主持"。其后部分学者在论著中未加细考而引此说，如郑重著《徐森玉》称："1941年7月，结束了在孤岛上海抢救古籍善本的工作之后，徐森玉回到重庆即考虑选编出版《玄览堂丛书》的事。"⑤这显然与史实不相符。

正式出版的《玄览堂丛书》续集题作"中华民国三十六年五月国立中央图书馆影印"。而据郑振铎先生1947年《日记》⑥载，1月6日"至中研院，为开标事也"。在当日台历另面又简记云："今日《玄览堂丛书》开标。"中央

---

① 郑振铎等：《郑振铎等人致旧中央图书馆的秘密报告》，陈福康整理，载《出版史料》2001年第1期，第87-100页。

② 郑振铎：《郑振铎全集》第十七卷《日记·题跋》，花山文艺出版社1998年版，第387页。

③ 谢国桢：《国立北平图书馆善本丛书第一集叙》，《国立北平图书馆善本丛书第一集》，商务印书馆1937年版，第2页。

④ 郑振铎：《郑振铎致蒋复璁信札（中）》，沈津整理，载《文献》2001年第4期，第214-228页。

⑤ 郑重：《徐森玉》，文物出版社2007年版，第102页。

⑥ 郑振铎：《郑振铎全集》第十七卷《日记·题跋》，花山文艺出版社1998年版，第379-514页。

研究院当年分设南京、上海两地，此中研院在上海。4月21日又记"钱鹤林送'玄览堂'印好的样张来"。钱鹤林又作钱鹤龄，当时郑振铎先生正在编辑《中国历史参考图谱》，由上海出版公司出版发行，此《图谱》由钱鹤林取郑振铎先生编好底本拍照付印，如2月15日《日记》载："晨，钱鹤林来，取去《图谱》第一辑底本付照。"可知《玄览堂丛书》续集是在上海影印的。郑振铎先生6月4日《日记》载："写《玄览》广告。"8月16日"整理《玄览》，已毕"。9月25日"朱达君来，《玄览堂》续集送来十一部，甚为兴奋"。朱达君在上海开明书店工作。因而《玄览堂丛书》续集当在1947年9月之后正式问世，影印、装订皆在上海完成。过去不少学者认为《玄览堂丛书》后二集在南京影印，①可能是据牌记推测而来的。

　　1949年2月26日郑振铎先生致顾廷龙先生信云："《玄览堂》三集事，盼兄鼎力主持，如不能续印下去，则仅此四十册亦可成书，乞商之慰堂兄为荷。"②慰堂是蒋复璁馆长之号，说明《玄览堂丛书》第三集编辑出版事宜，郑振铎先生曾委托顾先生主持。1949年6月顾廷龙先生撰《玄览堂丛书提要》后记云："去年又印三集，成三之一，财绌，尚未装治成册。"③此述说明《玄览堂丛书》第三集1948年已印成，但尚未装订。然而，徐雁先生在《中国旧书业百年》中说，北京大学图书馆保存有《哈佛大学图书馆驻平采访处（汉籍）账单粘存簿（1948年7月至1949年6月底）》，其中记载1948年12月13日，"购买北平来薰阁《玄览堂丛书》三集40册，320元"。④《玄览堂丛书》以传统线装形式装订，小批量装订容易实现，因而少量成品有可能较早销售。而《玄览堂丛书》第三集大批量装订发行工作是1955年由南京图书馆完成的（见下文）。

　　综上所述，《玄览堂丛书》分别于1941年、1947年及1948年分初、续、三集在上海陆续影印出版，其中初集31种附3种、续集20种附5种、三集12种。时至今日，不少论著或工具书对此《丛书》的内容介绍尚存缺憾。如新版《辞海》称《玄览堂丛书》"专收元、明以来史部著作，影印流传。所收大部分为罕传之本，对明史研究有参考价值"。⑤此说与实际情况略有差异。《玄览堂丛书》内容以史学为主，包括边疆史志、典章制度、杂史传记等，亦兼收子部与集部书，

---

① 张树年主编、柳和城等编著：《张元济年谱》，商务印书馆1991年版，第484页。
② 陈福康：《郑振铎年谱》，三晋出版社2008年版，第677页。
③ 顾廷龙：《顾廷龙文集》，陈先行整理，《芸香阁丛书》，上海科学技术文献出版社2002年版，第453页。
④ 徐雁：《中国旧书业百年》，科学出版社2005年版，第419页。
⑤ 夏征农、陈至立主编：《辞海（典藏本第6版）》，上海辞书出版社2011年版，第5090页。

如兵书(《神器谱》)、算书(《算法全能集》)、谱录(《百宝总珍集》)、杂技(《蹴鞠谱》)、别集(《洞庭集》)、曲谱(《旧编南九宫谱》)等。另外,《玄览堂丛书》底本以明刻本、明钞本及清初本为主,其有佚文阙页无从抄补者亦悉听之。其中有不少孤本、稿本、罕见本、禁毁书及《四库》存目或未收书。如续集所录《倭志》原典为明钞本,现藏台北。此书录有明陈侃《使琉球录》内容,是较早记载钓鱼屿(即钓鱼岛)属中国的文献之一。第三集所录清钞本《蹴鞠谱》,原典现藏南京。国际足联官员认为,中国古代的蹴鞠就是足球的起源。在我国现存四种蹴鞠专业书中,《蹴鞠谱》不仅产生时代最早,而且字数是另三书总和的三倍。正如顾廷龙先生所云:"此亦罕觏之本也。"①

(二)发行

《文献保存同志会第六号工作报告》(1941年1月6日)载:"乙种善本丛书每种拟印二百至三百。至少每种保存一百部,以待将来分赠各处。"又据陈福康先生整理《郑振铎致唐弢信(46封)》载1941年10月17日函称:"此项丛书仅印三百部,不发售。俟装订及序跋完成后,当奉上一部,供兄参考也。"②说明《玄览堂丛书》开始并未计划销售。那么,实际情况究竟如何呢?

1. 初集

据徐雁先生《中国旧书业百年》介绍,1943年1月编印的《来薰阁书目》第6期,上编著录3 752种,下编著录4 316种。封三例刊"本店收买旧书广告",以及《中国古代社会新研》广告和《玄览堂丛书》总目③。而在1943年2月北京出版《华北编译馆馆刊》(二之二)载《图书介绍:玄览堂丛书》,云"玄览居士辑,民国三十年六月出版,一百二十册,定价三百元,来薰阁代售"。又云:"近者南中学人有玄览堂丛书之刻,诚书林之盛举也。"④此刊为沦陷区出版物,本期刊载知堂(即周作人)《中国的思想问题》、瞿益锴《见》等文。另外,1945年3月在北京出版《中法汉学研究所图书馆馆刊》第1期刊载《图书介绍:玄览堂丛书》,云:"玄览居士辑,民国三十年影印本,线装一百二十册,来薰阁代售。"⑤中法汉学研究所正式成立于1941年,成立仪式由法国驻华大使戈思默(Henry Cosme)亲自主持。与此同时,郑振铎先生

---

① 顾廷龙:《顾廷龙文集》,陈先行整理,《芸香阁丛书》,上海科学技术文献出版社2002年版,第452页。

② 郑振铎:《郑振铎致唐弢信(46封)》,陈福康整理,载《新文学史料》1989年第1期,第199—212页。

③ 徐雁:《中国旧书业百年》,科学出版社2005年版,第100-101页。

④ 《图书介绍:玄览堂丛书》,载《华北编译馆馆刊》1943年第2卷第2期,第3-6页。

⑤ 《图书介绍:玄览堂丛书》,载《中法汉学研究所图书馆馆刊》1945年第1号,第151-153页。

1943年5月10日《日记》载："餐后，乃至三马路，遇西江，以《玄览堂》二部，取得现金二千元，甚为痛快。"[1]西江指袁西江，忠厚合记书庄店主之一。说明《玄览堂丛书》初集在沦陷区曾销售发行。

特别值得提及的是，在1943年9月至12月出版国立北平图书馆编印的《图书季刊》新第4卷3—4期合刊上，有介绍《玄览堂丛书》的短文称："玄览堂丛书。张玉葱（玄览居士）辑。民国二十九年六月南浔张氏出版。影印本。线装。一百二十册。上海来薰阁代售。"又称："近者南浔张氏（玄览居士）将数十年来搜访遗佚所得之珍秘，汇刻为玄览堂丛书，诚书林之盛举也。"[2]国立北平图书馆编印的《图书季刊》创刊于1934年，办刊宗旨为介绍国内出版的新书，交流学术信息，宣传中国图书文化。在抗战的艰苦岁月中，国立北平图书馆馆务中心南移，以昆明为本部，以平馆为留守，并在上海、重庆、中国香港等地设立办事处。在此期间，《图书季刊》数度停刊，又分别在昆明、重庆先后二次复刊。1943年的新第4卷第3—4期合刊是在重庆出版的。"玄览居士"本是郑振铎先生的化名，而"张玉葱"则是虚拟之名，令人联想到南浔著名藏书家张钧衡（1872—1927）之孙张葱玉（1914—1963），此君名珩，以字行，"张玉葱"或为张葱玉之笔误，或故意曲笔所拟半真半假之名。而上海来薰阁是坐落在北京琉璃厂的来薰阁分店，相传其名源于宋苏轼《浣溪沙》："日暖桑麻光似泼，风来蒿艾气如薰。"来薰阁创建于清咸丰年间（1851—1861），原是经营各种古琴的商店，1912年改为经营古籍。1922年以后，来薰阁由陈杭（济川）任经理，到1940年10月，又在上海开设来薰阁分店。[3]郑振铎先生与张葱玉先生及上海来薰阁都有密切关系。1941年12月太平洋战争爆发，上海"孤岛"彻底沦陷，同志会的秘密收购工作被迫停止。据郑振铎先生《求书日录》记载，"一二·八"后的一个星期内，他将比较不重要的账目、书目，寄藏于来薰阁书店。又有一小部分古书，则寄藏于张芹伯先生（即张钧衡长子张乃熊）和张葱玉先生叔侄处。[4]郑振铎先生化名蛰居上海，守护和整理着已得文献，一直到抗战胜利。据郑先生当时《日记》载，他时常去来薰阁访书、阅书，也时常与张葱玉先生会面。1941年12月23日张葱玉先生的《日记》中记载"金华来，代振铎借款三千元"[5]。金华指杨金华。据张贻文（张葱玉先生之女）撰文回忆，杨金华是一家旧书店的店员，也是郑先生的好友。那时太平洋战争刚刚爆发不久，日本

---

[1] 陈福康：《郑振铎年谱》，三晋出版社2008年版，第444页。
[2] 《图书介绍：玄览堂丛书》，载《图书季刊》1943年新第4卷第3—4期合刊，第103-104页。
[3] 韩征：《难忘老字号书店（上）》，载《人民日报海外版》2003年11月10日第7版。
[4] 郑振铎：《西谛书话》，生活·读书·新知三联书店2005年版，第415页。
[5] 张珩：《张葱玉日记·诗稿》，上海书画出版社2011年版，第210页。

人进入了租界。郑先生等人在沦陷区抢救古籍善本的工作面临很大危险而转入地下,并与重庆失去联系。可想而知郑先生当时面临的困境。"三千元"在当时不是小数目,所以张葱玉先生记了一笔。抗战初,张葱玉先生为了协助郑先生在沦陷区抢救古籍善本的工作,将他自己的一批珍本宋元行本261种1611册,明清历代历书200多部都转售于中央图书馆。他还从中协调,动员其大伯(藏书家张芹伯)将上千本"芹圃善本藏书"转售给了中央图书馆。①

1942年1月12日,困居在沪的郑振铎先生化名"犀"致蒋复璁馆长隐语信:"弟在此,已失业家居。"这是郑先生在日寇占领上海全市后第一封冒险与重庆方面秘密联系的信。②1943年7月18日郑先生又化名致蒋馆长信提到"近来市况萧条,经济困难,支持过日,颇见拮据""弟向不诉苦谈穷,然今春以后,却亦不能不叫苦矣。尚望吾兄处随时加以资助为感"。并云"现时积欠李平记已有数千之多",请求通过转账还清旧欠。8月31日,蒋复璁馆长化名"唐玉"致郭鸣钟(郑先生化名)信:"七月十八日手示奉悉。李平记已由此间齐君来函索款五千元,已照付。……以弟亦在窘乡,然总尽力设法。"③在国立北平图书馆编印的《图书季刊》上刊载《玄览堂丛书》代售消息,当是为解决困居在沪的郑先生补充经费的办法。苏精先生在《近代藏书三十家》一书中也说,郑振铎先生当时一面靠重庆的接济,一面将印好不久的《玄览堂丛书》零星出售易米。④为了解相关细节,笔者以电子邮件向苏先生请教,苏先生复函云:

> 昔日抄录之中央图书馆档案中,找到郑振铎自民国三十年(1941)底太平洋战争爆发后,几次写信给蒋复璁,都提及上海物价飞涨,生活不易,应付维艰等等,而蒋复璁也几次辗转汇款接济。其中一封由"中英庚款管理委员会"秘书徐可燨抄录何炳松致朱家骅信并附郑振铎予蒋复璁函。郑氏函中描述生活情况:"几乎每家无不以开门七件事为虑,幸店中新货已于去冬应市,销路尚佳,勉可支持半载。"徐可燨致蒋复璁信只有月日(11月11日)而无年份,郑振铎信也只有月日(8月20日)而无年份,但应为民国三十二年(1943),因前后信中都提到当年4月潘承厚(博山)过世之事;而郑氏信中"店中新货",系郑氏为避敌伪检查而用之隐喻,指郑氏就搜得古籍选印之《玄览堂丛书》,前此郑氏已函告蒋氏此丛书业经印成,可参见文献保存同志会历次报告。

---

① 张贻文:《七十年的情谊,四代人的交往:记郑振铎与张葱玉两个家庭的交往》,载《东方早报》,2013年5月6日C10版。

② 陈福康:《郑振铎年谱》,三晋出版社2008年版,第417页。

③ 陈福康:《书生报国:徐森玉与郑振铎》,载《新文学史料》2012年第1期,第98-106页。

④ 苏精:《近代藏书三十家》,中华书局2009年版,第200页。

另外，1943年4月，重庆文信书店出版署名郑振铎先生的《龙与巨怪（史诗的故事）》一书，署发行人王君一，印刷者军事委员会政治部印刷所。此书收入郑振铎先生1927年在《文学周报》上发表的4篇记述欧洲古代史诗的文章，为第一次收集出版。① 从文信书店的官方背景看，此或为保护困居在沪的郑振铎先生之举。与此同时，在重庆的中央图书馆办有《图书月刊》，发刊词称"收集全国出版的一切新书，尽力加以介绍"但并未刊载《玄览堂丛书》介绍文章，也应是出于安全的考虑。

2. 续集

据1948年2月6日《申报》载《中央图书馆影印玄览堂丛书教部购发各国立院校》称："（本报南京五日电）国立中央图书馆影印玄览堂丛书廿种，一百廿册，包括历代史实，传记及名人诗文遗著等，业已出版，预约价每部一百六十万元。教部曾预约五十部，现悉，将分配设有文史系之公立院校中央大学等五十单位，各得一部。"② 从所收录子目种数和内容介绍看，当时教育部分配五十院校的应是《玄览堂丛书》续集。又据1948年2月《国立暨南大学校刊》（复刊9）刊载朱家骅签发《教育部训令》："国立暨南大学：兹由本部向国立中央图书馆为该校订购玄览堂丛书一套，特检发书目一份，仰即备据径向南京成贤街该馆洽取具报为要。教育部印。附玄览堂丛书目一份。"③ 书目收录《皇朝本纪》等20种书籍，显为《玄览堂丛书》续集。在此之前，1948年1月《国立暨南大学校刊》（复刊7）载《校闻：本校毕业在校服务同学会捐赠玄览堂丛书续编》："鉴于本校图书馆，已购备玄览堂丛书正编，该书为明代诸名人纪事，迄未刊行，前由中央图书馆郑振铎氏，汇编影印。……该会为纪念母校四十周年，兼为纪念何故校长炳松长校十周年，特集资购置该书续编全部，捐赠本校图书馆。"④ 说明《玄览堂丛书》续集有部分销售发行。郑振铎先生曾任暨南大学文学院院长兼中文系主任，此捐赠活动或与之有关。另外，1948年10月浙江省立图书馆《图书展望》（复刊9）刊载《出版琐闻：中央图书馆影印玄览堂丛书》，称此丛书包括皇朝本纪……二十八种，共一百二十册⑤。此亦为续集，但所称种数或有误。

---

① 陈福康：《郑振铎年谱》，三晋出版社2008年版，第442页。
② 《中央图书馆影印玄览堂丛书教部购发各国立院校》，载《申报》1948年2月6日第6版。
③ 朱家骅：《教育部训令（高字第〇六一三九号中华民国三十七年元月）》，载《国立暨南大学校刊》1948年复刊第9期，第3-4页。
④ 《校闻：本校毕业在校服务同学会捐赠玄览堂丛书续编》，载《国立暨南大学校刊》1948年复刊第7期，第3页。
⑤ 《出版琐闻：中央图书馆影印玄览堂丛书》，载《图书展望》1948年复刊第9期，第31页。

3. 三集

前文已述哈佛大学图书馆驻平采访处于 1948 年 12 月 13 日，"购买北平来薰阁《玄览堂丛书》三集 40 册，320 元"。说明此书在印成后即有少量销售发行。又据《南京图书馆志》载，《玄览堂丛书》三集自 1948 年影印后，一直没有装订。1955 年，南京图书馆经主管部门批准装订出售 200 部。另存有部分《玄览堂丛书》续集，经批准出售 30 部。订购对象为公共图书馆、科研机关、高等院校及文化团体，不对个人出售。后来上海图书馆、山东图书馆、南京大学图书馆、四川大学图书馆等来信订购了此书。[①]另外，南京图书馆与现设于台北的汉学研究中心[②]具有历史同源之谊，两馆的源头皆可追溯至 1933 年筹建的国立中央图书馆。2011 年 5 月，南京图书馆学术代表团赴台访问，获知台北同源馆尚未入藏 1948 年影印出版的《玄览堂丛书》第三集，因此特赠送此集一整套，以便与台湾原藏初、续集合璧为完整之书。

（三）再版

在台湾，汉学研究中心与正中书局合作，分别于 1981 年和 1985 年重新影印出版了《玄览堂丛书》初集与续集。此次再版，除以台湾所存原书影印外，其已阙者，或据初印本翻印，或以其他同版别本取代。其中《九边图说》原书版面漫漶，图中细字多不可辨，以美国国会图书馆所藏同版较早印本替换。另外，初印本原系线装，现改为精装，编次与初版有异。1986 年至 1987 年，南京图书馆与江苏扬州广陵古籍刻印社合作，据初版《玄览堂丛书》初续三集重新影印出版线装本，2010 年，江苏扬州广陵书社又出版了精装合订本。

（四）选印

20 世纪末起，"四库"系列大型丛书陆续出版，其中选印了部分《玄览堂丛书》。如 1995 年至 1997 年，齐鲁书社《四库全书存目丛书》[③]收录《旧京词林志》《交黎剿平事略》《通惠河志》《朝鲜杂志》《纪古滇说原集》《旧京词林》。《四库全书存目丛书》海外版 1997 年由台南庄严文化事业有限公司影印出版。[④]又如 1995 年至 2002 年，上海古籍出版社《续修四库全书》[⑤]收录《龙江船厂志》《四译馆增订馆则、新增馆则》。《续修四库全书》收录的《怀陵流寇始终录》，是据南京图书馆所藏《玄览堂丛书》之底本清初钱氏

---

① 南京图书馆：《南京图书馆志》，南京出版社 1996 年版，第 218 页。
② 汉学研究中心由台湾地区"国家图书馆"兼办一切业务。
③ 四库全书存目丛书编纂委员会编：《四库全书存目丛书》，齐鲁书社 1995—1997 年版。
④ 四库全书存目丛书编纂委员会编：《四库全书存目丛书》，台南庄严文化事业有限公司 1997 年版。
⑤ 顾廷龙主编、续修四库全书编纂委员会编：《续修四库全书》，上海古籍出版社 1995—2002 年版。

述古堂钞本影印。再如 1998 年至 2000 年，北京出版社《四库禁毁书丛刊》[①]收录《经世急切时务九十九筹》。

《中国科学技术典籍通汇》作为中国科学技术史领域的一项出版工程，自 1993 年由河南教育出版社陆续按卷分期出版。[②] 本书采用影印形式，保留了科技典籍的原始本来面貌。书中所收《算法全能集》《龙江船厂志》《神器谱》皆影印《玄览堂丛书》本。

1993 年至 2000 年，四川大学图书馆和巴蜀书社协力纂汇并出版《中国野史集成》与《中国野史集成续编》[③]，为贯通中国历史之野史重要著述汇编之作，共辑录中国先秦至清末的野史著作凡 1258 种，所收各书尽可能选取善本、足本，皆据原书影印，对原书内容不作任何删改。《玄览堂丛书》本《兵部问宁夏案》《辽夷略》《东事书》《甲申纪事》《嚴闽小史》《洞庭集》《怀陵流寇始终录》《甲申剩事》《将亡妖孽》《延绥镇志李自成传》《边事小纪》《倭志》《虔台倭纂》《倭奴遗事》《国朝当机录》《今史》《平粤录》《寓圃杂记》收录于《中国野史集成》，而《交黎剿平事略》《明朝小史》《粤剑编》收录于《中国野史集成续编》。

近些年来，选印《玄览堂丛书》所录书籍的丛书仍不断出现，如《朝鲜杂志》收录于《使朝鲜录》[④]，《纪古滇说原集》收录于《宋元地理史料汇编》[⑤]，《福建运司志》收录于《稀见明清经济史料丛刊》[⑥]。

（五）收藏

随着历史变迁，郑振铎等先生为中央图书馆所聚珍籍，今为南京图书馆、台湾地区汉学研究中心及中国国家图书馆分藏。2012 年 10 月，两岸三馆携手合作，在南京联合成功举办"海峡两岸玄览堂珍籍合璧展"。2014 年 10 月，南京图书馆与台北汉学研究中心又在南京联合成功主办首届"玄览论坛"。此后，以跨地域合作、多领域交流为特点的"玄览论坛"连续在南京、台北同源两馆轮流举办。"玄览论坛"始终以传扬中华文化为主旨，邀请两岸图书馆馆长及各领域硕学名流围绕相关主题发表演讲，已成为两岸最高层次图书馆界学术交流论坛，并产生了积极的社会影响和品牌效应。通过合璧展和"玄览论

---

① 四库禁毁书丛刊编纂委员会编：《四库禁毁书丛刊》，北京出版社 1998—2000 年版。
② 任继愈主编：《中国科学技术典籍通汇》，河南教育出版社 1993—1995 年版。
③ 中国野史集成编委会、四川大学图书馆：《中国野史集成》，巴蜀书社 1993 年版；中国野史集成续编委会、四川大学图书馆：《中国野史集成续编》，巴蜀书社 2000 年版。
④ 殷梦霞、于浩选编：《使朝鲜录》，北京图书馆出版社 2003 年版。
⑤ 李勇先主编：《宋元地理史料汇编》，四川大学出版社 2007 年版。
⑥ 于浩辑：《稀见明清经济史料丛刊》，国家图书馆出版社 2009 年版。

坛",已基本厘清《玄览堂丛书》大部分底本分藏状况。《玄览堂丛书》初续三集71种底本(含附书,据《中国丛书综录》统计),现存61种(含存疑2种,即初集之《开原图说》《高科考》),现存底本中,中国国家图书馆藏14种,其中存疑2种[①];台湾地区汉学研究中心藏24种[②],南京图书馆藏23种。未查得下落者10种(初集之《纪古滇说原集》《经世急切时务九十九筹》《兵部问宁夏案》《刑部问宁王案》,续集之《皇明本纪》《倭奴遗事》《粤剑编》《黄石斋未刻稿》《蔡夫人未刻稿》,三集之《嘉靖新例》)。

《玄览堂丛书》出版后,即风行于海内外。《中国丛书综录》仅反映大陆47个主要图书馆所藏丛书的有无全缺状况,[③]而《中国古籍总目》也仅标注古籍各版本主要收藏机构(一般不超过11家)。[④]现综合二目著录,《玄览堂丛书》初续三集收藏馆有国家图书馆、首都图书馆、中国科学院图书馆(初集三集)、北京大学图书馆、北京师范大学图书馆、清华大学图书馆(初集续集)、中国中医科学院图书馆、上海图书馆、复旦大学图书馆、华东师范大学图书馆、上海师范大学图书馆(续集三集)、上海辞书出版社图书馆(初集续集)、天津图书馆、内蒙古自治区图书馆(略有残缺)、辽宁省图书馆、吉林大学图书馆、甘肃省图书馆、山东省图书馆(续集)、山东大学图书馆、南京图书馆、南京大学图书馆、浙江图书馆(初集续集)、浙江大学图书馆、福建省图书馆(续集)、福建师范大学图书馆、湖北省图书馆(续集三集)、武汉大学图书馆(续集)、江西省图书馆、广东省中山图书馆、四川省图书馆、四川大学图书馆、重庆市图书馆、云南省图书馆、广西壮族自治区桂林图书馆、广西壮族自治区图书馆(三集)、中央民族大学图书馆。

台湾地区书目整合查询系统书目量及数据类型居台湾地区之冠。由此系统,可检索出不含子目之《玄览堂丛书》初续三集图书记录共33笔。又查询图书书目资讯网(NBINet)联合目录,可检索出含分册之《玄览堂丛书》初续三集记录共245笔,收藏机构有汉学研究中心、公共信息图书馆、台湾图书馆、台湾地区高雄市立图书馆、高雄县文化局图书馆、"立法院国会图书馆",以及台湾地区高校台湾大学、政治大学、中正大学、成功大学、育达科技大学、台湾师范大学、屏东大学、东吴大学、中山大学、东海大学、中兴大学、东华

---

① 刘明:《郑振铎编〈玄览堂丛书〉的底本及入藏国家图书馆始末探略》,载《新世纪图书馆》2014年第7期,第54-60页。

② 俞小明:《劫余珍籍"玄览"情:馆藏玄览堂丛书的内容与特色》,载《新世纪图书馆》2014年第12期,第42-47页。

③ 上海图书馆:《中国丛书综录(一)》,上海古籍出版社1986年版,第984-985页。

④ 中国古籍总目编纂委员会编:《中国古籍总目·丛书部》,中华书局2009年版,第859-861页。

大学、台湾清华大学、交通大学等高校图书馆。

从日本所藏中文古籍数据库，可检索出不含子目《玄览堂丛书》初续三集记录15笔。该数据库由京都大学人文科学研究所附属的"汉字情报研究中心"[①]在2001年启动，数据库的编制组织名义上是日本所藏中文古籍数据库协议会，其干事机关除了汉字情报研究中心，还有东京大学东洋文化研究所附属东洋学研究情报中心和国立情报学研究所。但在实际上，汉字情报研究中心几乎承担了数据库编制的全部工作。加入数据库最多的是大学图书馆，国立图书馆和地方政府的公立图书馆次之，财团法人等私立图书馆较少。[②] 目前加入该数据库的图书馆及藏书机构有80个。其中藏有《玄览堂丛书》初续三集初版的图书馆及藏书机构有东洋文库、东京大学东洋文化研究所、国立国会图书馆（初集）、京都大学法学部（初集）、京都大学人文科学研究所（初续集）、大阪府立中之岛图书馆（初集），一桥大学藏有中国台湾地区再版的《玄览堂丛书》初续集。

Worldcat数据库是OCLC（联机计算机图书馆中心）公司为世界各国图书馆中的图书及其他数据所编纂的目录，同时也是世界最大的联机书目数据库。包含OCLC近2万家成员馆编目的书目记录和馆藏信息，基本上反映了从公元前1000多年至今世界范围内的图书馆所拥有的图书和其他数据，代表了4000年来人类知识的结晶。通过OCLC的FirstSearch检索系统，可以了解《玄览堂丛书》在世界范围的收藏情况。截至2015年，在Worldcat数据库检索"玄览堂丛书"，可以找到含有子目的记录为805笔，含初版、再版和选印本。若对每笔记录中的馆藏信息进行梳理，可大体掌握此套丛书的分布情况。可能由于书目数据来源的关系，收录《玄览堂丛书》以美国收藏机构居多，如哈佛大学、耶鲁大学、斯坦福大学、普林斯顿大学、加州大学、芝加哥大学、华盛顿大学、康奈尔大学、杨百翰大学、威斯康星大学、范德堡大学、乔治敦大学、马里兰大学、俄亥俄州立大学、匹兹堡大学、密歇根大学、杜克大学、克莱蒙特学院、宾夕法尼亚大学、哥伦比亚大学、约翰·霍普金斯大学、斯坦福大学、夏威夷大学等高等院校图书馆，以及美国国会图书馆、纽约公共图书馆等。此外还有加拿大麦吉尔大学、英国伦敦大学、荷兰莱顿大学、德国巴伐利亚邦立图书馆、澳大利亚国家图书馆、澳大利亚国立大学、澳大利亚悉尼大学、新西兰奥克兰大学、日本早稻田大学等，与此同时，还有香港大学、香港科技大学中国台湾地区图书馆，可以说《玄览堂丛书》已传播至世界各地。而Ebooks是OCLC

---

① 后改称"东亚人文情报学研究中心"。

② ［日］高田时雄：《日本所藏中文古籍数据库介绍》，载《汉学研究通讯》2010年第2期，第33-37页。

为世界各地图书馆中的联机电子书所编纂的目录，选择 Ebooks 数据库可检索出《玄览堂丛书》电子书（Electronic Books）记录 75 笔，Google 数字图书馆、HathiTrust 数字图书馆资源亦已列入其中。

（六）数字化

"瀚堂典藏"是北京时代瀚堂科技有限公司采用国际通用的超大字符集进行加工校勘的古籍数据库，不仅录存原书影像数据，而且可进行图文对照全文检索。数据库中所录《神器谱》为《玄览堂丛书》初集本，《皇明本纪》《延平二王遗集》《粤剑编》为《玄览堂丛书》续集本。

"读秀"是由海量全文数据及数据基本信息组成的超大型数据库，已收录 320 万种中文图书题录信息，240 万种中文图书原文，占 1949 年以来出版图书的 90% 以上。《玄览堂丛书》初续三集全部影像数据皆已收录其中。

国际上在数字图书馆方面较有影响的是 Google 数字图书馆和 HathiTrust 数字图书馆项目。Google 数字图书馆已为公众熟知，而 HathiTrust 数字图书馆项目之所以叫 HathiTrust，是因为 Hathi 在印度语里是大象的意思，因为其记忆力、智慧及力量的象征而受到相当多的敬重，而 Trust 表示信任[①]。通过 OCLC 的 Ebooks 数据库检索，可获知《玄览堂丛书》电子资源已收录在以上两个数字图书馆之中。另外，《玄览堂丛书》电子书现已在互联网上广泛传播，普通读者也可以轻松获取，说明公众对此丛书是有较多阅读需求的。

二、整理研究

（一）书评提要

王重民（1903—1975），字有三，河北高阳县人，著名版本目录学家、图书馆学教育家。1929 年大学毕业后，即任职于国立北平图书馆（今中国国家图书馆），整理古籍，研究国学。1934 年由图书馆委派前往法、英、德、意、美等国各大图书馆考察文献，1947 年回国。1949 年后曾任北京图书馆副馆长、北京大学图书馆学系主任。抗战期间，王重民先生赴美为国会图书馆鉴定、整理善本古籍。1946 年美国国会图书馆购得《玄览堂丛书》，王重民先生阅后撰写《读玄览堂丛书》长文，发表于国立北平图书馆编《图书季刊》1947 年新第 8 卷第 1～2 期合刊。[②] 此文开篇云："余久闻影印玄览堂丛书之事，未见其书。今夏国会图书馆始购来民国二十九年玄览居士序印本三十一种。内有五种，余曾见原刻本，旧有记。其未见者多为欲读之书，遂随手翻阅，阅后辄

---

① 吴建中：《转型与超越无所不在的图书馆》，上海大学出版社 2012 年版，第 139 页。
② 王重民：《读玄览堂丛书》，载《图书季刊》1947 年新第 8 卷第 1～2 期合刊，第 33-40 页。

有短记。今共得二十四篇，其无记之七种，或已见于四库全书总目，或犹有待于考证。暂汇所记为一文，一以抒余所见，一以请正方家也。"由此可见《玄览堂丛书》已远渡重洋传播异域，选编质量亦得到专家学者认可。

1946年2月11日，蒋复璁馆长嘱顾廷龙先生撰《玄览堂丛书提要》。①顾廷龙（1904—1998）字起潜，号匋谿。江苏苏州人，著名版本目录学家。1932年毕业于北京燕京大学研究院国文系，曾任上海私立合众图书馆总干事、上海中央图书馆办事处编纂、上海历史文献图书馆馆长，上海图书馆馆长等，主编《中国丛书综录》《中国古籍善本书目》《续修四库全书》等。自1946年起，历经数年，顾廷龙先生为《玄览堂丛书》初续三集所录每部书均撰写一篇提要，至1949年6月完成，其间曾经徐森玉先生校改。今初续三集之提要，皆由陈先行先生整理，为《顾廷龙文集》收录。②

（二）校辑征引

1948年，商务印书馆出版王崇武著《明本纪校注》，以《纪录汇编》本《皇明本纪》为底本，而用《玄览堂丛书》本、《国朝典故》本等书汇校之。③而1962年出版的黄彰健先生《明实录校勘记》又参考《明本纪校注》，并转引与《玄览堂丛书》本相关校注。④

《大元大一统志》是元朝官修地理总志。原书1300卷，现存世之《大元大一统志》，仅得残本44卷。《玄览堂丛书》续集所录《大元大一统志》存35卷，底本今藏台北，为清袁氏贞节堂钞本，其中有25卷为孤本，贞节堂是清代藏书家袁廷梼（1764—1810）的室名。赵万里先生以《元史·地理志》为纲，将元刻残帙七卷、常熟瞿氏旧藏钞本九卷、嘉庆间吴县袁廷梼家钞本35卷，与群书所引，汇辑点校为一书，分编10卷，题为《元一统志》⑤，可略见原书规模。学者们一般认为，赵万里先生所据袁本，当为《玄览堂丛书》续集本。

在中国内地，大多数学术论文现已录入"中国知网"，我们可以通过全文检索，了解含有《玄览堂丛书》的文章发表情况。目前，从"中国知网"总库，我们检索出学术期刊816条结果，学位论文452条结果。例如，朱杰勤《郑成功收复台湾事迹》一文，发表于1955年第2期《中山大学学报（社会科学版）》，

---

① 沈津：《顾廷龙年谱》，上海古籍出版社2004年版，第375页。

② 顾廷龙：《顾廷龙文集》，陈先行整理，《芸香阁丛书》，上海科学技术文献出版社2002年版，第434-453页。

③ 王崇武：《明本纪校注·校注凡例》，商务印书馆1948年版，第1页。

④ 黄彰健：《明实录校勘记》，中国台北"中央研究院"历史语言研究所1962年版。

⑤ （元）孛兰肹等：《元一统志·前言》，赵万里校辑，中华书局1966年版，第2页。

引用《玄览堂丛书》续集所收《延平二王遗集》[1]；韩振华《我国历史上的南海海域及其界限》，发表于1984年第1与4期《南洋问题》，引用《玄览堂丛书》初集本《皇舆考》与续集本《海国广记》，其考证严谨，述及台湾海峡、西沙群岛等相关问题[2]；内蒙古大学翟禹2010年硕士论文《明代山西镇之滑石涧堡研究》[3]，引用《玄览堂丛书》初集本《九边图说》和《宣大山西三镇图说》；扬之水《宋墓出土文房器用与两宋士风》一文，发表于2015年第1期《考古与文物》，引用《玄览堂丛书》三集本《百宝总珍集》[4]；石倩《董康〈读曲丛刊〉的编纂与近代戏曲理论文献整理的开启》一文，发表于2022年第3期《文化遗产》，引用《玄览堂丛书》三集本《旧编南九宫谱》。[5]

另外，前文提及"读秀"数据库，全称"读秀学术搜索"，是一个可以深入图书章节和内容的全文检索，并且为读者提供原文传送服务的平台，可搜索的信息量超过9亿页。若选择知识检索，至2015年可检索出与《玄览堂丛书》相关的条目2549条。如1949年出版周谷城著《世界通史》，1970年出版包遵彭著《中国海军史》，1988年出版陈国强著《台湾高山族研究》，1980年出版戴逸主编《简明清史》，1988年出版祝慈寿著《中国古代工业史》，1994年出版韦镇福等执笔《中国军事史（第1卷：兵器）》，1995年出版彭云鹤著《明清漕运史》，1998年出版卢嘉锡总主编《中国科学技术史》、林子升编《十六至十八世纪澳门与中国之关系》、王颋著《圣王肇业：韩日中交涉史考》、汪前进主编《中国古代科学技术史纲：地学卷》，2000年出版山根幸夫主编《中国史研究入门（增订本）》、余耀华著《中国价格史》，2002年出版潘吉星著《中国古代四大发明：源流、外传及世界影响》，2003年出版王世襄编著《明式家具珍赏》、黄启臣主编《广东海上丝绸之路史》、周嘉华与赵匡华著《中国化学史（古代卷）》、达力扎布著《明清蒙古史论稿》，2004年出版张晋藩主编《中国司法制度史》，2005年出版翦伯赞主编《中国史纲要（修订本）》、张崇根著《台湾四百年前史》、（美）牟复礼等编《剑桥中国明代史》，2006年出版张岂之主编《中国学术思想编年·明清卷》、

---

[1] 朱杰勤：《郑成功收复台湾事迹》，载《中山大学学报（社会科学版）》1955年第2期，第141-173页。

[2] 韩振华：《我国历史上的南海海域及其界限》，载《南洋问题》1984年第1期，第81-101页。韩振华：《我国历史上的南海海域及其界限（续完）》，《南洋问题》1984第4期，第70-91页。

[3] 翟禹：《明代山西镇之滑石涧堡研究》，内蒙古大学硕士学位论文，2010年6月。

[4] 扬之水：《宋墓出土文房器用与两宋士风》，载《考古与文物》2015年第1期，第62-70页。

[5] 石倩：《董康〈读曲丛刊〉的编纂与近代戏曲理论文献整理的开启》，载《文化遗产》2022年第3期，第86-94页。

刘中平著《弘光政权研究》，2007年出版王兆春著《世界火器史》、（美）司徒琳著《南明史》，2008年出版杨圣敏等著《中国民族志（修订本）》、王永宽主编《中国戏曲通鉴》，2010年出版冯立军著《古代中国与东南亚中医药交流研究》，2011年出版（美）黄仁宇著《万历十五年》、（澳）雪珥著《大国海盗》，2012年出版丁海滨著《中国古代陪都史》、韩茂莉著《中国历史农业地理》、杨晓春著《元明时期汉文伊斯兰教文献研究》、北京大学历史系编《北京史（增订本）》，2013年出版白寿彝总主编《中国通史》、（美）魏裴德著《洪业：清朝开国史》、席龙飞著《中国造船通史》，2014年出版中国科学院自然科学史研究所等编《鉴古证今：传统工艺与科技考古文萃》，等等，这些著作的征引文献中皆列有《玄览堂丛书》所收录书籍。

在台湾地区，通过前文所述台湾地区书目整合查询系统，包括NBINet联合目录、博硕士论文、期刊文献等50余种图书馆资源，书目量超过1500万笔记录。含有《玄览堂丛书》子目及相关论著的记录共998笔。如李传芳硕士论文《朱元璋的故事研究》，参考文献有《明朝小史》；张毓玲硕士论文《明代的岁贡生员》，参考文献有《旧京词林记》；李相美博士论文《中韩文化交流三题》，参考文献有《朝鲜杂志》；林敬轩硕士论文《〈筹海图编〉与明代海防》参考文献有《倭志》《倭奴遗事》等，皆直接或间接征引《玄览堂丛书》所收录书籍。

（三）标点注译

《玄览堂丛书》出版后，不断有学者对其中所录书籍进行标点或注译。在中国内地，《嘉靖新例》以《玄览堂丛书》三集影印本为点校底本，收录于《中国珍稀法律典籍集成乙编》，1994年由科学出版社出版。张德信点校《寓圃杂记》、凌毅点校《粤剑编》，皆收录于《元明史料笔记丛刊》，分别于1984年与1987由中华书局出版。陈协琴、刘益安点校《怀陵流寇始终录》，1993年由辽沈书社出版。蔡克骄点校《神器谱》，收入《温州文献丛书》，2006年由上海社会科学院出版社出版。《淮安文献丛刻》，是由淮安市地方志办公室精心遴选、点校、整理的淮安地方旧志丛书，荀德麟、张英聘点校《漕船志》，收入《淮安文献丛刻》，2006年方志出版社出版。刘秉果、赵明奇著《中国古代足球》，2008年齐鲁书社出版，书中以专节收录《蹴鞠谱校译》[①]，此节即以《玄览堂丛书》三集所录《蹴鞠谱》为底本，著者对其全文进行标点、校注和白话文翻译。

在台湾地区，《台湾文献丛刊》为台湾银行经济研究室编辑出版的一套丛

---

① 刘秉果、赵明奇：《中国古代足球》，齐鲁书社2008年版，第112-200页。

书。《延平二王遗集》是收录郑成功、郑经父子诗文的一部书，为《玄览堂丛书》续集所录，1967年台湾银行经济研究所又根据玄览堂本重排，辑入《台湾文献丛刊》第67种出版。郑成功那首著名的《复台》诗即出于此。

（四）专题论著

《玄览堂丛书》问世后，专题论著不断涌现。如沈津先生撰《伫中枢以玄览，颐情志于典坟：谈玄览堂丛书》一文，收录于《书城风弦录：沈津学术笔记》之中①。而以《玄览堂丛书》所录古籍为研究对象的研究论文也有不少。如庞蔚《〈大元大一统志〉存文研究》为2006年暨南大学硕士学位论文。2007年内蒙古师范大学崔隆硕士学位论文《杨时宁与〈宣大山西三镇图说〉》称，《图说》的版本只有一种，收于《玄览堂丛书》中，所以就以《玄览堂丛书》本为底本进行研究。再如2010年南开大学外国留学生土屋美纱硕士论文为《杨守仁、杨一葵父子及〈裔乘〉考论》，而王连茂《明代漳浦人杨一葵〈裔乘〉评述》，发表在《闽台文化交流》2012年第4期，两文研究对象皆为《裔乘》。

《玄览堂丛书》第三集收录清钞本《蹴鞠谱》。刘秉果先生发表《〈蹴鞠谱〉著作年代考》论文②，其后又与赵明奇、刘怀祥合著《蹴鞠——世界最古老的足球》，由中华书局2004年出版③，收入《文史知识文库》。

随着时间的推移，还有部分学者仍在利用《玄览堂丛书》选印本开展相关研究工作。如吴娱发表《〈旧京词林志〉著者及文献价值述略》④，称《旧京词林志》是明代浙江宁波人周应宾所编的南京翰林院志。民国三十年（1941）辑《玄览堂丛书》据明刻本影印，而20世纪90年代出版的《四库全书存目丛书》又据《玄览堂丛书》本影印，成为我们今天所能见到的主要版本。因而，其文所引《旧京词林志》内容，所据《四库全书存目丛书》本，实得之于《玄览堂丛书》本。

三、憧憬未来

蒋复璁馆长在《重印玄览堂丛书初集后序》中介绍说，中央图书馆所搜购之善本中，可供出版者不下二三百种，今所已出版之三辑尚不足1/3，计划"选印第四集以下，使孤本化身千百"。《玄览堂丛书》因在战乱时代出版，故以保存史料为重点，未收经部书，也未收宋元版图书。其实郑振铎等先生在《文

---

① 沈津：《书城风弦录：沈津学术笔记》，广西师范大学出版社2006年版，第291-295页。
② 刘秉果：《〈蹴鞠谱〉著作年代考》，载《体育文化导刊》1986年第6期，第30-36页。
③ 刘秉果、赵明奇、刘怀祥：《蹴鞠——世界最古老的足球》，中华书局2004年版。
④ 吴娱：《〈旧京词林志〉著者及文献价值述略》，载《宁波广播电视大学学报》2012年第10卷第4期，第122-125页。

献保存同志会工作报告》中，本拟印行甲乙种善本丛书若干种，《玄览堂丛书》初续三集，当属"乙种善本"。而早在1940年10月24日《文献保存同志会第五号工作报告》中，就已拟定"甲种善本"丛书书目，选目为北宋刊本《李贺歌诗编》、宋刊本《尚书注疏》《中兴馆阁录、续录》《续吴郡图经》《新定续志》《豫章黄先生文集》《五臣注文选》《唐僧弘秀集》《坡门酬唱》，元刊本《韩诗外传》《沧浪吟》《诗法源流》等12种。拟目中有一部分为张氏适园藏书，直到1941年12月初才成功购存。今日细核，选目列书虽并非皆如所称之宋本元椠，但在郑振铎等先生抢救的古籍中，并不缺少类似的珍本秘籍。如现存台北的南宋理宗时馆阁写本《宋太宗皇帝实录》，日本平安朝写卷子本《文选集注》，还有宋刊本《春秋经传集解》《说文解字》等，不少被行家称为"铭心绝品"。而同志会最初所拟丛书四集40种选目中，未被《玄览堂丛书》初续三集收录的部分图书，如《玉堂丛语》《家世旧闻》《明初伏莽志》《蹇[謇]斋琐缀录》《史太常三疏》《两朝平攘录》《敬事草》等，现已知由台北、北京、南京两岸三馆分藏。另外，郑振铎先生之"西谛藏书"与"纫秋山馆行箧书"现也分藏于北京①、重庆②等地。因此，两岸图书馆界可以利用"玄览"之名，建立深度合作机制，除继续举办"玄览论坛"外，还可联合整理出版馆藏文献和研究成果，如以公私"玄览堂"原藏珍籍为底本，影印出版新编《玄览堂丛书》；或以相关研究论著为主体，陆续编辑出版《玄览文库》。与此同时，两岸携手合作，建设玄览堂文献资源合作共享平台，等等。通过合作交流，既可扩大各馆学术影响力，也可实现中华文化传扬世界之理想。

四、结语

英国的哲学家罗素在《人类的知识》一书中说："一般所说的知识分为两类：第一类是关于事实的知识；第二类是关于事实之间的一般关联的知识。"③当我们将上文所列史实关联在一起时，可以得出如下结论：《玄览堂丛书》初续三集，皆是由郑振铎等先生在动荡年代的上海为中央图书馆编印的，所据底本大多为抗战时期郑振铎等先生利用管理中英庚款董事会拨交的部分建馆经费，冒险搜购沦陷区书肆私家旧籍。由此可知，在郑振铎等先生心目中，对古籍的原生性与再生性保护是同等重要的。回望历史，中央图书馆抗战时期

---

① 李致忠：《郑振铎与国家图书馆》，载《国家图书馆学刊》2009年第2期，第9-16页。

② 袁佳红：《郑振铎〈纫秋山馆行箧书目〉著录珍籍聚散考》，载《新世纪图书馆》2014年第12期，第48-51页。

③ [英]罗素：《人类的知识：其范围与限度》，张金言译，商务印书馆2011年版，第505页。

所聚珍籍，现分别藏于台北、南京、北京等地，而郑振铎等先生编印的《玄览堂丛书》初续三集，经过再版、选印、数字化，现已传遍世界各地。虽然目前仍有十种《丛书》所用底本下落不明，但几十年来，海内外专家学者利用影印本，发表的相关整理研究成果已成百上千，至今仍不断涌现。这套丛书不断传布四方、嘉惠后学，而且历久弥新、无远不至，祈盼两岸图书馆界借助学术交流平台，搭建联合出版、数字化资源库共建共享等深度合作机制，使先辈们舍身忘我冒险抢救的"铭心绝品"，化身千百，传之久远。

〔作者：徐忆农，南京图书馆研究部（国学研究所）主任、研究馆员，全国古籍保护工作专家委员会委员〕

印刷文化遗产的美学价值及创新性利用探析

彭俊玲

摘　要：印刷文化遗产跟其他文化遗产一样，是具有突出的历史价值、科学价值和艺术价值的人类文化遗存。印刷由于与艺术的天然联系，而使得印刷文化遗产更具有独特的艺术美学价值。本文重点关注了印刷的审美特性，分析了印刷文化遗产的美学价值，结合国内外对于印刷文化遗产保护与利用的案例，探讨基于充分认识和挖掘印刷文化遗产美学价值视角下的创新性利用。

关键词：印刷文化遗产；美学价值；保护利用

2022年2月，中共中央宣传部、文化和旅游部、国家文物局印发《关于学习贯彻习近平总书记重要讲话精神 全面加强历史文化遗产保护的通知》（以下简称《通知》），进一步强调新时代增强文化自信、加强历史文化遗产保护。笔者对其中几个方面感受尤为深刻，如关于历史文化遗产的保护与创新性利用，《通知》要求对博大精深的历史文化、对前人留下的宝贵财富心存敬畏，正确处理历史与当代、保护与利用、传统与创新、资源与环境的关系，切实做到在保护中发展、在发展中保护；关于遗产价值挖掘阐释与传播推广，《通知》要求不断提高遗产价值挖掘阐释和传播推广水平。要加强历史文化遗产价值研究，推进中华文明、中华文化和中国精神的研究阐释，深入挖掘历史文化遗产蕴含的丰厚内涵、系统阐释中华文化的时代新义。[①] 笔者认为，就如何认识文化遗产的内在价值并做好创新性利用，党中央高屋建瓴地提出了指导与遵循。

文化遗产价值包含突出的历史价值、科学价值与艺术（美学）价值。与艺术关系密切的印刷，其美学价值非常深厚，如何全面深入地认识印刷文化的遗

---

① 《全面加强历史文化遗产保护》，载《人民日报》2022年2月21日，第4版。

产价值，并创新性加以推广传播利用，笔者结合近年来的思考体会，谨以此为侧重加以探讨和交流。

一、印刷的审美（艺术）表现力

印刷是一种图文信息复制与传播的技术，包含各种印刷工艺，涵盖印前、印中、印后加工三大环节。现代印刷技术更是集影像、美术、工艺、化学、电子、电脑软体、硬体科技、环保考量为一体。关于艺术与技术的关系，一代美学宗师宗白华先生在其名著《美学散步》中说过："艺术是一种技术，古代艺术家本就是技术家（手工艺的大匠）。现代及将来的艺术也应该特重技术。然而他们的技术不只是服役于人生（象工艺）而是表现着人生，流露着情感个性和人格的。"[①] 由此联想到印刷技术与艺术的关系，笔者认为，印刷工艺是一种艺术化的技术，不仅服务于生活，而且表现着生活。

印刷的艺术表现力，不仅能通过木版水印、饾版拱花、浮世绘、木口木刻、铜版画等印刷工艺来表现，还有表现形式为波普艺术和四联梦露像的丝网印刷工艺，等等，这都是印刷技术与艺术结合的成果。在欧洲，当谷登堡开始用印刷机印刷《四十二行圣经》时，印刷术被称为"神圣的艺术"。15世纪，天主教信仰中心梵蒂冈的一位图书管理员最先说出来这样的话："过去稀有而索价上百金币的书籍，现在只要二十金币，不论古今，罕有人类发明之重要堪以媲美。这项神圣的艺术在日耳曼已生根发芽，应移植到罗马。"[②]

印刷的审美表现力，中国期刊协会原会长张伯海先生有一段话可以概而述之：审美功能能否很好地体现，印刷环节至关重要。可以这样说，一本杂志的审美力量50%以上是靠印刷环节来保证的，千万不能没有思想、没有色感、没有创意的匠人态度从事这项生产。一幅优美的绘画作品、摄影作品，怎样解剖其细节、层次、色比、韵味，再利用精密的科学手段使其在出版物上高保真复制，这是印刷艺人与印刷匠人之间的根本区别。粗劣的印刷品会起到戕害读者审美本能的消极作用。至于字体美、标题美、题图美、装饰美以及色调及气氛、出版物的各种小零件等，方方面面都给印制环节预留了大量进行创意与再加工的余地，印刷公司须使出浑身解数来完成好这些任务，印刷的产品才能令读者摩挲把玩、爱不释手。[③] 印刷审美功能的体现，既在于实现产品本身的实用价值，也要满足人们的审美需求。

---

① 宗白华：《美学散步》（彩图本），上海人民出版社2015年版，第26页。

② 孙宝林、尚莹莹：《传统的未来：印刷文化十二讲》，山西经济出版社2020年版，第263页。

③ 转引自殷幼芳：《完成从印刷匠人到印刷艺人的转变（上）》，载《印刷技术》2011年第1期，第45页。

在印刷设计上，也遵循美学原则。探究美的形式是寻求美的现象和美的作品一般通用的原则。形式美包括秩序、比例、均衡、对称、节奏、韵律、连续、间隔、重叠、反复、疏密、粗细、交叉、一致、变化、和谐等，这些形式美的规律和法则对于产品造型设计具有直接的指导意义。用于实际生产的印刷设备，作为产品同样也要考虑形式美原则。如以形式美的手法处理印刷设备的视觉稳定性。视觉稳定即指造型物各部分之间的相对轻重关系。具有稳定感的造型，能增强使用中的稳定性、可靠性和安全性，给人的安详、轻松的美感，这一点对于印刷设备显得相当重要。[①]

笔者在中国知网以"印刷美学"为主题词检索，检索出 430 条文献目录。分布如下：书籍设计（10）、美学特征（7）、书籍装帧（6）、印刷字体（6）、美学价值（6）、视觉文化（4）、印刷美学（4）、美术设计（4）、字体设计（4）、视觉识别设计（4）、美术书法雕塑与摄影（162）、轻工业手工业（58）、文艺理论（42）、中国文学（38）、出版（36）、新闻与传媒（29）、美学（18）、戏剧电影与电视艺术（17）、建筑科学与工程（13）、工业经济（9）。[②] 从这些研究领域的分布，可以看出印刷在美学与艺术层面的知识网节架构，以及印刷在艺术与美学方面的知识谱带体系。

印刷是一种旨在复制与传播的技术，印刷业是一种具有深厚文化属性的行业，印刷的文化、美学价值与艺术属性蕴含在印刷品以及相关设备、场所和衍生物之中，印刷文化遗产所蕴含的美学价值，值得我们加以关注和探究。

二、印刷文化遗产的美学价值

印刷文化遗产是印刷业历史上遗留下来的具有突出的历史价值、科学价值与艺术价值的文化遗存。印刷文化遗产分为物质文化遗产与非物质文化遗产（非遗）。物质文化遗产包含可移动与不可移动文化遗产。可移动印刷文化遗产主要包括印刷品、工具设备、制作原材料等；不可移动印刷文化遗产包括印刷厂房遗址、街区园区等。[③] 不可移动印刷文化遗产也是一种工业遗产，具有见证印刷业演变的历史价值、记录印刷技术轨迹的科学技术价值、凝结社区记忆的社会价值（延伸价值）、充当区域地标的景观艺术美学价值、提供利用空间的经济价值等（延伸价值）。

如前所述，因为印刷与文化、艺术的交融属性，历史上能够留存至今的印

---

① 刘心雄、王守玉：《印刷设备的工业设计原则研究及实例分析》，载《包装工程》2006 年第 5 期，第 224 页。

② 截至 2022 年 2 月。

③ 彭俊玲：《印刷文化导论》，印刷工业出版社 2010 年版，第 196 页。

刷品多是历经时间淘洗而流传久远的艺术精品，此类印刷品为可移动印刷文化遗产。如"宋书之美"，宋版书古籍善本的书籍之美，其文字、用纸、排版、印制的人文之美，文人治国的宋代，社会各阶层追求的韵味之美，令世人视其为稀世之宝。还有其他不同时代的印刷精品，其文化内涵、美学价值研究者甚众，在此不再赘言。由于学界对于印刷业不可移动文化遗产关注度的欠缺，下面重点对此加以讨论。

印刷工业遗址的印刷厂房、印刷园区街区等作为不可移动印刷文化遗产，具有科技理性与实用精巧的工业之美。西方国家从 20 世纪 60 年代开始重视工业遗产的保护，与之相比，我国工业遗产保护相对滞后。但是，进入 21 世纪后，随着我国社会、经济的发展、各级政府的重视和人民生活情趣和审美的不断提高，越来越多的工业遗存博物馆出现，很多工业遗产（遗址）得到了抢救性保护。

位于北京市西城区白纸坊街 23 号的北京印钞有限公司（原北京印钞厂），原址是始建于 1908 年的清政府度支部印刷局。度支部印刷局是中国采用雕刻版凹版设备印钞的第一家印钞厂，在 100 多年的时间里几经变迁，如今仍然继续为中国的印钞事业做着重要贡献。1984 年，其被定为北京市文物保护单位；2006 年 5 月，被国务院定为第六批全国重点文物保护单位；2007 年 12 月，入选北京优秀近现代建筑保护名录。这一印刷工业遗址的保护利用，是对其在印钞领域领先的印刷工艺突出的历史价值和科学价值的内在挖掘基础上进行的，遗址近代西洋式建筑风格的壮美建筑，被部分改造为成中国钱币博物馆，亦是建筑艺术风格独特的印刷业遗址的活态化保护与利用，彰显了其独特的审美价值。

北京新华印刷厂旧址也极具工业遗产之美。北京新华印刷厂是隶属于中国印刷集团公司的国有大型书刊印刷企业，1949 年 4 月 24 日正式成立。作为国家级重点书刊印刷企业，北京新华印刷厂自 1949 年成立以来，长期承担着党中央、国务院、全国人大和政协等国家重点图书和文件的印制工作。追溯其历史，新华印刷厂原址是 20 世纪 30 年代日本出版家下中弥三郎建立的新民印书馆。在当时是一家规模比较大、设备比较新的印刷厂。1945 年抗战胜利后，国民政府接收了印书馆，在此基础上成立了正中书局。1949 年 2 月初由解放军军管会接管。历经时代变迁，新华印刷厂旧址的老厂房遗留至今，成为印刷业历史的见证。这些见证历史的老建筑因其独特的风格特征，具有了历史沧桑的"红色"美感。

在北京西城区开展文化创新空间建设中，新华印刷厂旧址依据修旧如故的原则，被改造成"新华 1949"文化创意园区。"新华 1949"这几个设计感强烈的大字镶嵌在镂空的红色砖墙上，使园区大门别具工业古风，在车公庄大街的马路街区显眼夺目。园区以中国红为基色，以复古、简约、大气为设计原则，挖掘老工业遗址的文化内涵，赋予了它们现代主义的设计风格，彰显新旧和谐共生、富有特色的空间特征。在园区东面装订车间的东侧，还有两座建筑物得到整体装修。北侧这一座老厂房是最具历史价值的"大字本"楼。20世纪六七十年代，晚年的毛泽东主席视力下降，需要看大字号的书刊，中央拨专款建造了这座四层小楼，专门给主席印刷大字读物，因此，俗称"大字本"。南侧L形的高大建筑交给北京国有文化资产监督办公室用于办公及文化交流展示，专辟的展厅中有关于一段印刷业历程的陈列展示。这栋红色外立面和玻璃幕墙相结合的建筑，整体美观大方，传统与现代风貌融为一体，表达着"铅与火"印刷工业时代"铅版印刷"的寓意。[①]通过建筑美学的视觉传达，保留了"新华1949"红色印刷遗址的历史记忆。

笔者还亲身探访过国内其他一些地方的印刷工业遗址，如上海的土山湾近代印刷遗址，已被改造建设成富有上海近代城市手工艺工坊建筑风格的土山湾博物馆；浙江瑞安东源村的木活字印刷遗址，以具有浙东乡村土木建筑风格的印刷作坊的形式留存，成为活字印刷非遗展示场所；福建连城四堡将具有闽西乡村深宅大院建筑风格的雕版印刷作坊遗址作为雕版印刷工艺的传承展示场所留存。以上，各地充分保护利用了留存的印刷文化遗址来展示不同地方的建筑美学特征与工艺美学特征。

三、印刷文化遗产的创新性利用

基于彰显文化遗产审美（艺术）价值的遗产保护与利用，在文博纪念品及文化创意衍生品开发与文化旅游方面，有很大的发展创新空间。对于可移动与不可移动印刷文化遗产的保护与利用，走在前列的发达国家有许多的经验可以借鉴。发展成熟的西方国家博物馆里的创意文博衍生品、文创纪念品，是对文物及博物馆文化的价值挖掘与资源再利用。仿古艺术品的审美价值与文物的审美价值相差无几，虽然其并不具备文物的历史价值和科学价值。20世纪80年代，在经历了大规模拆除旧工厂和机器设备后，德国意识到工业遗产的重要文化价值，开始探究工业遗产的利用问题，工业遗存的保护利用也随之兴起。通过工业遗址旅游、建立工业博物馆，以及改建工业遗存为公园、购物商业区、公共游憩空间等模式，全面保护和利用工业遗存。2002年，德国鲁尔工业区入选为世界文化遗产，成为工业遗产保护与闲置空间再利用的最著名的成功案例。

将工业遗址改建成文化创意产业园是对其保护利用的一种主要模式。文化

---

① 王洋：《新华1949："红色血脉"的转型试验田》，载《印刷经理人》2013年第1期，第29页。

创意产业是未来信息社会经济发展的重要方向，也是目前各地着力打造的新的经济增长点之一。由于艺术创意与工业遗存在文化上存在的关联，利用工业遗址作为基地发展文化创意产业已经成为国内外城市利用工业遗存的有效手段之一。工业遗址以其优越的城市地理位置、高大的内部空间和独具特色的建筑个性，为文化创意产业提供了个性化的载体。

前文所述的北京新华印刷厂改建的新华1949文化创意园区，就是一种与时俱进地、创新性地利用印刷文化遗产的案例，还有由北京外文印刷厂改建的文化创意园区，也是印刷领域的鲜活案例。这些文化产业园充分利用了工业遗存的建筑空间，注重保持遗址的建筑美学风格特征，在外层空间上最大限度地保存了工业遗存的面貌，在内层空间上则利用工业建筑的宽广空间支持现代文化创意产业的发展，让闲置的工业遗存能够充分地发挥作用。但需要注意的是，作为开发基地的原工业遗址的历史基因和文化种子一定要悉心留存，并得到原汁原味保留和发扬光大，避免在装修改造中只注重浅表层次的外在形式设计，而过分削弱了历史遗址的工业记忆。笔者印象中的早期北京新华1949文化创意园区，对于北京新华印刷厂的历史留存与红色印刷记忆彰显得不够突出。2022年2月笔者前去再访，得知园区正在施工，对展厅进行改造，希望改造后的展厅呈现出新貌，充分展示印刷遗址的美学价值和印刷业历史记忆与科技历程。

印刷文化遗产的日常化保护利用亦有诸多实例。芝加哥作为美国的老牌工业城市，印刷业也是历史悠久的重要产业。笔者数年前到访芝加哥大学及芝加哥公共图书馆时，对所见的印刷文化遗产保护与利用的风貌印象深刻、记忆犹新。[①] 在去参观芝加哥大学新馆智能化书库的路上，当一行人经过图书馆新旧两个大楼的连接走廊时，笔者看到走廊一面墙上有设计精美的橱窗展览，匆匆一瞥，发现是芝加哥著名印刷企业的"厂徽""社标"设计标志集锦。原来，成立于1864年的芝加哥本地的世界印刷巨头当纳利印刷集团搬迁到新址后，把原先展示在办公楼旧址橱窗里的铅制印刷厂商徽标"剪影"集锦捐赠给了芝加哥大学图书馆（图1）。展览说明文字详细地介绍了这些铅制徽标的设计制作由来，强调印刷是工艺与艺术结合的文化产物。笔者看后深有感触：在具有世界先进水平现代化装备的芝加哥大学图书馆里，陈列装饰着一面富有中古风艺术设计感的印刷厂商标志"徽标之林"，有其历史必然性与文化价值意义。铅制标识的古色古香与图书馆空间的现代时尚相互映衬，是印刷文化遗产和经典印刷元素结合应用的美好例证。

---

① 彭俊玲：《印刷文化遗产的活态化保护与日常化利用》，载《印刷杂志》2022年第2期，第73页。

图 1　芝加哥大学图书馆展示的当纳利印刷集团捐赠的印刷厂商铅质徽标[①]

另一个深刻印象，是芝加哥迪尔伯恩大街（Dearborn Street）片区的老城区印刷工坊街区遗址。这片历史文化街区离芝加哥公共图书馆不远，同属于19世纪晚期芝加哥建筑学派风格的建筑群。街边站牌上标有地形示意图及历史名胜遗址介绍性文字。尤其是有关过去印刷厂商街区旧址的介绍。19世纪晚期的芝加哥中心城区有芝加哥建筑学派设计建造的钢铁框架式高楼，1892年建造的"印刷艺术工厂大楼"（Rowe Building）是一个印刷家族企业所在，建筑是典型的古罗马复兴式风格，如今这个大楼得以完好保护留存。另一个绘有彩色壁画的大楼正门两侧外墙有古色古香的活字印刷图景再现。通过墙上的文字，可以得知这个建筑是富兰克林[②]家族的印刷公司（图2）。大门门楣上方有一行字"The excellence of every art must consist of the accomplishment of its purpose"，中文可翻译为：每一种艺术的卓越之处必定在于其意图的完美实现。这或许是对印刷工艺精髓的格言式宣告。这栋精美的古典建筑既有生动的活字印刷场景壁画，也有活字印刷业务的工序环节介绍，把人带回到近现代活字印刷时代的历史场景中。可贵的是这个大楼完好无损地保护并正常使用着，原汁原味地保留并呈现着历史风貌。此外，印刷历史文化街区的活字印刷元素长凳和旧时留存下来的喷泉，仍自然和谐地"活"在现代都市的街头，融入人们的日常工作与生活当中。

[①]　本文图片如无特殊说明，皆由作者拍摄。

[②]　即本杰明•富兰克林（Benjamin Franklin，1706—1790），他当过印刷工人，创办过印刷厂和报社。

图 2　芝加哥市的富兰克林家族印刷公司大楼

在可移动印刷文化遗产保护利用方面，以古籍善本收藏最为丰富的中国国家图书馆为代表的许多公共图书馆、高校图书馆和部分专业图书馆，近年来进一步加强了对古籍善本的保护和开发利用。中国国家图书馆除了编辑出版中华善本古籍复制系列图书外，还多次举办珍藏古籍展览。展览的艺术性观赏性也在逐步增强，并将西文善本作为国家珍贵古籍进行展示，如西方早期印刷品拉丁文摇篮本《节本托勒密天文学大成》，还有西方科技著作和道德伦理经典。此外，为了普及古籍保护专业知识，提高公众的古籍保护意识，中国国家图书馆还组织了一系列讲座沙龙及古籍修复、甲骨传拓技艺展示等活动。[①]

近年来，我国的印刷文化遗产保护与开发利用得到重视，各类主题的文化活动和文创产品不断创新开发，如在上海、北京、天津、扬州等地举办的"活字生香"活字文化艺术全国巡展让人耳目一新。[②] 展览以字模活字艺术传承传播"走出去"为主题，通过设置八个分主题：古代活字、近代活字、当代活字、字体之美、古琴谱与活字的对话、活字迷宫与百家姓、活字体验互动、活字艺术衍生品，引发了公众对中国古老活字工艺和文化内涵的关注，在文化遗产"活"起来方面作出了尝试，为传承传播非物质文化遗产贡献力量。还有每年

[①]　屈菡：《国家珍贵古籍特展再现珍奇古籍》，载《中国文化报》2010 年 6 月 12 日，第 1 版。

[②]　本刊讯：《"活字生香"活字文化艺术全国巡展上海站拉开序幕》，载《印刷杂志》2018 年第 8 期，第 58 页。

春节期间各地多见的木版年画展览，比如中国印刷博物馆牵头举办的北京《版化万象——2020年春节木版年画展》，展示雕版印刷术与绘画、民俗及其他艺术有机结合的民间艺术作品，彰显了传统木版年画的美学艺术价值。

印刷文化遗产元素在当今国际性大型文化活动仪式中亦有精心设计与展现。2008年北京奥运会开幕式上"活字印刷"表演和水墨卷轴的艺术演绎，让全世界看到了中华民族发明的造纸术与印刷术对人类的重大贡献。北京2022年冬奥会开幕式的创意与呈现惊艳了全世界，精彩背后凝结了无数鲜为人知的细节付出。北京印刷学院作为北京2022年冬奥会和冬残奥会组委会开闭幕式工作部授权的创意基地，组建了视效创意设计小组、数字水墨动画小组、图案设计制作小组组成的开幕式视效团队，参与了开幕式"冰雪五环""立春""致敬人民""一起向未来"、运动员入场5个重要环节的视效创意设计，制作统筹任务，精彩呈现了传统印刷文化元素与当代数字赋能的美学创新表达。北京印刷学院还承担了开幕式手册设计与装帧、冬奥会五大场馆形象景观设计与搭建、城市志愿者标志系统设计等视觉呈现项目，用中国创意设计弘扬奥林匹克精神，讲述北京冬奥故事。这都是印刷文化的美学价值弘扬与创新性利用的新时代例证。

四、结语

在文化遗产资源的开发利用上，对文化遗产的美学价值的开发利用往往是对遗产内涵精神进行传播弘扬的较为直接和外化的动能之一。美国社会心理学家马斯洛著名的需求层次理论将人的审美需求和自我实现需求放在金字塔顶端，审美体验是人的高峰精神活动，在物质生活与精神生活得到极大满足的今天，人们在日常生活中越来越关注文物的审美价值，在文化遗产的审美体验中获得精神愉悦。印刷文化遗产蕴含了深厚的艺术美学价值，我们只有深入挖掘和认识印刷以及印刷文化遗产的美学价值，将遗产资源有效转化为传播利用的动能，传承弘扬我国传统文化遗产的精髓，才能从内心深处增强民族文化自豪感与自信心，从而在传承与利用中不断焕发新的活力，在传承印刷文化遗产中创新发展印刷文化。

〔作者：彭俊玲，北京印刷学院图书馆研究馆员，硕士研究生导师〕

民国月份牌广告对中国现代消费文化的生成及影响探析

——基于印刷技术的视角

王剑飞　孙昕

摘　要：20世纪初期，西风东渐影响下的月份牌广告较为清晰地勾勒出了民国时期大众想象中的现代都市图景。西方印刷出版工艺具有独特的传播优势，作用于月份牌广告这一载体，推动并形成了中国现代消费观念，引导着都市消费潮流。同时，其传统文化内蕴及融通中西文化的特色，成为民国时期文化消费的一种特有现象。本文从探究民国时期月份牌广告生成的现代化路径入手，透过这一文化符号分别对月份牌广告生成的技术、文化等背景进行剖析，讨论月份牌广告在印刷工艺的推动下对当时社会文化所产生的影响，试图找到印刷文化视角下，印刷技术与社会文艺之间的互动内在关联，亦为现处于数字化时代的印刷出版业提供文艺资源保护及社会文化建构的新思路。

关键词：印刷文化；月份牌广告；现代消费文化

戈公振先生曾在《中国报学史》中说："广告为商业发展之史乘，亦即文化进步之记录。"[1] 在对文艺现象的研究中，物质技术环境作为一种内在的驱动和限制条件，往往对其风格的形成和发展有着不可忽视的影响。民国时期，西风东渐，中国优秀传统文化遭遇西方文明的冲击及挤压。在这一碰撞中，正是由于清末民初西方印刷技术的引入与发展，推动了月份牌这一以商业为目的的新型文化形态的形成。月份牌广告画家借助印刷工艺的传播优势，自发地提

---

[1] 戈公振：《中国报学史》，生活·读书·新知三联书店1955年版，第550页。

炼传统文化题材、深挖传统文化的精神内涵，对商品及其品牌进行文化包装与编码。不仅消解了受众的心理距离，更是直观地反映了当时上海市民的都市生活状态以及近现代消费文化的发展进程。

月份牌作为推动近代印刷技术的产物，其起源有两种观点：一是陈超南、冯懿有认为月份牌脱胎于宋代出现的民间木刻年画——"灶王码"；二是王伯敏认为其继承于传统的《春牛图》《九九消寒图》等日历表牌。但总而言之，月份牌是传统年画发展到近代的一种特殊绘画样式。学者郑立君依据光绪元年（1875）在《申报》上刊登的一则销售广告认定，月份牌一词最早出现在1876年1月3日的《申报》上。当日，《申报》刊登了一条销售"华英月份牌"的广告，全文内容为："启者，本店新印光绪二年华英月份牌，发售内有英美法轮船公司带书信来往日期。该期系照英字译出，并无错误。又印开各种颜色墨，俾阅者易得醒目。如蒙光顾，其价格外公道。此布。十二月初七日。棋盘街海利号启。"① 这是现存最早的有关月份牌印刷发行的文献记载。

19世纪中期后，中国进入半封建半殖民地社会，外国资本大量输入迫使上海被辟为国际通商口岸及全国工商业中心，西方资本家们纷纷在上海开店设厂，倾销商品并进行广告宣传以争夺市场。最初外国厂商由于其依照西方文化思维理念所推出的西洋广告在中国水土不服，出于消解民族文化差异的目的，聘请了中国本土画师，绘制出借鉴和运用了自宋代起就有的、在中国最普遍流行的带有农历节气的"历画"式年画，与商品广告同步发布并随出售商品免费赠予顾客。人们将这种带有农历节气的宣传画报挂在家中用来查看日期和节气，同时可以感受艺术美的熏陶，称为"月份牌"。上海的月份牌广告记录了整个民国时期（1912—1949）文化的更迭和社会的转型，特别是展现了现代消费文化的生成及其路径。

一、月份牌广告印刷出版的现代化路径

（一）现代印刷技术的引入

月份牌广告作为民国时期及中国广告业发展过程中一个重要的广告形式，之所以能被广泛传播，很大程度上得益于现代印刷出版技术的引入。它在印刷文化与商业文化的彼此互动中一定程度上还原了近现代中国艺术及社会文化转型的历史镜像，见证着我国印刷出版技术的更迭。

商务印书馆于1929年出版的《商务印书馆志略》中强调"印刷业之发达，

---

① 郑立君：《场景与图像——20世纪的中国招贴艺术》，重庆大学出版社2007年版，第17页。

与文化有密切关系"①。随着国内政局趋于稳定，西学东渐，南京国民政府开始大力资助工业生产与公共事业发展，社会经济水平的逐步向好，为广告业的重振奠定了良好的物质基础，也使更多人开始认识到印刷出版所具备的文化特质和力量。中国虽然是印刷术的发明国，但最初的图画印刷技术仅用于传统木刻插图和民间年画，色彩较为单纯，传统材料为绢、宣纸、绵纸。月份牌广告出于实用需要，使用更坚固结实的图画纸绘制，对印刷技术要求较高，西式印刷工艺更为适用。

1798年奥地利人施内费尔德（Aloys Senefelder，1771—1834）发明了石印技术。19世纪30年代石印术传入亚洲，约1834年前后，英国传教士麦都思（Walter Henry Medhurst，1796—1857）在巴达维亚（即今印度尼西亚的雅加达），最早使用石印印刷中文书籍之后，中文石印本相继在中国澳门、广州、上海等地出现。②于是，运用石印技术印制而成的石印画便凭借其色泽饱满鲜艳的优势取代了早期的木刻月份牌画及《春牛图》等传统民间年画。

20世纪初，上海先后引入了彩色石印和照相石印技术，为月份牌广告彩色图片的印制创造了技术条件。照相石印技术通常由制版工人先在一种表面带有颗粒的专门印刷用的石板上手工把通过摄影落样于特制胶纸的文字、图像反拓在石板上，凭经验以点的疏密来点描分色，然后分色套印，并可以随意缩放图画大小。③据贺圣鼐所著《三十五年来中国之印刷术》记载：光绪三十年，文明书局始办彩色石印，雇用日本技师，教授学生，始有浓淡色版。其印刷图画，色彩能分明暗，深淡各如其度，终与实物仿佛。④但此类月份牌通常工艺复杂，印刷量大，且往往同原作的差距很大，因此月份牌最初多是先在国外制作印刷，然后运往中国。

直至20世纪30年代，外国商人和印刷厂先后从德国、日本购入当时最先进的德国柯式印刷机等印刷设备后，才开始在中国大批量生产月份牌广告。此时正是我国月份牌广告画的鼎盛时期及月份牌产量快速增长的时期，同时也是各类外企广告大战的白热化阶段。珂罗版印刷工艺通过运用照相制版技术，将要复制的字、画的底片晒制在涂着感光胶层的"珂罗版"或"玻璃版"上，以此来印制图片。画家黄宾虹就对珂罗版青睐有加，认为其可以"稍补木刻的不

---

① 商务印书馆编：《商务印书馆志略》，商务印书馆1929年版，第3页。
② 张铁弦：《略谈晚清时期的石印画报》，载《文物》1959年第3期，第1页。
③ 李振宇：《老上海月份牌绘画研究》，西南师范大学2001年硕士学位论文，第19页。
④ 贺圣鼐：《三十五年来中国之印刷术》，载张静庐：《中国近现代出版史料》（第一册），上海书店出版社2003年版，第271页。

足，分些浓、淡、深、浅，得其仿佛"①。这种印制技法在造型塑造上比石印工艺更加准确，色彩还原度更高，能将书画艺术品中的色彩搭配及墨韵彩趣充分呈现出来，后逐渐成为民国时期月份牌画最为普遍采用的印刷工艺。但因其印刷速度在各种印刷方法中最慢，版面胶模也易于破损，成本昂贵，再后来则采用胶版印刷法所取代。

因此，月份牌广告在彩色套印技术革新的推动下，不仅实现了画面清晰艳丽的色彩效果，为其内容呈现效果及形制装裱工艺的创新提供了帮助。此外，图像制作速度的提高及印刷成本的下降，也使月份牌得以广泛传播至社会各个阶层，改变着当时人们的审美范式与思想观念，为市民社会消费氛围的营造以及中国现代消费文化的生成提供了技术支撑。

（二）年画的现代化印刷技术改造

清末民初，印刷技术要素的进步及新型印刷工艺的广泛运用，不但扩大了月份牌广告流传的空间，使得这种新潮多元的美术图画遍布于市民世俗文化生活的角落，同时也为月份牌图像质量与形态的提升提供了更多可能，成为推动近现代视觉启蒙运动的重要辅助手段。

月份牌的起因，是西方商人发现中国民间有贴年画的习俗。清朝末期时的烟草广告多为西洋名媛贵妇的画像，但那些洋画片中的美女、骑士及具有西洋色彩的宗教画等元素都是中国传统观念中难以接受的，从长远来看不利于增强产品及品牌的吸引度。此时，西方商人观察到当时中国人大多喜欢将印有年画的日历长期挂在家里，这种工艺美术品不仅与中华民族的审美有着千丝万缕的联系，完全渗透进了市民日常生活中，并且这种形式可以起到持久的宣传效果。于是他们便邀请传统国画画师画稿，采用石版彩印成精美的商品广告年画，随商品免费赠送。此外，早期的月份牌广告画不仅在题材和技法上借鉴了国画，而且在外形上也吸收了国画装裱技巧。以画面正面上方印制配有诗、书、画、印的传统国画，下方印制广告商的具体信息及广告标语，画面背面印制日历的方式，较好保持了画面的完整性与艺术性，但早期大多取之于古画摹仿而缺乏创新。

辛亥革命后，随着国内印刷技术的革新以及西方绘画理论与技法的引进，中国画家逐渐接触到了绘画中的明暗关系、立体透视、色彩搭配等技巧。加之此时西方商品经济逐渐发展，市民世俗文化日益丰富，广告商为了增加信息传播量而突破了传统年画内容的局限，把国外的时尚元素有机融入本土人情中，不仅有香烟、药品、化妆品等日用商品的宣传，更有话剧演出、电影海报等娱

---

① 裘柱常：《黄宾虹传记年谱合编》，人民美术出版社 1985 年版，第 70 页。

乐活动的传播，其画面及标语的设计理念也得到了熟练的运用，已初显现代商业广告雏形。如杭穉英设计的杏花楼月饼盒和双妹牌花露水等作品，就进一步突破了传统文人画的题材偏好和清淡审美，在擦笔水彩画的细腻柔和与立体感的基础上，又取法《唐老鸭》等迪士尼动画中的色彩搭配及电影镜头感，另有一番风味。

在日益激烈的市场竞争中，月份牌广告画凭借其色彩鲜艳、题材内容多元的特点有效平衡了中外绘画内容形式和技巧上的矛盾，开创了这个时代特定的新文化景观。与此同时，印刷工艺的引入与革新不仅传递了图像与知识，更是在传播过程中赋予了受传者审美再创造的能力，使每个艺术家个体的艺术主张得以广泛传播，为中国传统艺术及文化的蓬勃发展铺设了道路。

（三）印刷技术教育的完善和加强

中国近现代月份牌广告的发展普及，除了受自身诉求突破的影响，更重要则受益于当时社会文化变革和现代工商业形成发展背景下对印刷技术业务与教育的加强。

清末民初，正是中国社会文化现代化转型时期。此时中国尚未完全摆脱科举制的影响，商业及艺术人才的选拔途径寥寥无几。梁启超疾呼："变法之本，在育人才，人才之兴，在开学校。"[①]想彻底扭转当时社会的落后状况及艺术人才危机，必须以教育为基础，这有赖于印刷和出版为其提供传播条件及途径。例如，商务印书馆就率先设立图画部及"练习生"制度，一方面延聘名师从事中西方绘画的教学；另一方面要求学员掌握印刷技术及商业知识，从而使学员掌握绘图、封面装帧、版式设计、色彩搭配等出版印刷业务中的美术知识。[②]以高水平、高要求自主培养了众多商业美术应用型出版人才，商务由此成为印刷月份牌年画的著名出版机构。

除此之外，受到 19 世纪末期"西学东渐"影响，西方新兴观念及技术在中国广为传播。我国便在这时顺势涌现出了胡伯翔、徐悲鸿及谢之光等一批著名的广告画家。无论是以"吴友如工作室"为代表的传统服装人物画的真切细腻，还是以郑曼陀为代表的擦笔水彩时装画中知识女性的优雅知性，抑或是以杭穉英为代表的擦笔水彩美女画中的摩登风貌，都满腹忧患抱怀，以觉醒姿态在传统与现代的摆荡中，通过立足于中国传统绘画艺术，并充分运用西画线条造型、色彩搭配、结构透视等艺术手法，以日益精细的写实技法及独特创新的创意构思创作出大量月份牌广告作品，描绘着社会风貌与社会热点，丰富了人

---

① 梁启超：《变法通议·论变法不知本原之害》，强学报·时务报（影印本），中华书局 1991 年版，第 138 页。

② 卢昉：《近代商业美术与商业出版的互动》，载《出版发行研究》2016 年第 9 期，第 105-108 页。

们的精神生活。

到了20世纪30年代，恰逢中国文化艺术界大开新风，众多具有深厚国画功底的画家日臻完善了月份牌的绘制技法。加之此时西方现代主义艺术、哲学、文化得到广泛的传播和讨论，更是将月份牌广告画艺术推向了前所未有的高峰。

二、民国月份牌对消费文化符号的建构

各种新兴的印刷工艺被应用到月份牌广告印制时，不仅提升了月份牌的生产方式、提高了印刷效率及印刷数量、拓宽了传播范围，使其社会化程度日益增强，同时，还丰富了月份牌画面的视觉效果，使其颜色更加精美绚丽、层次分明，印刷质量更加有保障，获得更丰富的表现力和更充分的价值观感染力，为之后月份牌广告的繁荣打下了基础。月份牌广告早期选用的题材多取材自中国民间故事、传统神话、历史故事等，承载着中华传统文化基因。在印刷技术的变革发展中，月份牌广告的内容形制不断成熟，逐渐成为广为喜爱的大众藏品。作品不仅内蕴着中华文化情怀，还洞悉时尚潮流趋势以及西方商业文化的浸染下中国社会价值观念和民众生活方式的变化。

民国时期，月份牌广告的画面内容多取材于《天仙配》《牛郎织女》等戏曲故事、民间传说。月份牌广告传播的鼎盛时期，其题材则以"中国古代四大美女"为代表的古装美女及以阮玲玉等影星名人为代表的时装美女。而在20世纪30年代，抗日战争全面爆发与民族危亡之际的月份牌取材，上海的许多画家则一致选择了木兰从军等保家卫国的故事题材。谢之光的《一挡十》，杭稚英的《木兰从军》及李慕白、金雪尘及杭稚英一起创作的《梁红玉击鼓抗金兵》皆制作精美，用意深长。此外，还有商家直接在香烟月份牌上印制"歼灭丑虏，还我山河""各尽所能，同赴国难"等宣传抗日的口号。如"美丽牌香烟"在九一八事变后就将东北三省地图及铁路干线大幅画面刊登在《申报》头版，以广告语"国人爱国，请用国货"提醒民众注意东北形势。[①] 这些坚持操守与气节的月份牌艺术家们通过从百姓耳熟能详的民间历史故事及民间文化中提炼题材，巧妙融合传统文化元素及现代生活图景，对中国消费者起到了良好的引导、教育和激励作用。同时，印刷文化与一定时代的人或思想观念的结合，产生了改造社会和文化的力量，实现了艺术性与思想性、大众性与文化性、经济价值与社会价值的深度结合，具有鲜明的时代特色。

---

① 黄玉涛：《民国时期月份牌广告兴盛的原因》，载《湖南工业大学学报（社会科学版）》2009年第6期，第150-152页。

（一）年画符号的消费效果改造

在中国从闭关锁国的传统社会向现代社会的动荡转变过程中，中国传统工艺与西方现代印刷技术在诸多领域及层面进行了碰撞融合。月份牌广告先后经历了雕版、石版、珂罗版等多元印刷工艺，为中国传统艺术及文化的蓬勃发展铺设了道路。与此同时，月份牌绘画技法也在与印刷工艺的互动中一步步创新，提升了图像的视觉表现水平与商品的推销效果。

在擦笔水彩画问世之前，民国早期的月份牌广告的内容仍与年画一样取材于戏曲传说、历史故事、写景纪实等，形式上运用了色彩较为单纯的勾线涂色法，具有民俗文化地域性和民族性、实用性和精神性、历史性和现实性相结合的特点，蕴含丰厚的历史底蕴与文化价值。例如，奉天太阳烟公司发行的《晴雯撕扇》香烟月份牌广告画中描绘的《红楼梦》中"撕扇子作千金一笑"一景，画面淡雅稳重，布局巧妙，人物形象刻画精微传神，画面中古朴建筑上"吟到梅花句亦香"的对联又为广告增添了些许书香气息。随着郑曼陀擦笔水彩画的问世，使得月份牌广告在东西方文化碰撞中更具艺术张力。他将水彩技法与炭精擦粉的技法相融合，通过擦笔水彩的技法层层敷染，让人物形象及画面看起来更真实生动且具有感染力，为传统题材注入了新的活力。

经过继承创新的月份牌一方面作为传统年画美的延续，承担了传承与发扬艺术文化、时代风尚的社会责任，具有重要的学术史料价值；另一方面更是融入了那个时代的文化氛围，在符号象征价值基础上增添了现代消费文化内涵。

（二）商品消费的引导与宣传

第一次世界大战结束后，各资本主义国家纷纷爆发经济危机。它们为了转嫁经济危机及争夺市场，不断加大对中国的市场侵略及资本输出，以兼并、垄断等手段扼杀中国民族工业。随着西方消费主义影响扩大，一时间崇洋之风盛行。据报道，晚清时期"商人以售外货为荣，买客以购外货为乐"[①]，中国部分民众形成了鄙视国货、重视洋货的不良风气。西方奢侈品开始在中国大量倾销，民国时期的《申报》上就充斥着烟、酒、化妆品各等类奢侈品的月份牌广告，其中以烟草广告为最。

民国时期，烟草商通过直观形象的广告图文符号，构建理想的虚拟现代都市生活情境，极力渲染香烟背后所暗喻的社会文化内涵，既扩大了香烟的象征价值，又激发了人们对香烟的消费欲望，而这种画面技法的复杂性是传统木版印制的民间年画所无法匹敌的，正因各印刷工艺的变革才使得消费者从一幅幅

---

① 孙燕京：《略论晚清北京社会风尚的变化及其特点》，载《北京社会科学》2003 年第 4 期，第 101-110 页。

消费幻景中获得超越符号效用的象征价值以确立自身的身份地位，从而产生消费快感。一时间，吸烟成为当时市民日常消费生活的一部分。比如，英美烟草公司出品的"哈德门"香烟月份牌就以一句远近闻名的"无人不抽哈德门，是人都抽哈德门"广告语，使得"哈德门"香烟在烟草市场中维持了连续数十年极高的销售量，直到1963年才停止生产。这一时期，中外香烟企业为了争夺中国巨大的市场容量及获取竞争优势，纷纷不惜投入巨资在各类媒体上大量刊登月份牌广告，保持和扩大了香烟消费规模，带动了国内烟草市场的繁荣。

（三）新型女性的形象代言和塑造

此外，印刷出版等领域的探索还为月份牌广告的发展提供了社会教育与思想革新等方面的精神支持，对当时新观念的启蒙与新形象的塑造起到了促进作用。女性作为月份牌广告的视觉形象主体，她们以优雅时尚的姿态展现并营造了现代都市想象与生活图景，引领时尚潮流。早在《诗经》中，即有以女性为审美对象的艺术创作，如《大雅·思齐》把中国妇女的庄严大气之美表现得活灵活现，这是对女性美的初次发现。仕女画是中国早期绘画艺术门类之一，画面中常常呈现的女性温润婉约的容貌和娇弱的身姿，体现了女子以弱为美的社会审美情趣。

清末民初后，外来资本的推进与新文化运动展开，人们的生活方式及思想观念已然发生了巨变，中国女性走上了实现自身解放发展之路。都市摩登女性在穿着上逐渐与世界接轨，烫发、高跟鞋、丝袜等着装打扮尽显新时代东方女性的高雅之美与西方自由开放的生活方式。善于跟踪时尚以及受到西方商业文化浸染的月份牌画家们，也潜移默化地从以往的"女性以柔弱为美"的单一审美观念，转变为顺其自然与彰显形体健康的审美观念。尽管月份牌初期时，一些深谙社会文化心理和审美意识的月份牌画家常利用女性的视觉冲击力为男性消费提供审美对象，以美女作为"注意力经济"的传播介质刺激消费需求，但到了月份牌繁荣时期，由于身姿拘谨、温婉柔弱的仕女形象不符合现代性审美，画中女性形象也因此转变。从早期周慕桥笔下纤柔端庄的古装美女，郑曼陀开创的清纯女学生形象，到杭稚英推出的略带洋味的摩登女郎，月份牌广告中的女性形象完成了由古典到现代，由传统女子到都市丽人的角色转换[1]，丰富了印刷文艺宝库。她们不再是传统礼法的象征载体，而是追逐时尚、品味生活的消费向导。这些独立自由、追求时尚的新女性形象不仅使置身于都市文化发展中的女性挣脱了传统桎梏及封建制度的牢笼，还使新时代女性逐渐成为引领新时尚与新生活的风向标，为营造进步开放的社会风尚提供了示范。

---

[1] 肖敏敏：《浅析月份牌中的女性服饰设计》，载《美术界》2011年第4期，第96页。

三、民国月份牌广告对消费生活的引领

印刷绘画、商业文化等专业图书的出版,为月份牌广告在广告传播和艺术表达等层面提供了社会教育资源,亦直接或间接地为上海商业美术领域培养了诸多优秀人才,如杭稚英、金雪尘、李慕白等。他们在东西方思想观念碰撞及多种价值观并行的影响下,通过将中国传统文化与西方现代文明融会贯通,时刻注意将自己的技法与先进的印刷技艺相结合,不仅成为现代消费主义文化发展的催化剂,更是以月份牌这一精美的印刷载体进行普及和传播,引导大众对于现代都市生活的消费,为月份牌广告在20世纪二三十年代的崛起做出了贡献。

(一)精美印刷及内容引领时尚潮流

法国思想家鲍德里亚(Jean Baudrillard,1929—2007)认为,在消费社会中人们所消费的不是商品和服务的使用价值,而是它们的符号象征意义的消费、概念的消费。[1]在消费主义的场域内,"时尚"即体现了其引导消费的本质内涵。月份牌广告画中人物形象的穿着较为完整地记录了人们在各个时期对时尚潮流的追求。20世纪20年代,郑曼陀超越了传统仕女画,塑造出了一群身着学生装、端庄温婉的女学生形象。随着民主思想和新题材内容的涌现,时装美女则成了20世纪30年代月份牌广告的当家花旦。杭稚英笔下柳眉凤眼、体态婀娜的摩登女郎服装种类多种多样,有旗袍、针织衫、泳装等,引导着这一时期女性服装样式的变化走向。此外,月份牌广告中还出现了许多西式或中西合璧的装束。从清末的背子、袄裙及改良旗袍到摩登时尚的西式洋装,无不在精湛的绘画笔法与精美的印刷工艺的互动中衬托出画中人物形象的新潮迷人之美,焕发着新时代女性的精神气质,使服装装束与都市摩登生活建立了等价关系,并在一张画稿上实现了有效统一。

月份牌广告中的这些无论是东方还是中西合璧的服饰,通过紧跟时尚和消费的步伐,在"镜像"中勾勒交织出摩登女性的风姿韵味及一幅幅生动鲜活的都市图景。这些内容通过现代印刷技术呈现后,它在不同生活场景中的呈现、传播,使得民众对新型消费文化耳濡目染,自然而然地引领与推动了时尚潮流。

(二)展现并构建新型消费生活景观

作为一种大众文化,月份牌广告不仅以招贴海报的形式对商品符号本身的使用价值进行推销,其所表征的现代化生活方式及生活状态更是深谙受众内心消费诉求。随着西方资本的大量涌入,不仅带来新式生活用品,还促进了西方文化的传播,使人们开始尝试接受新产品与新概念,且不再满足于日常生活的

---

[1] [法]鲍德里亚:《消费社会》,刘成富、全志钢译,南京大学出版社2001年版,第154、187页。

简单需求。在这一社会文化背景下，印刷技术的发展不仅使月份牌广告画面的可观性和自身的文化性得以发挥，对都市消费场景的普及以及消费景观的营造也大有所助。

月份牌广告中展现的如骑马、跳交谊舞及打高尔夫球等娱乐活动的景观，尽显上流社会的奢华富贵，与此同时展示的家居生活情景和消费品位，也使上层社会女性从商品符号的消费中实现新潮生活方式的认知和认同。如杭稚英创作的《骑自行车女郎》便是此时所追崇的生活方式范例：画面中的美女身着鲜亮的紧身衫和红色短裤，脚下蹬着一双白色高跟鞋，正在崎岖的山道上停车远眺，动感十足，以写实的画面表达了当时人们对摩登生活的想象。

月份牌广告通过将琳琅满目的商品和时尚靓丽的女性形象编织进现代生活的方式中，推动了一种生活方式和消费观念的传播。月份牌广告的图景构建，刺激了受众消费欲望并建构出现代都市的消费主义意识形态，使消费者在鉴赏月份牌广告时，不知不觉地被画中渲染的气氛所感染，从而由物质消费转向观念认同，对于镜像中的生活方式更加向往，为未来新型物质消费奠定了基础。

（三）都市消费生活的文化承载

感官的欲望表达及想象的补偿抒发是月份牌画家参与都市文化建构的主要手段。民国是我国近现代社会经济的发展期及广告业的成熟期，社会经济文化的发展为广告业及印书出版业的发展创造了空间，推动着中国近现代彩色招贴广告进入新的历史时期。与此同时广告业、印刷出版业与社会经济之间的互动互补又反映甚至助推着社会消费文化的变迁。特别是在上海这一当时广告公司最多、广告投放量最大的沿海开放城市，强大的文化资本入侵让上海市民对于西方文明所采取的态度由保守观望转变为接纳吸收。在这一点上，这座移民城市充分彰显了它的包容性。

城市的现代化物质空间极大丰富了市民的精神文化生活，为他们提供了充分的条件和理由来选择业余生活和精神生活方式。月份牌广告大量展示了近现代上海市民的休闲娱乐生活，如商场、影院等休闲娱乐场所中的月份牌广告便直接将歌舞厅、咖啡店及游泳馆等现代场所直接作为背景植入广告中，塑造出一面面现代生活镜像。美国著名的城市理论家、社会哲学家刘易斯·芒福德（Lewis Mumford，1895—1990）曾在《城市文化》一书中说过："城市是人类文化的容器。贮存文化、流传文化和创造文化是城市的三个基本使命。"[1]月份牌广告以其镜像功能所创造的文化心理空间充分契合了上海的社会生活潮流，代表着上海市民的审美兴趣和消费观念，是当时上海都市文化生活的缩影。

---

[1] ［美］刘易斯·芒福德：《城市文化》，宋俊岭等译，中国建筑工业出版社2009年，译者序。

这种强调现代物质性满足的空间体验策略被广泛应用于各场所和媒体中，进而形成了上海市民延续至今的市民文化心理。

如今，人们开始把月份牌广告作为老上海都市文化的缩影收藏起来，以求寻根。而正是由于近现代印刷技术的日益精湛，才使月份牌广告得以较好地将当时社会各方面及老上海"小资"生活格调以图像形式保留下来，承载了人们对于老上海的追忆，也让人们能够在精美的画纸上追寻到老上海昔日的繁华过往。

四、结语

现代化印刷技术的引入，与中国传统文化在碰撞和本土化改造中产生了民国月份牌这一形式。它的诞生、发展和落幕，都是一定时期广告文化传播的重要承载与体现。它作为印刷技术推动的一种大众文化形态，促进了民国时期现代消费文化的形成，也以其样态呈现并记录了清末民初中国文化的现代化转型。

民国月份牌在印刷技术的帮助下，更好地展现了中西绘画技法，也体现出中外文化交融。它早期选用的题材多取材自中国传统文化中的民间故事、传统神话、历史故事等，它承载着中华文化的基因。同时，推动了一些知名的月份牌画家如周慕桥、郑曼陀、杭稚英等也纷纷投入这种商业文化生产之中，其后的题材则体现出西方开放的商业文化与本土丰厚的传统文化融合的趋势。

作品不仅沉淀着深厚的文化底蕴和文化传承情怀，还善于洞悉和追踪时尚前沿的潮流趋势，通过在广告中巧妙融合传统文化元素及现代生活图景，有力彰显出了中国传统文化与现代商业文化的共生关系。商家也借助这一形态完成对产品和品牌的文化编码与包装，挖掘中华民族的集体记忆，拉近消费者与产品之间的心理距离，使月份牌成功以文化传播载体的形象顺利跨越异质文化壁垒完成本土化改良，同时诱发大众的消费行为，并对中国现代消费文化的生成产生一系列影响。

随着印刷出版工艺的日益进步，各国商人及月份牌画家纷纷通过继承传统年画的内容形制，并有效融合西方理念文化与艺术技巧，使月份牌不再只是传统年画美的延续，而是融入了那个时代的文化氛围，成为创新、独立、成熟的艺术品。它一方面在符号象征价值的基础上增添了现代消费文化内涵；另一方面月份牌广泛传播还满足了普通大众的审美需求，也对大众进行了现代消费文化理念的洗礼。

尽管背后是商业驱动的逻辑，但月份牌广告的印刷、出版与传播，作为一个时期的重要传播现象，不只是一种大众流行文化，它对消费符号文化的中西交融的建构，引领了大众时尚消费生活，这一系列影响的背后客观上，使得当时民众对现代文明的生活方式与消费有了某种感性认知，这对新文化新思想在当时中国的传播也提供了潜移默化的影响。印刷技术推动的月份牌传播案例，为我们今天的印刷出版行业的数字化升级，也提供了重要的历史参考。

参考文献：

[1] 郑立君.月份牌最早印刷发行的时间分析[J].东南文化，2006(3)：63-66.
[2] 李含中.中国大百科全书美术•卷[M].中国大百科全书出版社，1991.
[3] 国家新闻出版广电总局、财政部.关于推动传统出版和新兴出版融合发展的指导意见[J].中国出版，2015(8)：3-5.
[4] 黄一迁.近代商务印书馆的美术传播研究(1897—1937)[D].上海：上海大学，2016.
[5] 王刚.浅析月份牌对中国传统文化的传承[J].文教资料，2011，(24)：90-91.
[6] 薛莲.民国月份牌广告中都市文化的建构与想象[J].青年记者，2019(30)：85-86.
[7] 包亚明.消费文化与城市空间的生产[J].学术月刊，2006(5)：11-13，16.
[8] 郭瑾.民国时期的广告研究及其当代意义[J].广告研究(理论版)，2006(6)：98-104.
[9] 王芳源.民国月份牌广告所呈现的时代特点[J].美术教育研究，2021(21)：68-69.
[10] 黄玉涛.民国时期月份牌广告的文化特征探析[J].新闻界，2009(1)：165-167.
[11] 王树良、巴亚岭.商务印书馆与20世纪早期月份牌广告的崛起[J].美术观察，2022(5)：74-75.

〔作者：王剑飞，合肥工业大学文法学院人文与传播系副教授；
孙昕，合肥工业大学文法学院人文与传播系2018级本科生〕

中国语境下 Ephemera 概念的转译与重新阐释

张劼圻　周苗

摘　要：针对中国对 ephemera 的各种翻译，或晦涩难懂或未体现其特点，并且学术界尚未形成一致认可的中文译文这一现状，提出中国语境下这一概念的转译与重新阐释。通过对西方研究与收藏机构中的 ephemera 进行深入探析，与中国典型的对应现象进行对比，从而总结中国所特有的一些 ephemera 的特征。由于"小"字既符合 ephemera 的特征，又对接西方文化研究，最终提出在中国语境下将 ephemera 转译为"小印刷物"。

关键词：中国语境；ephemera；小印刷物

在印刷研究的历史上，图书和连续出版物始终是研究的主要对象，更确切地说，那些在形态上装订成册或者制作精美，生产上遵循一定周期，流通已经形成制度的印刷物更多地受到了研究者的关注。毫无疑问，这些印刷物在人类的文化发展和知识积累中起到了十分重要的作用。但是随着 20 世纪 60 年代新文化史研究的异军突起，大众文化特别是那些在精英看来粗俗不堪、荒诞不经的底层人民的文化开始成为研究的热点，两种文化——精英文化和大众文化，它们之间的关系被重新阐释，甚至这种二分法本身也受到了严重的挑战。在这一背景之下，印刷品中通常被列为"杂项"（miscellaneous）或者"其他"（other）的印刷物开始进入研究者的视野。为了扭转自身从属性的、他者的地位，"杂项"或者"其他"显然不是一个合适的称谓，ephemera 开始逐渐受到关注。

然而，ephemera 在国内常被翻译为"蜉蝣印刷物"或者"通俗印刷品"。前者采用了直译的方式，接受了西方语境下 ephemera 的借喻用法，但是并不符合中文习惯，对于不了解印刷史或者西方术语的人来说较难理解；后者采用了意译的方式，但显然并不准确，"通俗"这一概念的内涵、外延显然与 ephemera 都不相同。产生这一问题的原因在于 ephemera 在中文中没有现成对应的概念，所有使用中文进行研究或者研究中国问题的学者都需要对其进行转译，直译是稳妥的做法但并不理想。纵观中国印刷史，虽然没有直接对应的概念，但是存在相似的而且是十分具有中国特色的现象，有着很高的研究价值，因此也需要一个既能涵盖中国现象也能与国际研究对接的术语。本文首先对西方语境下该概念进行辨析，然后考察中国印刷品中与之对应的、典型的现象，认为 ephemera 应该转译为"小印刷物"最为贴切。

一、Ephemera 在西方语境中的所指

（一）西方研究中的 Ephemera

想要了解 ephemera 在其原来语境中的真正意思，考察西方学者对它的研究是很有必要的。西方对于 ephemera 的关注与新文化史的兴起有很大关系，这种新的史学研究范式让 ephemera 成为一种具有价值的研究对象。首先，新文化史将研究的目光从精英文化转向了大众文化，而 ephemera 正是反映大众文化的重要载体。其次，新文化史关注那些流动的、不稳定的、有冲突性的结构，ephemera 中包含的很多类型的印刷品都具有这些特征，是这些结构的重要表征。最后，新文化史的研究者们不再仅仅将文本或者图像视为资料性的文献，而是通过其所象征的意义来了解个体行为或集体仪式[1]。这就使得资料价值相比于图书或者档案要弱，但是有着丰富象征意义的 ephemera 成了重要的研究对象。另外，值得一提的是，西方对于 ephemera 的研究并不会总是将其视为一个整体，有很多研究只是关注某一特定类型的印刷品。篇幅所限，本文不可能对相关的所有印刷品的研究都作详细的考察。但是在这其中，有一种被称为 broadside 的单页印刷品得到了更多的关注，因此下文也将兼而述之。

在谈到新文化史时，英国文化学者彼得·伯克（Peter Burk，1937—）是绕不过的名字。尽管并不以印刷史作为自己研究的专长，但是很显然，一些 ephemera 是他研究中非常重要的材料。在其代表作《欧洲近代早期的大众文化》的序言中，伯克就指出："从长期的角度来看，印刷术的出现破坏了传统的口述文化。但是在这个过程中，它也把大量的口述文化记载下来了，从而使本书

---

[1] [法]罗杰·夏蒂埃：《"新文化史"存在吗？》，杨尹杨译，载《台湾东亚文明研究学刊》2008 年第 9 期，第 199-214 页。

得以从印刷厂发行第一批单页印刷品[①]（broadside）和小册子（chap-books）的时候开始讨论。"很显然，伯克认为，单页印刷品和小册子是口述文化向印刷文化过渡时期的产物，虽然它们有了印刷文化的形态，但是依然保留了口述文化的内容，它们也是研究当时大众文化的重要载体。

新文化史兴起的一个突出的现象是书籍史、印刷史、阅读史成了一个热门研究领域，这其中的代表人物当数美国文化史、书籍史的领军人物罗伯特·达恩顿（Robert Darton，1939—）和法国书籍史、阅读史研究的代表人物罗杰·夏蒂埃（Roger Chartier，1945—）。达恩顿正如其头衔所揭示的那样，其兴趣主要是图书的出版。尽管他更加关心的也是图书出版中的暗流——地下出版、盗版和禁书等，但是有趣的是，在他对他的研究对象进行界定时，也从反面给出了他对 ephemera 的认识。在达恩顿的新书《盗版与出版：启蒙运动时代的书籍交易》中，ephemera 虽然并不是研究对象，却时常出现在论述中。在引言中，达恩顿就提出："1750 年至 1789 年间在法国销售的商业书籍——相对于小册子、宗教小册子（devotional tracts）和 ephemera——至少有一半是盗版的。"[②]很显然，达恩顿将 ephemera 视为书籍的对立面，并把它和小册子归为一类。但这并不意味着他不知道 ephemera 的重要性。该书指出："巴黎的 300 家左右的印刷厂由大约 850 名工人操作，除了 ephemera 和城市出版物（ouvrages de ville）外，几乎没有其他产品。"[③]"巴黎市场也喜欢轻文学（light literature）和 ephemera。"[④]从达恩顿的这些表述出可以看出，他把 ephemera 理解为一种和书籍相对应的出版物，在他研究的启蒙时代的法国，ephemera 似乎是一种颇为流行的商品和阅读对象。

与达恩顿不同，夏蒂埃对书籍以外的印刷品抱有更大的兴趣。他主编的《印刷文化：欧洲现代早期印刷的力量与用途》一书便将注意力放在了图书以外的印刷品世界。在书的序言中，夏蒂埃提出，该书的编辑的第一个偏好便是书籍甚至小册子以外的印刷品，它们既可能被阅读，还有可能被张贴。它们包括了标语牌、海报、大报[⑤]（broadsheets）等，都是典型的 ephemera。夏蒂埃认为，

[①] 2005 年的大陆译本中将这个词翻译为"宽幅书籍"，既不准确也令中文读者费解。[英]彼得·伯克：《欧洲近代早期的大众文化》，杨豫、王海良译，上海人民出版社 2005 年版，序第 3 页。

[②] Darnton R. *Pirating and Publishing*: *The Book Trade in the Age of Enlightenment*. Oxford University Press, 2021, p.4.

[③] Darnton R. *Pirating and Publishing*: *The Book Trade in the Age of Enlightenment*. Oxford University Press, 2021, p.58.

[④] Darnton R. *Pirating and Publishing*: *The Book Trade in the Age of Enlightenment*. Oxford University Press, 2021, p.237.

[⑤] Broadsheets 在国内一般翻译为大报，这里指单张展开的双面印刷物。

个人化的私人阅读绝不是印刷品的全部用途。它们有节日、仪式、文化、公民和教育等用途，顾名思义是集体的，并假定由懂得阅读的人带领不懂得阅读的人共同破译。这种用途使处理小册子、大报或图像的价值和意图与单独阅读书籍的价值和意图没有什么关系。[1]夏蒂埃鲜明地指出了印刷品形态和其社会功能之间的关系，并认为恰恰是这些长期被人忽视的、短期的印刷品才是印刷机的基本产品（the most elementary products of the printing presses），而且它们可能也是传播最广，或者至少是最显眼的，因为它们被贴在公共街道的墙壁上或家里。[2]

夏蒂埃的研究很可能受到了牛津大学书目与文本批判教授唐纳德·麦肯锡（D. F. McKenzie,1931—1999）的影响，他在多篇论著中都引用了麦肯锡的研究成果。麦肯锡曾统计过，15世纪到18世纪这三百年间的印刷品中，只有很小一部分是书籍，大部分是各种小册子、请愿书、告示、表单、票据、证明、证书以及诸如此类的种种民事和政务的玩意儿。[3]正是麦肯锡、夏蒂埃等人的努力，打破了我们对于印刷品"永恒性"（immutability）、"权威性"（authority）、"统一性"（uniformity）的想象，提醒我们注意印刷品的短暂性（ephemerality）[4]。

在夏蒂埃、麦肯锡等人的努力下，越来越多的研究者开始关注ephemera。比如埃尔金斯（Charles Elkins, 1940—2021）就研究了16世纪的单页印刷品，特别是所谓的"绞刑架文学"。这是一种在行刑现场发放的记有引人入胜的死刑犯故事的类似传单的印刷物，哈佛大学法学院图书馆建有此类印刷品的专门馆藏。据说每一种"绞刑架文学"的销量可以达到上百万份。[5]Elkins是少有的意识到即使是英文读者也可能误解broadside和broadsheets这两个词的学者，并且给出了它们的定义：前者是单面展开的单页印刷品，后者是单面展开的双面印刷品。[6]克拉克（Sandra Clark）则延续了夏蒂埃指出的思路，把单页印刷品视作考察普通人文化的重要材料。她认为这些单页印刷品提供了研究近现代

---

[1] Chartier R. *The Culture of Print: Power And the Uses of Print In Early Modern Europe*. Cambridge: Polity Press, 1989, p.1.

[2] Chartier R. *The Culture of Print: Power And the Uses of Print in Early Modern Europe*. Cambridge: Polity Press, 1989, p.3.

[3] Hoffmann, P. T. & D. F. McKenzie. *Words—Wai-Te-Ata Studies in Literature*. Wellington: Wai-Te-Ata Press, 1974, Vol.4, p.75-92.

[4] Crick, Julia, et al. (eds.). *The Uses of Script And Print, 1300-1700*. Cambridge University Press, 2004, p.5.

[5] L.Lloyd. *Folk Song in England*. New York: International Publishers, 1967, p.27.

[6] Elkins C. *The Voice of the Poor: The Broadside as a Medium of Popular Culture and Dissent in Victorian England*. Journal of Popular Culture, 1980, 14(2), p.262-274.

非精英人群文化的证据。不仅是因为它们从 16 世纪中开始被大量生产，是最便宜、最好理解、最容易获得一种印刷品，而且和所有"小传统"的文化产品一样，可以传播到社会的每个阶层。它在口头和书面之间，在商业交易和自由流通之间运作；它最初是在公共场所，如市场、酒馆和戏院的入口处传递给观众的，因此对男性和女性都是平等的；它被设计为公共消费，而不是私人消费。[①]"小传统"这个说法来自美国人类学家罗伯特•芮德菲尔德（Robert Redfield, 1897—1958）。

显然，西方的印刷史、阅读史的研究者们已经认识到了 ephemera 的重要性，强调它与图书这样代表着精英文化的印刷品的不同，同时也指出了在阅读图书这样的个人行为之外，还有大量的围绕着 ephemera 展开的集体阅读的社会行为，它们往往与节日、仪式等集体活动相关联。这样的研究旨在构建一个更加完整的印刷史和阅读史图景，打破某些关于印刷品的迷思。但是，由于不少学者直接选择可以归属于 ephemera 的具体的印刷品，而回避了 ephemera 的定义，而另一些学者直接将其作为图书的对立面，而不给出正面的定义。关于 ephemera 究竟为何物依然没有一个令人满意的说法。

（二）西方收藏机构中 Ephemera

研究范式的转换也在影响着收藏界的实践。正如不列颠百科全书"藏书"（Book Collecting）词条中介绍到当代藏书时说："不断变化的学术模式影响了现代收藏，不再强调早期收藏家所推崇的历史和文学'典范'，而是更多地强调从迄今晦涩难懂或不被重视的材料中收集到的信息，如政治小册子、漫画书、地下杂志、ephemera、旅游文学、烹饪书等，这些都是当代收藏家的肥沃领域。"[②] 西方既有专门的 ephemera 收藏机构，也有图书馆、博物馆等将其视为特藏进行收集整理。这些馆藏种类齐全、内容丰富，为了方便大众使用，其中不少材料已完成了数字化。

介绍具体馆藏之前，我们可以先了解一下西方主流的信息管理工具——主题表是如何界定 ephemera 的。艺术与建筑主题词表（Art & Architecture Thesaurus，AAT）是西方艺术与建筑著录领域使用最为广泛的一套元数据标准。在 AAT 中，有两个关于 ephemera 的定义，第一个是 ephemera 类的物品（object）："为特定的、有限的用途而创造、制造或使用的物品；通常打算在短时间内使用，之后就会被丢弃，尽管实际上经常会收集到偶发性物

[①] Clark S. *The Economics of Marriage in the Broadside Ballad*. The Journal of Popular Culture, 2002, 36(1), p.119-133.

[②] 不列颠百科全书 Book Collecting 词条，见 http://academic.eb.cnpeak.com/levels/collegiate/article/book-collecting/80653.

品。"第二个是印刷类的 ephemera："为满足一系列即时需求而创作的印刷品，通常具有临时性，不打算保存。例子有宽幅画、海报、传单、小册子、节目单、明信片、贸易卡、标签、门票、传单、销售通知和情人节卡片。"印刷类的 ephemera 在 AAT 的概念等级中处于"功能性信息制品之下"（information artifacts by function）。①

另外，美国国会图书馆印画与照片部（Prints and Photographs Division）开发并维护的图像资料主题词表（Thesaurus for Graphic Materials，TGM）中，将 ephemera 定义为："暂时性的日常物品，通常是打印在纸上的，为特定的有限用途而制造，然后经常被丢弃。包括旨在保存至少一段时间的日常物品，如纪念品和股票证书。"在 TGM 的概念等级中，ephemera 的上位类是物品（objects），下位类则包括了卡片、票根、优惠券等在内的约 50 种物品。②

约翰逊印刷 ephemera 收藏数据库（John Johnson Collection of Printed ephemera）是世界上较大、较重要的印刷收藏之一，将大约 65000 件收藏品进行了彩色图像扫描。每一件数字化印刷品按 5 大主题领域（罪案、广告、书籍交易、19 世纪娱乐和通俗印刷）进行编目并以约 700 种主题词作标引以方便研究人员检索。用户可以检索到戏剧和非戏剧娱乐的海报和传单，与谋杀和处决有关的 broadside（图 1），书籍和期刊招股说明书，流行版画，犯罪谋杀和处决相关的单页印刷品和小册子的混合体以及大量不同类型的印刷广告材料。③

图 1 约翰逊 Ephemera 藏 "broadside 处决"

① AAT 中的 printed ephemera，见 http：//www.getty.edu/vow/AATFullDisplay?find=ephemera&logic=AND&note=&english=N&prev_page=1&subjectid=300264821。

② TGM 中的 Ephemera，见 https://www.loc.gov/pictures/collection/tgm/item/tgm003634/。

③ 约翰逊印刷蜉蝣收藏数据库，见 https://www2.bodleian.ox.ac.uk/johnson。

美国 Ephemera 协会（Ephemera Society of America）最初由一小群有兴趣促进短篇小说的收藏、研究和保存的收藏家成立，该机构积极地参与支持、分享、展示和鼓励在美国范围内收集、研究和使用 ephemera，收藏的范围包括但不限于广告封面、报纸、日历年历、照片、杂志、贸易卡、版画、小册子、鸟瞰图、棒球卡、发票、销售收据、信笺抬头、书签、Broadside、名片、电话卡、名片（carte de visite）、机柜卡、快船运输卡、食谱、漫画书、书面手稿信件、邮票、手持扇、文件夹和传单、邀请函、标签、行李贴花、地图、纪念卡、哀悼封面、菜单、纸娃娃、照片模板、剧本、纸牌、明信片、罚单、收据、标签、停车许可证、海报、收据、唱片专辑/封面、带有各种印花税票的各种类型的文件、奖状、乐谱、图纸、招牌、股票和债券证书、商店展示卡、门票、选票、罚单、手表纸等。除了纸质的 ephemera，还有一些较为少见的非纸质的 ephemera，比如铜刻或钢刻钞票、赛璐珞、模切、刺绣、织物标签、娃娃、丝带等。①

美国国家历史博物馆（Smithsonian National Museum of American History）收藏的内容包括 N.W. Ayer Advertising Agency 校样单、各种贸易卡片、海报、印刷广告、贸易目录、标签、包装和户外标志等，为商业历史学家提供了探索从 19 世纪末到 20 世纪中叶数千家企业实践的机会。特别是馆藏中包含的图像的范围和种类，为历史学家研究广告与美国文化之间的关系提供了重要的线索。②

英国广告史信托基金会档案（the History Of Advertising Trust Archive）拥有世界上最完整的英国广告和营销传播集合。除了广告公司和行业专业机构的档案外，还包括 ephemera 新闻，海报和商业广告收藏。大多数英国历史上大型和有影响力的广告公司（如 Ogilvy and Mather, Young and Rubicam & JWT London）的作品都有大量的收藏。JWT London 档案包含从 1920 年到 2004 年的物品，可能构成英国同类广告公司中最全面的档案。③

类似的馆藏还包括贝克图书馆历史馆藏的广告 ephemera，这可能是哈佛大学最大和最重要的广告和营销文物收藏。它包括 1870 年至 1900 年印刷的八个系列和另外一个广告贸易卡集，其中包含：大约 2900 张美国贸易卡和其他小型广告印刷品 ephemera，包括为特定产品和业务定制设计的卡，以及为各种产品和零售商购买和使用的空白库存卡；1100 张大部分是插图的彩色石版印刷品，包括许多宣传主要国内和国际品牌的贸易卡片；283 张于 19 世纪 50 年代至 60 年代印刷的卡片，记录了美国广告中首次突出使用颜色。馆藏中还

---

① 美国蜉蝣协会，见 https://www.ephemerasociety.org/definition/。
② 美国国家历史博物馆，见 https://americanhistory.si.edu/。
③ Moir, A., Read, E. and Towne, S. *The History of Advertising Trust Archive*. Journal of Historical Research in Marketing, 2017, Vol. 9 No. 4, p. 535-542.

有一些"丝绸"香烟卡,这些香烟卡印在丝绸而不是纸上,在 1920 年和 1930 年主要作为香烟包装内的促销收藏品赠送。其他馆藏还包括酒类、布料和其他商品的产品标签,19 世纪后期用于各种产品、服务行业的名片,19 世纪和 20 世纪初美国广告海报的集合,等等。①

哈佛大学图书馆系统下的不少分馆都建有专门的 ephemera 馆藏。其中作为哈佛大学的稀有书籍和手稿主要仓库的霍顿图书馆藏有专门的吟游诗人表演集,包括吟游诗人表演者和剧团的图像,剧本和表演节目、广告、乐谱、绘画等。②

国家棒球名人堂和博物馆为了记录球队的历史以及增加球队与支持者们的互动,收集了球队的照片、棒球卡(图 2)、出版物、档案材料、计划、杂志、剪贴簿、节目单、组织记录、通信、记录本、细则、记分卡、年鉴、媒体指南和新闻通信、广告、电影海报、邮票、光盘和一些非纸质的视听材料、采访录音等。③

图 2 棒球卡(正、反面)

---

① Fred Beard and Brian Petrotta. *Advertising and Marketing Archives And Ephemera at the Harvard Libraries: Discovery And Opportunity*. Journal of Historical Research in Marketing, 2020, 13(1), p.5-7.

② Fred Beard and Brian Petrotta. *Advertising And Marketing Archives And Ephemera at the Harvard Libraries: Discovery And Opportunity*. Journal of Historical Research in Marketing, 2020, 13(1), p.12-13.

③ Seeman Corey. *Collecting and Managing Popular Culture Material: Minor League Team Publications as "Fringe" Material at the National Baseball Hall of Fame Library.* Collection Management, 2002, 27(2), p.3-21.

二、中国印刷史中的对应现象及其特征

中国的出版、印刷研究和收藏虽然并未以 ephemera 为名形成专门的门类，但是同样存在着与西方类似的现象。它们符合西方对于 ephemera 的定义，形态上也与 ephemera 相近，但是它们所具有的文化上的内涵，必须在中国的语境下才能够得到解读。相比我们上文中所列举的西方收藏机构收藏的大量功能性的 ephemera，中国的这些印刷品显然有着更多象征性的意义。

（一）几种中国典型的 Ephemera

1. 年画、门神

年画是一种中国特有的绘画体裁，一般在新年张贴，既有烘托节日喜庆气氛的作用，也包含着百姓祈福消灾的美好愿望。它有着极为悠久的历史，是我国年俗中不可或缺的一部分。年画概念下，依据其地域、画风、题材、张贴位置等又可以分为多种类型，目前并没有统一的分类标准。国家图书馆的中国记忆项目年画部分包括了门神年画、吉祥年画、戏出年画、历史故事年画、节俗年画、现实题材年画、纸马、灯画和扇画。我国很多地方都形成了独具特色的年画艺术，其中以苏州桃花坞、天津杨柳青、潍坊杨家埠和开封朱仙镇等最为著名。一般认为，年画起源于门神，时间可以追溯到汉代的神荼、郁垒，与民间巫术关系密切。①

门神是年画中重要的组成部分，几乎流行于所有汉文化地区。因此这里将二者合而述之，并以门神作为主要年画的主要代表。

很显然，在造纸术和印刷术成熟以前，最早的年画——门神并不常以绘画于纸上的形式出现。它可能是直接绘画或雕刻在建筑物上，或者仅仅以文字的形式出现在桃符之上。这种情况要到宋代印刷术普及以后才有变化。② 我们现在常常看到的木版年画形式，都是明代套版印刷技术成熟以后的产物。而在当代随着丝网印刷、胶印等技术的普及，木版年画也逐渐失去了生存的空间。朱仙镇年画艺人刘金禄师傅无奈表示："传统的年画印制工艺复杂，全靠手工，成本高。过去刻版要用价格很贵的梨木，刻一块版要用一个多月，成本要几千元，而印刷一张木版年画，利润不到 5 分钱。相比之下，用机器胶印年画效率高、品种多、式样好，价格也便宜。以前农村人还迷信地认为买木版年画比买机器胶印的年画更能带来好运气，现在也不迷信了。由于木版年画销路不好，这样一来，很多木版年画艺人就放弃手工印制木版年画，改用机器胶印了。"③

---

① 朱青生：《将军门神起源研究》，北京大学出版社 1998 年版，第 48 页。
② 薄松年：《中国年画艺术史》，湖南美术出版社 2008 年版，第 8 页。
③ 冯敏：《论中国木版年画濒危的原因与保护对策》，载《民间文化论坛》2005 年第 1 期，第 66-71 页。

年画的名字就反映了其有着明确的生命周期。至于这个生命周期是一年一换，还是只在年节中出现，则随各地风俗而变。目前民间较为常见的是今年张贴的年画要到第二年过年时才会更换，很多地方的门神亦是如此。明嘉靖《常德府志》记录："除日易门神桃符春帖。"万历《河间府志》也记录："除夕易门神桃符。"一个"易"就表明了这些旧门神会在门上贴上一年，但并不是所有门神都是如此。清光绪《长乐县志》记载："除夕缚纸钱一束，上书门神财钱等语，设座供奉，至新正初三日焚之，谓烧门神纸。"康熙《汉阳府志》就记载："民间罢市三日，至初三日，各家烧门神纸，始各复业。"因此，民间也有俗谚："烧了门神纸，个人寻生理。"实际上，清宫也并不常年张贴门神。1687年清宫规定制度，将军门神装镶成挂件，每年在旧年结束，新年开始的40天左右的时间内张挂，挂完后交内府收藏。[①]

年画最早先是引起了国外收藏家和学者的重视，18世纪末至19世纪初，来自英国、日本和俄罗斯的收藏家和收藏机构就开始注意并收集中国的年画。20世纪初，这种收藏已经呈现出系统性。[②]随着新文化运动的兴起，我国的研究者们也开始重视民间文化的研究，北京大学民俗研究会开始收集整理民间绘画和版画。[③]在民间文化研究和整理方面颇有成就的傅惜华曾言："特别好收罗各地'年画'，于粗劣拙笨的刻工里，往往可看出宏伟的想象力与作风来。"[④]虽然对于年画已经得到了收藏者和学者的重视，但是对于年画的研究还大都停留在对其历史、艺术风格、保护等方面，对其在社会中的生产、流通和使用的研究还不够充分。

2. 甲马

甲马，又称纸马。《清稗类钞·物品类》提道："纸马，即俗所称之甲马也。古时祭祀用牲币，秦俗用马，淫祀浸繁，始用禺马（即木马）。唐明皇渎于鬼神，王屿以纸为币。用纸马以祀鬼神，即禺马遗意。后世刻版以五色纸印神佛像出售，焚之神前者，名曰纸马。或谓昔时画神于纸，皆画马其上，以为乘骑之用，故称纸马。"[⑤]

甲马，并非古文中常见的"披甲骑马"之意，而是指画有神像、多用于祭神的纸（图3），是人与神灵、自然沟通的载体。人们使用甲马纸，或张贴、供奉、或焚烧，以此来向各路神明表明心意，祈求祛病消灾、幸福安康。汉代人们是

---

① 朱青生：《将军门神起源研究》，北京大学出版社1998年版，第13页。
② 朱青生：《将军门神起源研究》，北京大学出版社1998年版，第14-15页。
③ 朱青生：《将军门神起源研究》，北京大学出版社1998年版，第18页。
④ 郑尔康编：《郑振铎艺术考古文集》，文物出版社1988年版，第426页。
⑤ 徐珂：《清稗类钞》，中华书局2010年版，第5998页。

通过手绘的钟馗、门神、桃符以及爆竹来表达这种心理的，并渐渐地约定俗成。唐宋时期，雕版印刷普及，木版印刷的纸马承担起这种广泛的民俗需求。北宋时期的纸马就有钟馗、财马、钝驴、回头鹿马、天行帖子等很多种了。孟元老的《东京梦华录》记录了清明节时纸马铺都在当街用纸叠成楼阁之状，"清明节，士庶阗塞褚门，纸马铺皆于当街纸叠衮叠成楼阁之状"。① 宋代张择端《清明上河图》上画有一家临街的纸马铺，门前竖着"王家纸马"的牌子。甲马可以说是中古时代留下来的"活化石"。

图3 民国时期大连的"痘哥哥"纸马

千余年来，纸马的风俗流散全国，几乎各地都有这种小小的自刻自印而神通广大的纸马。河北内丘叫"神灵马"，天津叫"神马"，广州叫"贵人"，随着历史的流变，这些地区仅有少部分沿袭着这一传统文化。而云南地区则因地处边陲、民族众多、本主崇拜等原因一直普遍传承和延续着这一文化遗产，称为"甲马""马子"或"纸火"，其制作方法与虞兆溁在《天香楼偶得》中所说吻合："俗于纸上画神佛像，涂以红黄采色而祭赛之，毕即焚化，谓之甲马。"②

云南甲马多为20厘米见长、15厘米见宽，也有40厘米见长、5厘米见宽，也有如硬币大小，主要由边框、神、甲马名称三部分构成，边框和甲马名称起到装饰和解释说明的作用，画面中间的神图像便是甲马的主体部分，其线条拙朴、图案抽象、充满自由想象力与创造力。甲马多为家庭作坊制作，从木制雕

---

① （南宋）孟元老：《东京梦华录》卷七，清文渊阁四库全书本，第23页。

② （清）虞兆溁：《天香楼偶得·马字寓用》，清钞本，第18页。

版的选材，版画创作与雕刻，每一步都考验制作者的技能。在甲马制作中最为重要的是版画创作的过程，要有精巧的构思，精心的设计，精湛的刀法。每个雕刻者都会从漫长的制作过程中总结出最适合自己的雕刻技巧。在艺人手里边所表现出来的东西，已经融入了他自己的语言。不同的艺人，同样刻一块版，他们所呈现出来的甲马也有所不同。所以，那些张贴甲马的家庭，往往会选择固定的一家采购甲马，而且也不是一年四季长期售卖，到年节前才开始售卖，多为摆地摊。事实上，多数贩卖甲马的纸火铺子都是从民国时期便开始一代代传承。

2001年甲马就被列入中国民间文化遗产抢救工程，并进行了系统收集、整理，作为"中国民间文化遗产抢救工程"的系列成果之一，出版了《中国木版年画集成·云南甲马卷》（冯骥才主编，中华书局出版）。如今，云南地区的博物馆也相继开展了不少甲马主题作品展览，或邀请甲马代表性传承人，为民众展示非遗技艺，与民众进行互动和体验交流。一些家庭作坊开始向博物馆等机构捐赠祖传老雕版，免费收徒学习甲马制作。

3. 祭祀用的纸钱

从唐朝开始，纸钱习俗就超越了民族、语言的藩篱，全球华人的生活区域除了少数例外（伊斯兰教、基督教信仰者），民众都把烧纸钱作为一种习俗。纸钱的用途多为哀悼、对付小人、驱鬼邪、开启事业，其主要有以下几类：货币形式的纸（纸钱）；衣物的仿制品（衣纸）；黏合、捆绑、塑形成特定形状的纸（纸扎）；具有魔力的纸（符）（兼具财富聚集、风俗礼仪两种内涵）。[①]

纸钱的形式多样，其中一种象征老式绳穿铜钱串：具有阴阳（戳）面，供奉时阳面朝上；纸钱上的小孔形如念珠，能够消灾祈福；仪式上的纸钱小孔呈现三行七列，指代神圣（三）和呈现如来的七种祈愿。[②]还有一种毛边溪钱，给地面上恶魔常规性支付的过路费，以免其阻止新魂抵达黄泉之所。多在守夜生火，墓地火祭时使用。此外，还有一种金纸，用以解决个人的严重困扰或者向更高的神灵作出承诺。或者用来净化仪式器具和通道，并分开神圣与世俗。纸钱习俗一直反映着尊卑贵贱的等级限制，表现在地位不同的神灵对应着不同类型的纸钱。纸钱种类与日俱增，面额也恶性膨胀。现在，民间多使用鬼票，鬼票上印有帝王半身像、佛祖像，多数还会印上序列号，代表了印制它们的特定商家，分为大版本和小版本。超过三分之一的鬼票是模仿现实世界的国家货币的样式，尤其是人民币、美元以及港币。

---

① ［美］柏桦：《烧钱：中国人生活世界中的物质精神》，袁剑、刘玺鸿译，江苏人民出版社2019年版，第31—32页。

② ［美］柏桦：《烧钱：中国人生活世界中的物质精神》，袁剑、刘玺鸿译，江苏人民出版社2019年版，第35页。

夏威夷大学人类学教授柏桦（C. Fred Blake，1942—2017）从 20 世纪 90 年代末就开始研究中国烧纸钱的现象，在《烧钱：中国人生活世界中的物质精神》一书中，他指出纸钱中的手工劳动决定了它的价值。祭奠者叠元宝，或者在焚烧之前认真地触摸、抖动纸钱，都是要把纸钱神圣化。纸钱不是一般的物，它所仿制的是钱，旨在把这个世界上各种有价值的东西（现金、支票、房子等）的仿制品化烧给另一个世界，其最高的价值是孝、仁，以及通过更为通俗化的纸钱上吉语所表达的对于财富、长寿、子孙、护佑的渴求。①

（二）中国 Ephemera 的特征

通过上面对中国几种印刷品的介绍，我们能够发现区别于西方相对应现象的两个明显特征。首先，中国的此类印刷品象征性大于功能性，主要功能不是承载信息，而是给想象中的世界传递信息。在西方的 ephemera 研究中我们不难发现，大部分研究对象都是以承载信息为主要功能的。无论是海报、车票等起到告知（inform）作用的，还是印有歌谣、诗歌、小故事等起到娱乐作用的单页印刷品，它们主要是用来记录和反映人类活动中所产生的信息，在现实生活中有着明确而具体的功能。但是在中国传统中，我们发现有很多 ephemera 印刷品主要功能不是承载信息，而是给想象中的世界传递信息，辟邪或是祈福，是使用者的一份祈愿。也就是说，它们具有很强的象征意义。无论是门神、甲马还是纸钱，它们都不是为了在此世传递信息，而是为了和"另一个世界"沟通。实际上，在中国文化中，带有文字、图案、颜色的纸都附带有一层象征的、神圣的意义，即使这些纸本身有实际的、传递信息的功能。要理解中国的 ephemera 现象必须意识到，它们中有很多都是和其他纸质物品（剪纸、符咒等）构成的社会符号系统相互交织的，并且和各种信仰、民俗形成复杂的关系。因此，很多中国的仪式之中也少不了纸张的参与。在这些仪式中，很多纸张是以燃烧成灰烬为终结的。烧纸通常被认为是打开沟通之门的必不可少的步骤，也往往是仪式的高潮。这就引出了中国 ephemera 的另一个特征：人们会让这些印刷品主动的消失。

西方 ephemera 消逝大多是因为超过了人类赋予它们的时效期。比如商店的海报传单，这类 ephemera 一般是宣传店内的当季商品，而季节一过，商品下架，它们也会随之撤离。它们被认为是短暂的有用，然后被丢弃。这种被动消失的特点，也与中国 ephemera 有很大的不同。

在中国，很多单页的印刷物都会被点燃以完成它们的功能，有很多纸张的生产目的就是燃烧它们。它们被人为的严格地控制生命周期，上文介绍的几种

---

① ［美］柏桦：《烧钱：中国人生活世界中的物质精神》，袁剑，刘玺鸿译，江苏人民出版社 2019 年版，第 5 页。

典型的中国的 ephemera 都有这个特征，只不过有些是先张贴再燃烧，有些则是直接燃烧。这种类型的 ephemera 在西方同类印刷品中不常见到。这种主动地终结一种印刷品的生命的行为，似乎让它们更加符合 ephemera 所代表的含义。毕竟，西方的 ephemera 之所以生命短暂，多是因为其承载的信息时效性强，物质形态又比较脆弱。它们在不被重视的情况下也就很难保存，可以说是被动地消失于世间。但是中国文化中的很多 ephemera 却是主动消失的，尤其因为祭祀的习俗中用毕即焚的特点，它们的生命周期不仅是短暂的，而且是固定的。不过，在中国文化之中，化为灰烬不是这些纸张生命的终结，而仅仅是代表它们将进入另一个世界继续流通。

夏蒂埃指出 ephemera 往往在节日、仪式中起到作用，因此是一种集体的阅读。这一点在中国相对应的现象中同样存在，只不过对"用途"的理解可能与西方有所不同。这也就要求我们在研究中国类似现象时有不同于西方的范式。比如在内容的研究上，由于更加注重象征性，中国的 ephemera 往往在发展中形成了某种套式，这些套式的发展与演变，套式中元素的搭配、挪用与更新都是需要关注的对象。而在物质载体上，它们的选材、工艺也都有可能包含着特殊的意义，需要在本土的语言环境中才能够准确解读。

三、将 Ephemera 翻译为"小印刷物"的建议

由上文可知，在中国有许多和 ephemera 接近的印刷物，它们在形态、制作、传播等方面和西方的 ephemera 非常接近，但是又有着独特的文化内涵。如果将 ephemera 直译为"蜉蝣印刷物"既有碍中文读者的理解，也遮蔽了东西方类似文化现象之间可能存在的差异。我们需要对这个概念进行合理的转译，使其既能够用于中国的研究，也不会对中外学术交流造成太大的障碍。因此，本文认为，可以将 ephemera 转译为"小印刷物"。"小"在中文语境和中国文化中可以非常贴切地对应此类印刷物的各种特征，又可以和西方文化研究中的"小传统"对接。

（一）"小"在中文中的定义

中文的"小"具有十分丰富的内涵。在《现代汉语词典》中"小"字除作为姓以外，还有 9 种解释。它最主要也是最常用的是表示物理上的程度，比如体积、面积、数量、力量强度等方面不及一般的或不及比较的对象。另外，"小"还可以表示时间短，比如"小坐""小住"[1]。在古代汉语中，"小"字还可以表示低微，比如"小人"[2]。除此以外，它还可以表达程度的深浅、重要性

---

[1]《现代汉语词典》，商务印书馆 2016 年版，第 1439 页。

[2]《古代汉语词典》，商务印书馆 2002 年版，第 1724 页。

的轻重，比如《法言·五百》中的"事非礼义为小"[①]。

以上小字的定义与 ephemera 类的印刷物都可以对应。在物理形态上，ephemera 与书籍、小册子比起来显然是小的。它们基本上都是由 1 张纸组成，绝大部分只有 1 页，也存在对折后形成 4 页的情况。在内容上，它们通常只包含很少的信息，一目了然，不需要读者长时间阅读。在流通的时间上，它们要么非常短暂，要么具有特定的时效，不像图书那样追求永恒的价值。在重要性上，它们通常也被认为是不及图书、期刊甚至报纸。在文化上，它们有很多都被视为通俗文化的表征。相较于 ephemera 的本义"蜉蝣"主要强调时间的短暂性，"小"显然具有更加丰富的内涵，而这些内涵都与此类印刷物有关。

（二）与"小传统"的对接

"小传统"的概念是由美国人类学家罗伯特·芮德菲尔德提出，在 1956 年出版的《农民社会与文化》一书中，他指出：

> "在某一种文明里面，总会存在着两个传统；其一是一个由为数很少的一些善于思考的人们创造出的一种大传统；其二是一个由为数很大的、但基本上是不会思考的人们创造出的一种小传统。大传统是在学堂或庙堂之内培育出来的，而小传统则是自发地萌发出来的，然后它就在它诞生的那些乡村社区的无知的群众的生活里摸爬滚打挣扎着持续下去。哲学家、神学家、文人所开拓出的那种传统乃有心人处心积虑加以培育出来而且必欲使之传之后代。至于小小老百姓们搞出来的传统，那都是被人们视为：'也就是那么回事罢了！'从来也没有人肯把它当回事的，慢说下什么功夫去把它整得雅一点，或整得美一点！因为那是不值得的！"[②]

芮德菲尔德进一步指出，大小传统是互相依赖互相影响的，"我们可以把大传统和小传统看成是两条思想与行动的河流；它们俩虽各有各的河道，但彼此却常常相互溢进和溢出对方的河道"。[③]他的这一观点被彼得·伯克进一步修正和发展。在《欧洲近代早期的大众文化》中，彼得·伯克敏锐地发现，两种文化传统并不是对称性地对应于精英和平民这两个主要的社会群体。精英参与了小传统，但平民却没有参与大传统。大传统将很多平民排除在外，小传统却向包括精英在内的所有人开放。

[①] 宗福邦等：《故训汇纂》，商务印书馆 2003 年版，第 607 页。

[②] Redfield R. *Peasant Society And Culture*: *An Anthropological Approach to Civilization*. The University of Chicago Press, 1956, p.70.

[③] Redfield R. *Peasant Society And Culture*: *An Anthropological Approach to Civilization*. The University of Chicago Press, 1956, p.72.

大小传统的提出对于中西方文化研究的影响都很大。很早便有学者将其挪用至中国文化史的研究中，并将大、小传统对应于中国的雅文化和俗文化。当然，质疑这个二元模式的学者也不乏其人。无论这种二分法在现实中是否成立，我们其实很难否认它在解释很多文化现象时所具有的效力。在大小传统的提法在目前还没有被更具说服力的理论取代的情况下，我们将 ephemera 转移为"小印刷物"可以说是顺理成章。"小"字在中文中，本来就有表示"庶民"的意思[①]，小传统对应"庶民"的文化在中文中可以成立。而这些"小印刷物"所表现出来的特征基本上与小传统吻合，比如这些"小印刷物"主要是得到普通老百姓的热衷和喜爱，但是同时也为精英所接受。最典型的就是门神这样的印刷物，流通的范围下至平民上至皇家。综上所述，"小"既可以在字面意思上表现出 ephemera 的诸多特征，又可以对接经典理论，完全符合我们对于这个转译两个要求：既贴合中文语境又无碍中外交流。

四、结语

本文列举了西方研究与收藏中 ephemera，并介绍了几种中国典型的对应现象。在此基础上，本文认为，ephemera 这个概念引入中国语境需要对其进行转译，才能既符合我国实际情况又能和国外研究相对接。因此，本文提出将 ephemera 转译为"小印刷物"，以"小"字涵盖东西方相似对象的特征。上文的介绍也表明，西方对于"小印刷物"的收藏价值已经得到了比较普遍的认可，许多收藏机构都参与到了这一领域的实践中来；而西方相关领域的研究也成了新文化史、印刷史研究中的重要组成部分。

反观我国，实践方面在非物质文化遗产越来越受到重视的背景下，相关的收藏已经取得不错的成绩，但是在藏品的组织、管理、利用等方面依然缺乏统一的标准，也一定程度阻碍了这些资源的开发与利用。而"小印刷物"的研究基本上比较零散，并且处在出版印刷研究的边缘地带。但是"边缘"往往也是创新产生的地方。中国各类型的"小印刷物"有着非常深厚的历史积淀和文化内涵，对它们的内容、风格、历史进行分析，对它们的生产、流通、使用进行研究，对它们的保存、管理、利用进行探索，都有望得到不凡的成果。本文提出"小印刷物"这个概念，只是开展相关实践与研究的第一步。

〔作者：张劼圻，上海大学文化遗产与信息管理学院讲师；
周苗，上海大学文化遗产与信息管理学院 2021 级硕士研究生〕

---

① 宗福邦等：《故训汇纂》，商务印书馆 2003 年版，第 607 页。

重采新闻续旧篇

——近代印刷折扇与社会生活

李蓓

摘 要：印刷折扇继承了传统书画折扇作为文化载体的功能，以新的技术为手段，新的思想为引导，起到知识普及、爱国宣传、公共信息传播乃至广告营销的作用。折扇信息的变化不仅体现出晚清民国以来印刷技术的进步，更从一个角度展现了社会生产的发展、商业的繁荣、交通运输业的成就、公共信息领域的拓展乃至国家观念和民族意识的觉醒，折射出近代社会生活方式与文化观念的变迁，值得进行更加深入系统的研究。

关键词：近代；印刷技术；折扇

扇面书画创作历史悠久，魏晋至宋均有扇面书画的典故乃至实物流传于世。明清时期，折扇流行开来，取代团扇成为日常生活中使用的主要扇子形式，以其携带方便、收叠自如的特点，受到文人雅士宠爱，被称为"怀袖雅物"。众多画家流派、文人墨客都善笔于折扇扇面。折扇书画空前繁荣，形成了独具特色的书画艺术表现方式。

不同于长卷、立轴等大幅书画形式，折扇书画受限于扇面尺寸，多是描摹景物或山水一角，构图优雅细腻，形式生动灵活。书画折扇集诗书画于一身，扇面虽小，却能表现深远无穷的心境。折扇可以随身携带，卷舒自如，将言语心思书于折扇之上，成为了一种含蓄的表述方式。明清以来，士人官宦常借书画折扇抒发和表达自己的人文理想与文化情怀，或随身携带或赠予他人，具有强烈的象征意义。书画折扇作为文化阶层日常生活当中重要的文化元素，从艺术的载体进而成为一种观念交流的媒介，乃至一种文化符号，是其他书画作品所不能比拟的。

随着近代印刷技术的传播和商品经济的发展，晚清民国时期的印刷折扇虽然在制作技术、题材选择等方面都与传统书画折扇有较大差异，但仍保持了传统折扇的造型，也保留了"纳须弥于芥子，容千里以咫尺"的文化情怀，成为一种极具中国传统特色的新的文化载体。

一、印刷术的广泛应用

18世纪末19世纪初，近代印刷技术传入我国。与传统的印刷方式相比，石印技术工序少，印刷速度快，图像逼真，成本低廉，很快在印刷行业普及开来。19世纪70年代以后，土山湾印书馆、点石斋书局、袖海山房、理文轩、文明书局、鸿文书局、崇文书局、世界书局、商务印书馆等印刷所纷纷采用石印技术印制经史子集、中外舆图、西文书籍、名人碑帖、画谱、楹联、册页等，"色彩能分明暗，深淡各如其度""仿印山水花卉人物等古画，其设色能与原底无异"[1]。

近代印刷技术廉价快捷的特点，使此前需要手工绘制的图像可以被迅速、大量地复制。以往需要雕版印制的告示、招贴等逐渐被印刷品替代。由于印刷技术的发展，除了图书、报刊等传统出版物，印刷机构也逐渐参与到人们日常生活所需的印刷品的制作中，如名片、月份牌等。《图书汇报》1931年第21期刊登了商务印书馆承接印刷业务的广告《商务印书馆印制各种名片的价目表》："如承委印，当日取件。""至于公司、机关、学校、银行亦无不需用印刷品，以促成其行政上的便利。人事越繁，文明越进，印刷品的需要亦越广。"[2]

随着印刷技术的提高，印刷产品种类日渐丰富，折扇作为人们日常使用的产品，也必然采用新的技术以提高生产效率。作为传统文化的载体，印刷折扇在其绘制题材和内容方面虽然发生了变化，但仍保存了"以扇言志"的人文理想，成为大时代背景下一种独特的文化符号。

二、印制折扇的生产和销售

明清时期，书画折扇是文人士大夫陶冶性情、展现审美意趣的重要载体，虽然存世数量众多，但多数流传于文化阶层。这些书画折扇或自用或赠送，抑或作为文玩收藏，并非批量制造的商品，偶有寄售于装裱店、古玩店等处。19世纪末期，随着近代商业的发展，在以上海为中心的江浙地区，书画交易的规

---

[1] 贺圣鼎：《三十五年来中国之印刷术》，张静庐辑：《中国近代出版史料》初编，中华书局1957年版，第257页。

[2] 林鹤钦：《发刊词》，载《艺文印刷月刊》1937年第1卷。

模日益扩大，逐渐形成了稳定的艺术市场，带动了经营书画作品的笺扇店数量大增。据葛元煦《沪游杂记》统计，至宣统元年（1909年），上海的笺扇店有109家之多。这些笺扇店不仅经营书画作品，也销售印刷折扇。书画市场的繁荣带动了笺扇店的兴盛，客观上扩大了印刷折扇的销售渠道。据统计，1884年至1894年，《申报》刊登各类印刷地图扇面、书画扇面广告百余篇，如标明上海城厢地图扇面售价"每二角二""每二角"，诗韵扇面"每二角"，书画扇面售价"二角半"，于当时著名的笺扇店锦润堂、古香室、玉声堂、大吉庐等处销售。①

与手工绘制的书画折扇相比，印刷折扇保留了传统折扇的造型和使用方法，在生产销售方式和信息内容选择等方面，出现了许多新的变化。印刷折扇上绘制的题材，也从景物山水、诗文唱和逐渐转向更加实用、更加贴近市井百姓的诗韵、地图等内容。印刷折扇实用性更强，产量更大，使用范围更广，折射出晚清民国时期复杂多样的社会环境。

三、反映时代特征的题材

从现有资料分析可知，印刷折扇的题材和内容是随着社会的需求和发展而不断变化的。制作者在设计时会根据市场需求，调整印刷折扇的信息内容，这些信息本身就构成了购买者消费的内容之一。因此，印刷折扇的题材展现了社会公众的关注热点，也反映了社会大变革时期文化和生活的变迁。

（一）科举信息

以现有资料来看，诗韵题材应当是印刷折扇初期的常见内容。科考士子是晚清民国时期印刷品的主要消费群体。石印技术初入中国时，除宗教书籍外，主要用以印制典籍。点石斋印制《康熙字典》先后两版，共计销售十万部，获利颇丰。其他书局纷纷效仿。光绪中期，许多石印书局面向应试举子，印售科举考试参考书，甚至利用石印技术随意缩放的特点，制作考场夹带用书。折扇这种文人士子常见的随身之物，也被作为载体，刊登科考信息。

丰子恺先生在《扇子的艺术》一文中曾经描述过诗韵折扇：

> 利用扇面书画作某种实用的，我小时就看见过，就是科举时代考乡试的秀才们用的折扇。那扇面是石印的，一面印着乡试场的平面图，中央是明远楼、至公堂等建筑，两旁是蜂巢似的试场，好像是用千字文作

---

① 见《石印地图扇面》，《申报》光绪十年（1884）闰六月初八；《上海城厢内外地图扇面》，《申报》光绪十三年（1887）闰四月十四日；《铜版书画地图扇面》，《申报》光绪十四年（1888）二月二十七日。

号码的。这就是杭州贡院——现在省立高级中学所在地——的地图。另一面印着密密的蝇头细字，是诗韵的全部，从一东二冬……直到十六叶十七洽，所有的字都被包括在内。这种扇子现今早已绝迹，旧家或者还当作古物保藏着。设想自己退回半个世纪，做了科举时代的人，觉得这种扇子实在合用。一方面可作入考场的向导，他方面可作吟试诗时押韵的参考。[①]

文中所记，诗韵折扇一面为乡试考场地图，一面为诗韵，其生产和使用年代应在1905年废除科举制度之前，销售范围应为本省以内。随着科举制度的终结，这种扇子必然会失去市场，但制作者们这种以市场需求为导向的经营思路不会改变，为了赢利需要，他们针对大众需求选择其他符合的信息。

（二）城市地图信息

随着近代交通的发展，指导人们出行的旅行类书籍大批出现，各大城市旅游地图也一版再版，一方面说明城市的繁荣发展，导致信息需要不断更新；另一方面也显示了对这类信息旺盛的市场需求。针对当时的旅行市场，印刷折扇中出现了服务于城市居民的内容。《申报》光绪十年闰六月初八（1884年7月29日）刊登"石印地图扇面"广告："上海城厢地广人稠，里巷纷歧，动易迷向。兹物特精绘新图，用石印缩成扇面，六街三市朗若列星……"光绪十三年闰四月十四日（1887年6月5日）"上海城厢内外地图扇面"则称"旧图行世已久，其街市里巷多有改易，今特更正"，方便本地居民出入使用。

目前传世的印刷折扇中印刷各类舆图者十分常见。中国国家图书馆藏《大清一统全省地舆图》清光绪许馨石印本扇面一幅，收藏家赵大川藏同名折扇一幅。[②] 潘晟《民国南京刘霖记的扇面地图——〈最新世界全图〉》介绍了一件刘霖记地图折扇：正面为《最新世界全图》，背面为孟秀珙绘人物图[③]。另外，在各拍卖会中见有《大清一统全省地舆图》（北京保利2007年春季拍卖会）、《中国一统全省地舆图》（中国书店2011年第55期大众收藏书刊资料拍卖会）等折扇地图拍品。

北京艺术博物馆藏一把民国地图印刷折扇，竹制扇骨，保存完好，正面为彩色《最新大中华民国地图》，图例清晰（图1）。

---

① 丰子恺：《扇子的艺术》，《申报》民国二十五年（1936）七月七日。
② 方华、赵大川：《透过地图读历史》，载《地图》2003年第5期，第32页。
③ 潘晟：《民国南京刘霖记的扇面地图——最新世界全图》，载《地图》2017年第4期，第128页。

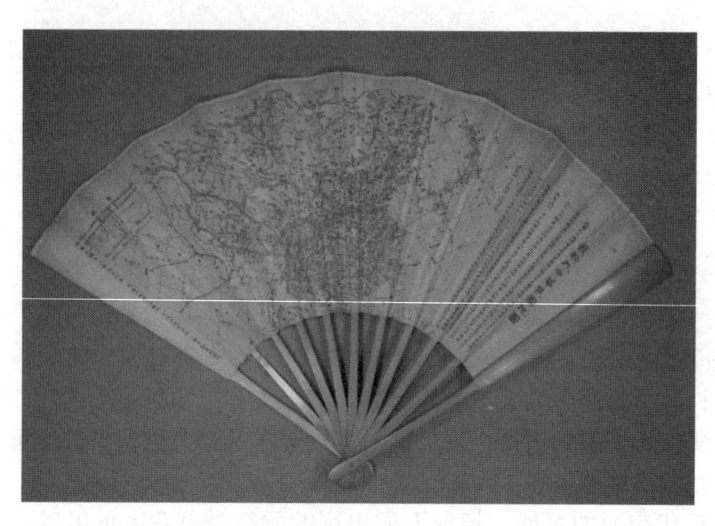

图1　民国石印《最新大中华民国地图》折扇正面，北京艺术博物馆藏

图前有题记为："我国地大物博，寰宇之内罕与俦匹。惜百年来国势陵替，人遂讥为东亚病夫。辛亥鼎革，举国喁喁望治，乃瞬逾一纪，而阋墙之争，择肥之噬，几无岁无之！民国四年，日人所提之廿一条要求，乃莫大之耻也！今虽举国否认，而旅顺、大连收回究在何日？引领东北，能无杞忧？甲子秋，丹阳洪懋熙编制浼作一中日两国合图，俾吾人手而目之，览旅大之变色，相与比较两国疆土之大小，强弱之悬殊，何以弹丸黑子竟雄踞于赤县神州之上？庶几群策群力，一德一心，使我国地位并驾欧美而上！四十万方里之坤舆，庶几有豸有心之士，尚其有感于斯。制图毕，率成七律一首：'人道中华是睡狮，睡狮应有睡醒时。可怜败衲攒虮虱，况复萧墙斗虎貔。正论徙薪徒逆耳，阴谋撒饵正扬眉。填平沧海知何日，且向中山把酒卮。'"

民国时期出版的地图常加附说和索引，是传统方舆图志的体例，因旧地图绘制方式所限，需以文字补充说明。而此地图题记则为表达制图者意图，将中日两国地图并绘，用国土面积的大小与国力强弱形成鲜明对比，意在警示国人救亡图存。

图末"中华民国十三年九月初版 有著作版权不许翻印 丹阳洪懋熙并识 南京刘霖记发行"，与题记中"甲子秋，丹阳洪懋熙编制浼作一中日两国合图"印证，可知该地图创作时间为民国十三年（1924年），制图者为民国时期著名地图出版家洪懋熙。洪懋熙（1898—1966），字勉哉，号慕樵，江苏丹阳人。从小酷爱史地，进入上海中外舆图局学习，曾就职于商务印书馆、上海世界舆地学社，后创办东方舆地学社，编绘出版地图。20世纪初，面对帝国主义列强侵略蚕食我国领土、侵犯我国主权的种种现象，洪懋熙等早期制图工作者，以编制地图的方式描绘国家山河，捍卫国家领土。

目前文献资料中关于刘霖记的记载较少。查民国十三年十一月二十四日（1924年11月24日）《申报》曾刊登礼明、阿乐满大律师代表扇业刘霖记注册声明："查该号专精石印苏扇、各种名人书画、各样虎皮笺、粗细花点颜色，版权不准翻印。除请本律师向农商部商标局注册外，特此登报声明。"可知，刘霖记是一家以笺扇为主营的商号。另1932年南京书店出版的《旅京必携》"商业·扇帽类"中载有"刘霖记"商号，是当时南京有代表性的扇类商行。它发行的折扇扇面除了绘有常见的人物、山水图案之外，还印制中国地图和世界地图。

作为认识世界的直观图像，地图不仅承担着为人们提供资讯的职能，更体现了不同时期社会公众对于国家概念的认知。自古以来，地图作为重要文献，在国家军事、经济和社会组织中具有举足轻重的作用。在某些情况下，地图甚至相当于疆土。《韩非子·五蠹篇》中有"献图则地削，效玺则名卑；地削则国削，名卑则政乱矣"。可见古代对于地图的重视程度。舆图的测绘和编制多由官方主持，制成的地图也作为国家机密珍藏于官府中。加之中国古代社会交通运输环境的制约，长久以来普通百姓对于地图既不关注，也无需求，因此民间少有流传。

随着测绘技术的进步、商品经济的发展，国家观念发生了转变，舆地学出现了百花齐放的局面。光绪三十年（1904）起，商务印书馆雇用日本五彩石印技师，[1] 印制销售五彩地图《大清帝国全图》《坤舆东西半球图》等。[2] 地图随着绘制和出版技术的发展得到广泛传播，这种原本不见于民间生活的文献，甚至出现在作为日用品的折扇扇面之上，成为畅销商品，不得不看作是当时社会生活大变局的写照。

（三）交通旅行信息

上述《最新大中华民国地图》折扇背面印《全国重要城市旅行一览表》，以起程地名笔画多寡为序，标注了上海、天津、北京、汉口、广州等51个城市之间的182条城市交通线路，注明所乘交通工具及时间，"便利经商旅行之用"（图2）。

---

[1] 见商务印书馆：《欲印五彩地图、银钱票、月份牌及照相铜版者鉴》，《申报》光绪三十年（1904）五月二十一日："本馆现从日本东京聘到精致做五彩石印、照相铜版工师十余人，制出各件，极蒙大雅嘉许，各省官商，如有欲做以上所件者，务请光临，无不价廉物美，以副雅意。"

[2] 《商务印书馆新出五彩地图》，《申报》光绪三十一年（1905）七月十二日。

图 2　民国石印《最新大中华民国地图》折扇背面，北京艺术博物馆藏

对于交通线路的文献记载古已有之。近代以来，社会的流动性大为增强。铁路等交通方式的兴起大大缩短了来往各地之间的时间，便利了人们的出行，促进着商业和旅游的发展。传统社会中人们的游历行为更加私人，行程安排和时间管理较为松散。到了民国时期，《全国重要城市旅行一览表》这类交通信息会被印制在折扇上销售，体现出当时社会对于这类信息具有普遍需求。从内容上看，城市间交通线路丰富，行程时间可以精确到分钟，铁路交通成为普遍的出行方式，人们来往于各大城市之间旅行、经商，公共空间与社会观念也逐渐向近代化改变。

（四）时事政治信息

中国国家图书馆藏民国石印本《日帝国主义惨杀下之五三惨案图》扇面地图，存扇面二幅：正面为《济南五三惨案形势图》，背面《五三国耻竹枝词》[①]。

"五三惨案"是 1928 年日本政府为了阻止国民政府北伐，以"护侨"为名于 4 月 23 日出兵山东，5 月 3 日向国民党北伐军发起攻击，持续数日，杀伤中国军民一万七千余人，震惊中外，史称"济南惨案"。消息传出，上海、南京、武汉、广东等各大城市反日情绪高涨。印刷扇面以"五三惨案"为主题，与诗韵、地图、交通等实用信息相比，更加具有时效性，明确地展示了其作为信息媒介的作用。

---

① 鲍国强：《中文古旧纸质地图的存放方式与保护工作》，《全国图书馆古籍工作会议论文集》，国家图书馆出版社 2008 年版，第 118 页。

鸦片战争以来，西方列强侵略欺压，中国被迫签订了众多不平等条约，中国民众逐渐产生了近代国家观念，有了主权意识和民族意识。民族意识是"千百年来锤炼出来的对本民族的强烈认同意识，表现为对本民族文化的强烈认同和对本民族发展兴衰的荣辱感、责任感和使命感，具有全民族的特点，带有强大的凝聚力、向心力和创造力，是一个民族得以存续和发展的重要精神力量"。[①]近代中国民族意识的觉醒，使越来越多的人认识到国家命运与个人荣辱紧密相关。印刷折扇以爱国时政信息作为主题，向世人展示了中国民众维护民族的统一和尊严的决心。

四、结语

印刷折扇的生产随着社会需求的改变而变化，从为科举设计的诗韵折扇到交通地图，再到时政信息甚至商业广告[②]。印刷技术的发展使折扇生产效率提高，作为一种大众媒介成为可能。舆地学的进步、公共交通事业的发展以及国家观念和民族意识的形成，为作为媒介的印刷折扇提供了丰富的信息资源。印刷折扇继承了传统书画折扇作为文化载体的功能，以新的技术、新的思想为引导，起到知识普及、爱国宣传、公共信息传播乃至广告营销的作用。人们在使用折扇的过程中，接触到了社会生活的实用信息，更在无意间接受了现代化的生活方式。

折扇信息的变化不仅体现出近代以来印刷技术的进步，更从一个角度展现了社会生产力的发展、商业的繁荣、交通运输业的成就、公共信息领域的拓展乃至国家观念和民族意识的觉醒，展示了晚清民国时期转型期的社会生活，进而折射出整个近代社会文化的变迁，值得进行更加深入系统的研究。

〔作者：李蓓，北京艺术博物馆副研究馆员〕

---

① 沈桂萍：《中华民族意识与抗日战争》，载《中央民族大学学报》1995年第5期，第3页。
② 见丰子恺：《扇子的艺术》，《申报》中华民国二十五年（1936年）七月七日："……也在折扇上印上对现代人有实用的花样，好比日本商店赠送顾客的广告扇子一样（中国的商店也早已有过这种赠品了）。"

漳州木版年画手工艺的文创设计开发模式研究*

赵彦

摘　要：针对历史悠久、濒临失传的漳州木版年画技法和艺术表现，本文结合非遗文化保护、推广的需要以及发展创新的要求，研究并提出一类较为可行的设计观念，以此既能完整、有效保留漳州木版年画的技法特征和艺术风格，使其在学术和商业领域得以多元一体地有序传承创新，又能够通过深度文化挖掘，为漳州的旅游文化产业进一步构筑良好的历史人文生态，提升传统手工艺的文化价值，强化输出效应和拓展推广渠道，为解决类似或相关的文化研究问题提供借鉴。

关键词：漳州木版年画；传统手工艺；文创设计

漳州木版年画作为闽南地区重要传统手工艺代表的非物质文化遗产，对当地的历史人文、民俗艺术研究等具有重要的学术价值和文化内涵。在传统手工艺日趋式微的行业趋势中，本文尝试通过文创产品设计开发的理念，结合产业优势来驱动市场需求，在产品设计和用户交互体验方面进行相关非遗手工艺及其载体的文化创新模式研究，从理论和设计实践层面提出了一系列设计思维和构想，以期实现对包括漳州木版年画在内的传统手工艺进行保护与传承推广的目的。

一、研究背景与现状述评

据考证，漳州木版年画是自汉唐以来被人南迁带来的中原文化与闽南文化

---

* 本文为福建省教育厅社科项目"闽南社区社会变迁的文化记忆和载体研究"（项目编号：JAS19494）项目成果之一。

相结合的产物，初始于宋朝，明朝永乐年间逐渐兴起，到了清朝发展至鼎盛。漳州木版年画艺术风格或清新明丽，或浑厚粗犷，糅合南北方年画的特色，形成了独有的闽南年画装饰艺术风格。① 漳州木版年画的兴衰与民俗文化的发展紧密相连，是实用艺术与民俗活动的结合，也是人们寄托精神和期望的一种形式。

福建木版年画分作闽南、闽东、闽北三大系统。这三大系统中，以闽南的年画中心产地——漳州的种类最多，以闽东的福鼎最具特色。② 目前，只有闽南的漳州年画与闽东的福鼎饼花较为系统地保存下来。③ 漳州木版年画作为闽南地区具有代表性的民间艺术，对周边省份的年画创作与传播有着深远的影响，已在2006年成为第一批国家非物质文化遗产之一。

从对漳州木版年画传统文化研究来看，近年来主要研究成果如下：黄启根对漳州木版年画的起源、题材、艺术特色进行了整理与分析；④ 王晓戈对漳州木版年画传承人（颜氏家族）的相关资料进行了梳理与发掘；⑤ 翁丽芬在传统美学框架下对漳州木版年画的形式美进行研究与探讨。⑥

从非遗保护与开发的角度来看，主要研究成果如下：林育培论述了漳州民间木版年画的历史文化渊源及其兴衰的社会条件，并从艺术风格和技法特色角度提出了保护漳州木版年画的思路；⑦ 许宪生对泉、漳、台木版年画的起源、艺术特色及保护措施进行了对比论述；⑧ 周毅铭将课程拓展与漳州木版年画相结合，从艺术教育的角度进行了论证与分析；⑨ 贺瀚以数字化技术为载体，探讨对漳州木版年画进行保护和开发的思路。⑩

---

① 王晓戈：《漳州木版年画艺术》，福建人民出版社2009年版，第25页。
② 景献慧：《试论吴启瑶与福建木版年画》，载《东南传播》2008年第2期，第97-98页。
③ 王晓戈：《福建木版年画发展现状及其艺术特征》，载《闽江学院学报》2010年第4期，第129-132页。
④ 黄启根：《漳州木版年画——中国民间工艺美术瑰宝》，载《漳州职业大学学报》2003年第2期，第47-49页。
⑤ 王晓戈：《民俗文化语境中的闽南木版年画》，福建师范大学2012年博士学位论文。
⑥ 翁丽芬：《探研漳州木版年画的形式美》，载《艺术生活——福州大学厦门工艺美术学院学报》，2012年第1期，第67页。
⑦ 林育培：《漳州民间木版年画初探》，载《漳州职业大学学报》2003年第2期，第44-46页。
⑧ 许宪生：《闽台木版年画的比较研究及保护》，载《美术》2009年第9期，第106-109页。
⑨ 周毅铭：《漳州民间木版年画艺术教育校本课程的开发与思考》，载《现代中小学教育》2015年第9期，第51-54页。
⑩ 贺瀚：《数字化漳州木版年画的构想》，载《湖北科技学院学报》2013年第4期，第157-158页。

技术的发展、人口变化或社会规范的改变等通常都会产生新机会[①]，福建木版年画的文化研究有了一定的成果，但就其发展现状来看，对木版年画的保护和开发上仍存在不足，尤其是在技艺的传承和保护方面。关于非物质文化遗产保护与开发的研究，多停留在对其文化价值的研究，鲜有针对非遗相关产品设计开发模式的研究。本文以漳州木版年画为起点，探索一种符合现代市场规律的产品设计开发模式，提出一种解决思路，以期能为其他非物质文化遗产的保护与开发研究，以产品为载体的设计研究提供借鉴。

从政策的角度来说，2016年国务院常务会议确定推动文化文物事业单位创意产品开发的措施，提出了关于文化创新产品的"四要"原则，分别从政府建设、人才培养、跨界融合等层面作出指导，以吸引更多的社会力量参与到开发文化创意产品的行业中来。在充分响应政策号召的背景下，对漳州木版年画传统技艺传承方式的再设计有利于其作为非物质文化遗产的保护和推广。同时，结合相关市场需求和文化创新方向，以相关手工艺为载体的产品设计，不仅有利于进一步繁荣漳州地区的经济建设，也有利于推广和发展漳州地区的特色文化，这也是本文研究的实用意义所在。

基于涉及的行业、技术、设计理念、开发流程、文化价值、方式方法等因素的多样性和复杂关联，在明确研究目标和对整体研究内容确定的前提下，笔得可以得出以下研究重点。

（一）漳州木版年画传承的完整性研究

不仅需要对木版年画的载体、制作工具、雕刻技法、艺术表现特点、体裁、风格等进行全面的资料收集整理，而且要深入细化了解其中的具体关系，以及载体、技法与表现之间的相互影响，构建复原出成完整的年画设计、制作、印刷体系，并对流程中各个环节的关键要素进行产品设计转化分析研究，以期制定出能够将各方面要素进行充分融合创新的设计研发思路。

（二）漳州木版年画传承的具体方式与途径

一方面要对传统的传承方式进行整理发掘，就其中区别于其他同类非遗的特殊要素进行重点研究和保护，制定出能够对接到产品设计研发、推广、符合市场需求、提升用户使用体验的有效方法和途径；另一方面要在产品设计开发过程中，结合现在已有的传承保护方法等加以共同完善。

（三）漳州木版年画非遗推广的形式与范围

文化产业的原动力来自文化本身，是对文化因素、事项进行创造性再生产

---

① ［美］卡尔·T.乌利齐、史蒂文·D.埃平格：《产品设计与开发》，杨青、杨娜译，机械工业出版社2017版，第40页。

的商业运作①。对于漳州木版年画的保护、传承和推广，一方面要充分学习、理解、利用好国家相关政策和资源；另一方面也要引入有效的市场机制，对各方面的资源和渠道充分进行整合运用，以期实现文化价值和商业推广覆盖面的最大化，为后续的产品迭代开发和非遗保护传承的深度发掘做好相应准备。

二、目前存在的主要问题及成因

随着社会不断演变，现代化生产方式在各行各业中已经达到了高度的成熟和普及，并且伴随技术的革新而不断自我完善。在此基础上，市场需求和文化形态也是全面围绕当代社会体系来构建、发展、变化的，因此，绝大部分非遗中的传统手工艺在当今社会已逐渐失去其原有的市场存在条件和社会环境。

不可否认的是，以漳州木版年画为代表的部分传统手工艺在现代社会中仍然因其所代表的历史、人文以及艺术内涵而存在着，但这是因为当前消费多元化的市场对于相关文化需求的认可和接受，而非其所承载的各种意义本身；因为那些被赋予意义的载体在其有限的生命周期内，始终是从产品到商品，再到用品直至被终结的这一过程②，并以各种不同的具体呈现内容周而复始地伴随着技术革新，迭代循环于人类的整个产品设计史中。与此同时，被抽象出来的意义，则紧密依附于特定历史时期所赋予其的某种文化功能，以至于无论多么粗糙的手工艺，从其以行业模式诞生的一刻起，便被天然地加载以当初的时代特征。而时代发展是一种持续更迭的变化过程，在自然经济条件下，社会的变迁尚处于相对较慢的节奏，各种手工艺行当亦可以依托该环境中，社会消费的滞后性特征以满足最大限度的市场需求，继而维持自身的生存和发展。因此无论是手工艺本身，还是手工艺的载体和输出品，以及其所承载的社会文化意义，都能够较为稳定地存在并延续下来。但随着人类文明进入工业文明，社会生活、社会结构、消费方式、生产方式和生产力等都发生了极大的改变，而这些变化的速度、节奏也随技术发展的高速提升和整个社会文化现代化转型的加速而越来越快，这就导致了手工艺稳定存在的主体结构被彻底打破，其在市场需求中所引申出的一系列原有价值，自此始终处于被动选择的状态。换言之，"须求"变成了纯粹意义上的"需求"，加之因手工艺依赖其载体而存在，而当载体未被市场接纳并逐渐随着社会生活的变迁消失时，手工艺本身便也逐渐失传了。

---

① 刘宇、张礼敏：《非物质文化遗产作为文化创意产业本位基因的思考》，载《山东社会科学》第 2012 年第 11 期，第 95 页。
② 在任何时代中，某种产品的废弃仅代表着此阶段其生命周期的终结，但亦有可能是另一种意义存在形式的生命周期之开始，从历史发展的纵向来看，有着无数的先例，比如我们对于"文物"的定义和归类。

虽然某些传统手工艺从材料上与现代产品批量化仿制生产的同类产品所需的材料相同，且机器生产是需要材料本身要有一定的一致性，这种一致性是材料可以被标准化生产的基础①，但这与前面提到的手工艺原有的社会文化定义是有着本质区别的。即便是那些现代市场驱动下的传统手工艺，以某种"高端定制"或"现代手工艺产业化"等形式存在着，但也因为其已失去了曾经基于整个社会环境的行业竞争和比较性优势，从而也成了一个个行业残存，以一种碎片化的消费遗存和文脉断片存在着，形如孤岛。从载体到技法本身，都失去了其原有的适应于市场和行业生存的能力特征。

但是凡事都有两面性，一方面工业化取代了手工艺；另一方面又从技术和设计模式层面，造就并提供了复兴具有较高历史文化艺术价值的手工艺的可能。因此如何在工业化社会体系下，通过产品文创设计开发出相应设计模式，充分利用工业化生产的技术优势和规模，尝试借助新的或已有的成熟市场需求来重新激活其行业的存在条件，同时将技法、工艺以及载体本身通过产品设计体系进行再造、保留与推广就成为缓冲、解决包括漳州木版年画在内的某些非遗传统手工艺不断萎缩消亡的重要切入点。

三、漳州木版年画的文创设计开发模式探析

关于该开发模式的研究，从其形式与内容来说，实际上是重点探讨木版年画制作的传统技法、表现方式、设计元素、载体形式等，并通过技术整合的结果开发出新产品。②在保留其原有传统手工艺特征和人文内涵的前提下，通过深入研究加以综合，继而尝试从设计模式的输出上对其进行传承发展，同时围绕相关方法论中的一系列关键要素展开探讨，为类似非物质类文化遗产的保留方式与市场推广提供较为明确的可行性方案。

现代文创产品设计研发的基本架构和方法，是迥异于传统手工艺生产过程的独立体系。部分的日常工业产品中，很少体现出中国传统文化，似乎这种文化在消失殆尽。③但二者在不同时代和生产力发展程度背景下，都体现出了各自独特的产品设计、制造优势和社会存在的必须属性。要将二者从开发模式上进行有机的对接与融合，继而达到对传统非物质类文化遗产进行传承和推广的

---

① 张小开：《多重设计范式下竹类产品系统设计规律研究》，江南大学2010年博士学位论文，第95页。

② 申长江：《基于企业面向批量化生产的技术整合的（TIM）机理研究》，华中科技大学2008年博士学位论文，第10页。

③ 李晓芳：《继承·融合·创新——对在现代工业设计中融入中国传统文化元素的一些看法》，载《市场周刊（理论研究）》2007年第11期，第15页。

目的，就必须先分别搞清楚两者的专业属性和特征，再就其差异性、相似性和可能存在的相关交集进行进一步的深入探讨，从而尝试得出文章研究所需的相应结论。主要从以下几个方面来进行讨论。

（一）传统手工艺的特征概述

手工艺和工业化生产模式是相对的，是以手作劳动为主要生产方式的造物活动。而各行业的传统手工艺制造体系在工业化社会到来前，长达数千年的人类造物史中，长期居于社会生产的绝对主导地位。虽然随着生产力的发展，技术推动下的生产方式变迁，经济结构的变化以及人类社会生活形态的改变，让传统手工艺由社会生产的主流模式到日渐式微乃至趋于消亡，但无法否认的是，其在漫长的人类社会产品史中曾经创造出的无数文明辉煌和艺术成就，在推动人类文化从形式到内容上都得以不断的丰富和进步，乃至在文脉的延续中，依然拥有无可取代的地位和重要性。而随着传统文化的复兴，在研究传统的生产生活方式以及人与物、人与环境等的各种关系、科技内涵等方面[1]。对于当今社会人文、艺术、设计等方面的影响力已然超越了其原有的历史范畴，在现代社会中逐渐成为人们在精神需求和市场经济层面上，对社会生活多元化、文化结构丰富化的有效催动力。这也使得包括传统手工艺在内的各种非物质文化的传承和复苏、发展成为可能。因此，要对传统手工艺的特征进行详细的理解分析，就需要将之拆成"传统"和"手工艺"来进行分开解读。

对于"传统"的定义属于历史视角来界定的范围，从行业发展来看，一般是以其在工业化社会到来前的时间范畴内作为判断的标准。但从行业要求本身所需的技法来看，"传统"在时间轴上的划分也不是完全孤立的。随着行业传承的需要、生产生活方式变迁和技术的不断完善，与手工艺劳作过程中相关的流程、技巧、艺术表现方式、风格等也在持续的改良和成熟，直到在前工业化时代达到一个高度的、相对稳定的水平；而这种在行业中以手工艺从业者为载体，被称为"手艺"的设计制造体系，因其传承有序和生产制造体系的持续运作，被明确的定义为"传统"。这里需要注意的是，对于手工艺行业，除了满足上述条件，"传统"应当是在社会生产生活中依然存在的行业，虽然未必是继续发展的，但一定不是彻底消亡，停留在记载中或已被遗忘的。

而"手工艺"一词则强调了行业的属性特征，"手"字体现出设计制造体系的基本特点，即通过工匠的手作劳动来进行实现的，是相对于机器化大生产所依靠的"工业化"而言的；在行业性质明确的前提下，"工"和"艺"则进一步地包含了更多、更深入和更广泛的内容。

---

[1] 潘鲁生、唐家路：《民间工艺文化生态保护与调研纵横谈》，载《山东社会科学》2001年第2期，第106页。

针对传统手工艺行业的普适性特征，其中"工"有以下几层含义。

1. 基本技法

基本技法是相对于最终产品的完成条件而言的，在传统手工艺中，技法涉及的层面较广，如原材料的采集加工、生产工序中的制作方法及应用，完成最终产品所需的各类生产场景、特定环境的营建，不同阶段中时间和节奏的掌控等；强调的是产品生产制造所需的必要技术因素。基本技法可以通过不断重复训练和方法运用熟练度的提高来获得经验的积累，从而使产品的制作具备更高的效率和质量稳定性。

2. 制造流程

手工艺的制造流程更注重"人"的参与，除了基本技法的必须性，流程的完成度、实施顺序、参与度以及可能涉及的多行业、团队的合作模式等，都需要以生产者为中心来进行。人在制造活动中不仅作为技法的载体而存在，更通过不同程度和方式的参与、计划、协调、执行，推动着手工艺产品从设计到制造的整个过程。

3. 生产环节

如果说"技法"是传统手工艺的核心内容，"流程"是产品生产过程的系统逻辑，那么"环节"则是关联二者的关键因素。通过产品制作过程中各环节的完成度以及效率评估，可以得出基本技法的应用程度，不同环节间相互影响对整个制造流程的作用（积极或消极的，能否按预期计划、目标完成相应的生产目标）；产品制作过程中行业标准的执行程度；材料、时间和人力成本的预期与实际投入；生产环境和条件的不足与优化；制作过程中半成品的良品率以及对成品率（成品之后还有进一步的良品率验证评估）的初步预估等。对生产环节的掌控在传统手工艺产品投入产出能否顺利进行具有关键作用。

4. 产品质量

这里的"质量"是针对实用性产品的可用性而言的，关乎手工艺制品的若干特征、特性以及各类行业指标等；并不涉及相关的艺术表现和美学内涵。这里的"产品质量"包括：材料质量；基本技法的应用程度；流程与环节的完成度；行业相关标准的达标情况；基于良品率标准上的产品质量分级等。

"艺"的内涵是在"工"基础上的拓展和提升，主要包括以下几个方面。

1. 超越基本技法的艺术表现内容及形式

作为手工艺产品来说，仅仅是做的"能用"还不够，在产品满足可用性、易用性和适用性的前提下，还要进一步的从人文内涵的层面加以提升，提升的方法和体现，则是通过美学原则指导下的艺术表现加以实现。这一结果的具体形式随着不同手工艺行业的特征和艺术审美解读的需要而呈现出不同的特定性与差异性。对于同一行业不同地域、文化背景下的手工艺产品来说，这些不同的特定性和差异性通常主要体现在产品艺术题材、内容、艺术表现形式和技法等方面，也被称为手工艺的"艺术风格"。

2. 个性化

传统手工艺产品的个性化特征主要通过产品的内涵与外延传递出相应的信息和特点。其主要和制作者个人、团队等所擅长的表现手法、习惯相关，可以理解为手工艺制品的"作者签名"。即便是同一行业标准和艺术风格的手工艺产品，因其不同制作者的手法习惯等特点具有较大或细微的差异，以及对制品的态度、理解和理念不一，所以在产品上呈现出鲜明的个人风格特征。

3. 明显高于基本技法的制作、表现技巧

这里并非指的是前面提到的"艺术风格"，而是在满足产品制作的基本技法的前提下，通过不断打磨、历练、成熟的制作技巧和经验，在手工艺产品的制作过程中，在技法的运用与创新，生产流程和环节的协调、把控、推进、完善等方面所体现出来的制作工艺美。相对于最终产品所呈现出来的艺术层面的内涵美与外延范畴的形式美，传统手工艺的制作工艺美也是需要去重点关注和研究的。

通过分析传统手工艺的主要特征，可以较为系统全面地分析得出传统设计开发体系下产品生产制造的必要条件和特点。这也为进一步地研究漳州木版年画产品开发模式提供重要的基本参考与解读架构。

（二）漳州木版年画的手工艺特点

漳州木版年画采用分版分色的"饾版印刷法"，先印色版，再印线版。其中的一大特色是水印和粉印相结合，即在有色纸上套印粉色，使之产生厚薄不一的表面肌理。在使用黑色底色时，还大胆地加入金线银线，使之显得富丽堂皇。漳州木版年画的兴衰与民俗文化的发展紧密相连，是实用艺术与民俗活动的结合，也是人们寄托精神和期望的一种形式。

从材料和手工艺技法上来划分，主要分为雕版工艺和印制工艺两部分。雕版工艺的板材多选用质地坚硬、纹理细腻、不易弯曲磨损的梨仔、红柯、石榴等优质木材[①]，雕刻线版的材料须没有明显瑕疵，否则会影响到线稿的流畅和精细度，对印刷效果造成不良的视觉体验。而色版的材料选择宽松，因为色彩的大面积印刷可以填补、遮掩一些较为明显的瑕疵。目前现存的漳州木版年画多为双面雕版，一般而言，双面雕版所用的材料较厚，约 5 厘米；单面雕版所用的材料略薄，约 3 厘米，如果没有合适的材料做较大的雕版，就必须将木板

---

① 王晓戈：《漳州木版年画艺术》，福建人民出版社 2009 年版，第 25-26 页。

拼合黏接起来制作较大的版材①。制作时从画稿的绘制到线版的制作，都需要对尺寸、技巧、风格等有着较为准确的把握，如刻线时要使线条流畅有力，为了防止木材随着气候变化的开裂而影响印刷，刻线须由细至宽地进行刻绘；刻线与基版的夹角须平滑统一；为了防止印刷时积墨影响效果，在刻线相交转折处须呈斜坡状，同时基版须修整平整……雕版工艺在年画制作中起着决定性的作用，因此基本技法的熟练度，技艺水平的高低等都对年画的艺术性和实用性有着直接的影响。

印制工艺方面，漳州木版年画采用"饾版印刷技法"，就是先分版分色地进行套印，再进行线稿的印制，这种色线结合的方式不用再另行笔绘。主要包括纸张的选择、印刷工具的准备和颜料的调制等方面。印制过程中的分色印刷，对版位的固定、套色位置的准确性，以及线稿套印的印刷过程（如运用棕包按照从中间到两边有序拓压，反复压擦纸面，突出雕版肌理等），对印刷的效果有着重要影响。在其他地方传统年画的印制中，仅仅依靠不同的配色和色彩面积是无法充分体现出版画所要表达的艺术题材和内容的，为了将画面主体和内容主题进行凸显，就必须要通过手绘线稿的方式进行补充绘制，这类似于绘画创作中先铺背景色和大色调，再进行细节的描绘方法。而漳州木版年画的饾版印刷工艺则通过套色和线版的分开制作与印刷，在特定印制流程与方法指导下，可以在保证印制质量的有效性上，最大限度地降低手工劳作的繁复度，这其中也体现出了一定程度的批量化和标准化的系统设计思想。从手工艺的定义特征以及技法流程上来讲，漳州木版年画具备完整的设计制造工艺体系，并且在操作规范和生产环节中在一定程度上体现出了以效率质量优先的产品标准化研发思路，这些都为现代工业化生产模式下的产品开发模式对接提供了较便利和可用的相关条件与资源。

（三）对接漳州木版年画手工艺文创设计开发

李砚祖认为民间艺术有两种存在形式，一是原生态的民间艺术，二是市场态的民间艺术。市场态的民间艺术品本质上已不再是传统意义上的民间艺术品，而是文化工业的产品。①漳州木版年画手工艺对于其工艺体系而言，具有高度的以个人经验为主导，行业规范为指标的制作特点；其中产品批量化和标准化的依托体系和范畴、性质都是以非大规模机器生产为特征的。这和现代工艺类产品的设计开发模式有着较大的不可调和的差异。这就致使全部照搬工业化产品设计开发的流程与模式无法直接对接漳州木版年画手工艺的传统产品研发体系。而现代手工艺的生产形式对于手工艺在传统上的保留和继承依然是一种高

---

① 刘昂：《山东省民间艺术产业开发研究》，山东大学 2010 年博士学位论文，第 5 页。

级定制型生产，这种生产应当保持传统的手工生产方式，生产流程的每一个步骤都用纯手工完成[①]，就这一点而言，其与传统手工艺的生产制造模式没有明显的差异，如果市场需求、生产主体、生产技术以及专业化集群式生产和外部环境建设等[②]任何一方面因素发生不可控的风险和变故，那么对于非物质文化遗产的传承要求来说，都是不可预知的消极影响。

基于此，必须从另一个角度来思考，如果将漳州木版年画手工艺的版画制作技法、流程、载体、功能以及输出品对应的印刷方式等，从"工"和"艺"上与现代工艺类应用型产品相结合，将其在现代工业化产品开发模式下能够最大限度地进行保留、推广、普及；从产品的集成度上将包括制作技法和流程在内的版画制作、工具和作品收纳、工作模式、艺术技法和表现等进行整合，那么就可以实现对非物质类文化遗产进行有效传承的目的。但这既要求在产品中突出体现出其应有的传统特征，又要符合广大用户的使用场景和习惯需求。

因此，通过比较漳州木版年画和现代版画类工艺产品的特征，发现其在材料载体层面上可以形成较为良好的交集，即都可以通过相同或近似的材料进行制作，继而在版画这一共同工艺载体上呈现出相应的不同艺术表现效果。二者的区别在于产品的生产加工模式，前者是手工制作，后者是机械化批量加工。"手工"和"机械化"主要是指制作主体上的差异，前者是人，后者是机械设备，但二者的区别除了载体层面，主要还是体现在工艺结果的呈现上的。以往认为机械加工产品呆板无趣，缺乏手工制作的意韵生动，体现不出充分的"人文内涵与价值"。但这种以主观审美为指导的意见其本质主要还是关注于成品的艺术表现风格上。从"艺"的层面来说，随着科技的进步和发展，包括快速成型、激光精刻、智能深度扫描还原等技术在内的一系列高精度制作技术的成熟和商业化运用的逐渐普及，让漳州木版年画在传统技法的艺术表现风格的还原度，以及表现技巧中的个性化特征再现等成为可能——即通过机械批量化加工制造来复刻保留传统手工艺的艺术价值。这也为给用户提供良好的使用体验而进行的，产品艺术风格的预设提供了技术可行性。这虽然无法和传统的实物载体以及非遗手工艺固有的人文价值内涵相提并论，但却从文化创意和市场推广的角度上为漳州木版年画相关非遗的抢救性保护与传播提供了清晰可行的思路。

---

① 田源：《传统民间手工艺现代生产组织形式研究》，山东大学 2010 年硕士学位论文，第 7、15、19、43 页。

② [美] 卡尔·T. 乌利齐、史蒂文·D. 埃平格：《产品设计与开发》，杨青、杨娜译，机械工业出版社 2017 版，第 55 页。

（四）产品用户使用过程中的技法指导

这主要是对"工"的再现和保留，从文创开发模式的产品特征和用户需求出发，并考虑到具体的交互行为，因此需要更加直观、多元化的渠道、媒介、形式等来为用户提供良好的学习平台与操作环境，以便在学习和使用过程中对产品所需要的相关资源条件等进行整合。诸如可以通过视频教学、制作流程的图解说明，结合实物、素材等，指导用户对相关产品进行实践操作，对漳州木版年画手工艺的基本技法、制作流程、环节等进行相应体验。通过在应用层面上对工艺技法和使用流程的复刻和再现，从文创产品设计的视角来对版画传统手工艺进行了最大限度的保留和还原，并具有进一步的拓展性——例如，对雕版制作感兴趣的用户也可以使用雕刻工具按照技法教程在空白的木板上沿产品预先设定好的线稿，还原传统制作过程中所需的基本技巧来进行雕刻制作；在进行套色印刷时，则可事先在多块相同内容的木板上按照不同的色彩区域进行标识，指导用户进行相关的饾版印刷操作等。此外在产品的用户体验过程中还需要注意将"工"和"艺"分开对待；并从用户参与的难易度、兴趣、关注点等进行针对性的引导设计，由易到难，在技法的表现上进行多层次的融合、拓展需求；同时将用户分享与展示、现实场景的应用、教程教学和资料宣传等方面进行综合构建。

四、结语

综上所述，漳州木版年画的传统手工艺开发模式研究不仅对手工艺呈现出的载体本身进行了保护、再造与传承，还对工艺技法层面的制作流程和艺术形态在文创设计开发模式的对接下，通过集成设计进行了复刻和保留。基于广泛的用户群体，构建多元化、多层次的用户产品体验，在具体的使用过程将特定的闽南历史人文、民俗传统、工艺技法等文化内涵融合于版画的雕刻、印制过程，让传统通过设计创新、内容创新、形式创新、文脉创新再次得以传承和复兴。本文对传统手工艺的社会存在、工艺特征、开发模式对接等提出了一系列的论点和建议，以期对同类型的产品开发、非遗保护和行业拓展起到指导与启发的作用。

〔作者：赵彦，厦门大学嘉庚学院设计与创意学院讲师〕

柳溥庆与《标准习字帖》的书法传播

——一个新中国书法出版史视角中的编辑与印刷案例

祝帅

摘　要：在中国古代，刻书与刻帖几乎是随着雕版印刷技术的成熟同时发展起来的两种物质文化形态，在某种意义上，古代的刻帖从属于今天的美术出版，是出版史的重要组成部分，对此，在书法史、出版史等领域已有诸多研究。与此同时，19世纪后半叶以来，随着现代出版、机械印刷、摄影技术的传入，无论是中国的书籍出版还是书法出版面貌都发生了范式性的转变，但相对于古代的刻帖和现代的编辑出版史而言，学界对新式书法出版的形态及其对书法史、出版史、印刷史所带来的影响的相关研究还远远不够，尤其是对重要出版机构、出版人和书法类丛书、书籍出版的案例研究还存在诸多空白。在本文中，笔者即对书法史上长期被忽视的我国著名印刷出版专家柳溥庆及其编著的《标准习字帖》丛书个案展开初步研究。

关键词：出版史；印刷史；书法史；柳溥庆；字帖

笔者自20世纪80年代末开始学习书法，时至今日仍对使用过的两套丛书印象最深：一套是文物出版社的《历代碑帖法书选》，这是几乎所有国内书法爱好者都耳熟能详的一套书；另一套是北京出版社的欧、柳、颜等书体《标准习字帖》及其续编《间架结构习字帖》（以下简称《习字帖》）。谈到这套丛书，20世纪60年代至90年代开始入门学习书法的读者都会记忆犹深。这套由柳溥庆主编，北京出版社自20世纪60年代初陆续推出的丛书直到今天还在出版，虽然它的影响力与过去已不可同日而语，但是它曾长期在中国书法的教育史和出版史上扮演了一个难以替代的角色。书法家、书法史家刘涛在《书法学徒记》一书中的表述代表了相当一部分书法界人士的态度："20世纪60年代发行的各种字帖，多是影印名帖，或是选字本。柳溥庆选编的这套楷书习字帖，是写字课的教材，也是学书者的自修读本。……我学书之初受益柳溥庆编写的这套字帖，对编者一直怀着敬意。"① 在本文中，笔者即对书法史上长期被忽视的我国著名印刷出版专家柳溥庆（曾用名柳圃青，1900—1972 年）及其编著、由北京出版社出版的《标准习字帖》丛书个案展开初步研究。

一、在印刷史之外：柳溥庆的美术经历与艺术人生

由于柳溥庆并未过多参加书法界的活动，长期以来，其书法作品在坊间难觅踪影，书法界对于柳溥庆的了解也仅限于其编辑这套《习字帖》。事实上，柳溥庆与书法乃至美术界的缘分不止于此。柳溥庆编辑这套产生如此大影响力的《习字帖》并非临时起意的偶然为之，而是根源于其长期艺术专业的训练与参与。从民国时期开始，柳溥庆就具有印刷技术和美术两方面的训练和学术背景。一方面，他在法国勤工俭学，刻苦学习印刷技术并参加革命，在民国时期以"中国照相印刷术的发明人"②而闻名出版界；另一方面，他也有着长期学习美术和参与美术界活动的经历。

据陈发奎撰文、柳百琪提供图片的《印刷泰斗亦为上海美专之骄傲——柳溥庆先生美术书法学养的研究》（以下简称"陈文"）一文提供的资料，柳溥庆自幼师从天主教上海土山湾画馆的学员、被誉为"中国水彩画第一人"的徐咏青，进行美术创作的启蒙。1921—1923 年，柳溥庆就读于刘海粟创办的上海美专。关于此段经历，美术史研究领域知之甚少，但众所周知的是，1924—1927 年柳溥庆赴法勤工俭学期间，曾在里昂和巴黎的美术学校学习，柳溥庆至今存世的唯一一件原创美术作品就是此间绘制的一幅法国老人肖像光影全因素素描。从这幅作品来看，柳溥庆并没有接受当时在巴黎已经风起云涌的现代绘画，而是和徐悲鸿等留法学生一样走了写实主义的道路。此外，他还以 19 世纪末在西方流行的黑白插画的形式绘制了中共旅欧支部机关刊物《赤光》杂志的封面。回国后，"柳先生没有做鲁迅先生所说的'空头美术家'而选择了实业救国，将美术素养用到宣传革命和印刷技术中去"。③

但是陈文没有记载的是，柳溥庆还曾参加民国时期上海著名的美术团体"晨

---

① 刘涛：《柳溥庆选编的楷书习字帖》，《书法学徒记》，中华书局 2019 年版，第 215-222 页。
② 《柳溥庆发明照相排字机：我国印刷界将有大改革》，载《实业杂志》1935 年第 210 期，第 19 页。
③ 陈发奎、柳百琪：《印刷泰斗亦为上海美专之骄傲——柳溥庆先生美术书法学养的研究》，载《上海艺术家》2012 年第 5 期，第 32 页。

光美术会"①。他在该会的活跃期从攻读上海美专前的1920年一直延续至1931年，历时10年以上。《申报》的证据也显示，柳溥庆是该会的创办者和重要参与者之一。晨光美术会吸引了众多中国画家和油画家，同时也吸引了大量实用美术领域的艺术创作人才。除了柳溥庆以外，还有著名的留美广告人兼书画家、著有《中国本土报刊的兴起》（*The Rise of the Native Press in China*）并曾担任《申报》馆协理的汪英宾（号省斋，1897—1971年）。《晨光美术会谈话会纪事》即由汪英宾任记录员，他还曾在该会主办的学术谈话会上演讲《我们中国人要学的是哪一种西洋画》。② 从柳溥庆、汪英宾等人的个案中可见民国时期实用美术与造型艺术之间的密切联系。

不过，柳溥庆、汪英宾等并不是以自己在广告、设计等工艺美术方面的成就来晨光美术会的活动的。汪英宾曾是绘画大师吴昌硕的弟子，他的吴昌硕式石鼓文风格书法作品《舆论师资》至今仍悬挂在他曾留学的密苏里大学；《晨光》杂志曾刊载其所撰《法兰西的近世画学》一文，只是长期以来，因其化名为"报"而所掩。而彼时，柳溥庆虽无更多纯美术创作和论文发表，但其收藏的三幅《清郑板桥画竹》也曾发表于20世纪40年代的《寰球》杂志。③ 尽管标明"柳溥庆珍藏"，但这三幅作品从风格上看不似郑板桥真迹，应属伪托之作，但从中不难看出柳溥庆回国以后对艺术保持着一以贯之的关注。

当然，论及柳溥庆与美术界最密切的一次联系，也是工艺美术领域和美术领域在民国时期一次空前重要的合作，还要首推柳溥庆参与创办的《美术生活》杂志。在这份杂志中，柳溥庆将印刷技术、工艺美术和美术之间的关联打通，实现三者的结合。在某种意义上，柳溥庆之于《美术生活》的作用正有些类似于汪英宾在晨光美术会中所扮演的角色。如果说汪英宾因与《申报》的特殊关系，在某种程度上保证了晨光美术会的展览和各种学术活动信息得以频繁在《申报》的新闻版面现身，那么也可以说，正是印刷专家柳溥庆的加入，在极大程度上保证了《美术生活》的编印质量及其在工艺美术设计学术史上的重要地位。

回顾早期《美术生活》编辑名单，可谓群英荟萃。徐悲鸿、林风眠、黄宾虹、雷圭元、颜文樑、贺天健、方君璧、李有行、郎静山、吴朗西等，这些在美术史上如雷贯耳的名家济济一堂，其阵容简直可以用"神仙打架"来形容。在《美术生活》，不但各个艺术门类的高手汇聚，而且分工合理。柳溥庆既负责杂志的印刷工艺，也发表个人艺术（摄影）作品和重要的印刷工艺论文、译

---

① 1927年晨光美术会更名为晨光艺术会。参见《晨光美术会更名晨光艺术会启事》，载《申报》1927年1月3日，第3版。

② 《晨光美术会学术谈话会纪事》，载《申报》1921年3月7日，第10版。

③ 《柳溥庆珍藏 清郑板桥画竹》，载《寰球》1947年第19期，第24页。

文等。在杂志创刊号上，柳溥庆撰写了《本刊"印刷工艺"今后之任务》一文，提出："文化运动之发展必须利赖进步之印刷技术，否则文化运动之发展必受其影响！……现在本刊首先出现于中国社会，对于中国印刷学术研究之设备及其组织，当应负有宣传之责任。"①柳溥庆常年主持《美术生活》杂志印刷方面的专栏，使得这份民国时期的美术杂志在印刷、设计方面有独到的特色，在实务方面推动了美术和印刷两大实业的融合，也在极大程度上促进了民国时期印刷出版、平面设计等领域理论研究的发展。

从创刊至1937年国难之前，《申报》上多有《美术生活》各期的出版广告。在《美术生活》最后一期（第41期）的出版广告中，特别提到了编辑部"特别征求本刊第8期"，称可用品相完好的第8期杂志换最新的任意两期，或张善孖、张大千兄弟的《山君真相》一册。而回顾第8期的杂志目录，其中的"工艺栏"正包括柳溥庆的文章《摄取阴图的失败原因及其解决法》和译文《平版印刷术之基础（续）》。近年来，除了柳氏后人对相关史料的积累与研究外，围绕《美术生活》杂志的专题研究在中国现代设计史研究领域蔚然兴起，关于柳溥庆在平面设计领域的贡献也已有多篇研究专论发表。这些都让我们看到，柳溥庆不但有专业的艺术背景和专业训练，在艺术组织、收藏、研究、编辑出版等领域也有深度的参与，这些都是他能得以在抗日战争时期编辑书法教材并最终于20世纪60年代出版的重要基础和艺术铺垫。

二、唐驼榜书与印刷正楷：柳溥庆书法审美的两个源头

如果说上述关于柳溥庆艺术背景的梳理只能佐证他和美术及工艺设计的渊源，无法具体说明他书法兴趣的起源，那么接下来，我们把研究视角对准柳溥庆的印刷工艺背景，或能从其中找到答案。柳溥庆进入国内印刷工艺领域之初是受到唐驼的提携，并在20世纪20年代受到唐驼资助赴法国勤工俭学，唐驼在印刷领域对其有极其重要的影响。在书法方面，唐驼以正体字闻名，传世作品多为正楷碑文、牌匾等。"唐体正楷"强调规范性，对笔画的装饰角进行了艺术化的夸张，除了有书法史上颜、柳的意味以外，更能看出古代宋、明刻本雕版印刷字体的影响。其难得一见的行、草书作品也带有强烈的正楷笔法乃至章法的趣味，这些显然与他所从事的现代出版这种工业化的审美立场一脉相承。柳溥庆的书法作品虽然在今天难以见到，但从其编辑《习字帖》的选帖和选字来看，其对于书法的关注也主要源自正楷。并且，柳溥庆将这些正体字作为单字选出印刷，这种以印刷编排取代原碑刻章法的做法，显然也是延续了印刷字体而"现代性"的审美法则。

---

① 柳溥庆：《本刊"印刷工艺"今后之任务》，载《美术生活》1934年第1期，第27页。

1988年，柳溥庆长女柳伦延续其父20世纪40年代编辑的《标准习字帖》和20世纪60年代编辑的《间架结构习字帖》，续编了《唐体孝弟祠记标准习字帖》和《唐体楷书间架结构习字帖》，并附录了《唐驼轶事》一文。文中将民国时期写市招和字模的书家与书法界公认的名家并列的做法，即使在今天看来也堪称是"石破天惊"之举。但书法界很多人和笔者一样，对唐驼这位在民国时期一度闻名上海的正楷书家的了解是从1988年的这篇文章开始的。在今天，与柳溥庆因在印刷史上的贡献而闻名不同，唐驼更多是作为一位书法家为后人所熟知。

对于柳溥庆和唐驼之间的关系，学界已有诸多研究，尤其是在印刷方面唐驼对柳溥庆的影响，柳氏后人如柳百琪、柳伦等已多有提及。由于我们今天几乎见不到任何可靠的柳溥庆的毛笔书迹[①]，所以无法从书体上进行唐驼书法艺术风格对柳溥庆影响的研究。尽管如此，笔者仍尝试从以下两个方面来分析唐驼在书法方面对柳溥庆的影响。

一方面是善于利用媒体进行书法传播，并注意受众反馈。唐驼能成为整个民国时期的牌匾书法名家，除了他的正体楷书雅俗共赏之外，还有一个很重要的原因在于他善于利用媒体进行营销。检索《申报》，关于唐驼信息的内容大多数是他卖字的润格广告。其中最为夸张的一次，是在1921年上海南洋公学附属小学校庆之际，他利用直升飞机在典礼现场高空投放卖字润格广告传单，引发了极大的广告效应。[②]并且，唐驼还善于利用新闻事件效应在《申报》这样的商业媒体发布各种信息，吸引公众的注意。如1931年，唐驼生病，从咯血病危到大病初愈后继续卖字的信息，都持续登上《申报》的广告版面。这种不惜利用个人的身体安危状况大做广告的行为，极大地激发大众的购买欲。[③]到了晚年，唐驼还在新闻媒体上进行各种"唐驼已死"的辟谣，称欲买字者可致电唐驼家中核实。[④]

在利用媒体进行营销这一点上，柳溥庆吸收了唐驼善用广告的优点。20世纪60年代，在报刊上刊登商业广告极为少见，柳溥庆在三种间架结构习字帖刚出版时，即在《人民教育》1961年12期发布《介绍三种习字帖》的出版信息，并附有三种字帖的内页，极为吸引读者。与此同时，作为一位有着丰富编辑经验的印刷工作者，柳溥庆还极其重视公众的社会反馈，不论是该套习字

---

① 网传柳溥庆唯一传世的书法作品是1964年参与研制第三套人民币水印成功后书写的"首创水印为国争光"八大字，可备一说。
② 《南洋公学附属小学祝典四纪》，载《申报》1921年6月14日，第10版。
③ 《书家唐驼咯血》，载《申报》1931年7月9日，第14版。
④ 《唐驼退老在家专门卖字》，载《申报》1937年2月25日，第3版。

帖在出版前于北京景山学校的试用，还是宣称后续各册视读者反馈情况而决定是否出版的声明，都体现出一种当时碑帖出版中不多见的"用户视角"。这与源自唐驼的媒体经验有一定的关联。

另一方面是沿用了唐驼曾经使用、在民国时期一度风行的"习字帖"这个称谓。唐驼在20世纪30年代曾为春明书店缮写《学生习字帖》，并在《申报》发布广告。"习字帖"这个说法，在今天并不常用，一般简称为"字帖"。但是在民国时期，"习字帖"的说法却很普遍。如果对民国时期使用"习字帖"这个名称的出版物进行语境检视，会发现一般来说，称作"习字帖"的出版物，是面向书法启蒙、习字的入门教材，有初级、启蒙的诉诸教学而非书法艺术的用意在。这种"习字帖"一般用于中小学教育教学领域，区别于艺术创作中的"碑帖"，其字体一般为唐楷正体，罕有不适宜书法初学者的行草书，也极少见已退出应用范畴的篆隶书。

《标准习字帖》和《间架结构习字帖》自20世纪60年代起陆续出版，此后又多次重印，一直沿用"习字帖"的称谓，这其中是否蕴含着柳溥庆向唐驼致敬的用意现在已不得而知。但在20世纪60年代，"习字帖"这个称谓已逐渐由"字帖"一词取代，然而从该套丛书的销售来看，并未受到书名的影响。由于自身学习美术，柳溥庆有着美术教育基础课和独立的创作课专业训练的经历，他因此意识到书法初学者在临帖之前也应有一定的基础课阶段。对于初学正楷的习字者而言，基础课阶段除了执笔和工具材料选择，还应重视点画和间架结构的训练，并还应辅以历代书法史、碑帖鉴赏和书论作为理论基础。这些内容在他主编的《习字帖》丛书中都有不同程度的体现，这也是《习字帖》独有的编辑考虑。

民国时期称作"习字帖"的，往往指向初级的书写训练，这种初级的训练不被称作"书法"，而以"写字""习字"代之。在中华人民共和国成立后直至改革开放前，"书法热"兴起之前这段时间也与此类似的情形。如尉天池在1974年出版《怎样写毛笔字》中就对书法避而不谈，除开篇提到"优美的毛笔字，还是我们祖国特有的书法艺术，它有着悠久的历史和丰富的遗产"[①]外，绝口不提书法，而只说"写毛笔字"。这一方面反映出在当时社会环境中存在书法"实用"高于"艺术"的观念，读者的学习书法的目标是写一手好字，而非成为高水平的书法专家；另一方面也体现出对于书法初学者，特别是中小学生用户的定位诉求。在这样的社会需求下，正体字尤其是唐代正楷，作为一种与印刷关系最为密切的应用字体，自然具有应用方面的优势，也是适合初学者的首选字

---

① 尉天池：《怎样写毛笔字》，江苏人民出版社1974年版，第1页。

体。虽然这套《习字帖》诉求为"实用",但通过后附的《正楷书法的源流和变迁》及历代正楷代表性作品的附图可以推断,即使是在20世纪80年代"书法热"的需求下,《习字帖》客观上还是推动了书法艺术的普及。而90年代以后北京出版社出版的由陆剑秋、双秋主编、左汉桥题签的钟繇、王羲之、王献之、欧阳询、颜真卿、柳公权、文征明等人的《小楷习字帖》,仍沿用了"习字帖"的书名。

如果说唐驼和民国时期各种"习字帖"对柳溥庆的影响是其书法兴趣产生的一个源头的话,那么另一个促使他对文字书写表现出敏感的源头就是作为印刷工作者对于汉字字体的关注。从印刷史的角度来说,柳溥庆对于印刷的主要贡献在于技术的传播、设备的应用和工艺的探索发明等几方面,字体设计并非柳溥庆当时的主要工作。但作为一位具有良好的美术训练和美学素养的出版印刷工作者来说,对于字体的关注是题中应有之义。《习字帖》系列最早推出是在20世纪60年代初,也是中华人民共和国字体设计自觉探索的起点。1960年1月7日,《人民日报》刊发《进一步提高印刷技术》的短评,其中提出大力提高铅印质量是当前印刷技术革新的主要方向之一。[①]

尽管《习字帖》系列中并没有直接提到印刷字体设计,但出版印刷规范性、统一的编排理念与字体设计的审美法则是一脉相承的。1961年柳溥庆编辑完成《柳体玄秘塔标准习字帖》后,曾一度在字体规范性方面受到批评:"就我所见的流行的字帖来说,就像《柳体玄秘塔标准习字帖》等,因为是集古之作,不仅一个合规定的简体字也没有,而且好些未简化的字跟现行楷体也不全同。"[②] 几乎是与此文同时意识到这一问题,在1963年完稿的《柳体楷书间架结构习字帖》后附的"几点申明"中,柳溥庆写道:"原碑有很多繁体或异体字,现在并不通行,今为说明结构而收入作例,我们在实际应用时,应按照现行通用字书写为宜。"[③] 此册及柳伦在20世纪80年代编辑的赵体习字帖,书后均附有《本帖繁体字、异体字和现行字对照表》,似乎也可以说明作者将习字帖中的汉字书写与其所从事的印刷工艺中的汉字字模进行着一种自觉的对标,这也势必影响到作者的审美与艺术理念。

三、字帖编辑的典范与书法创造的限制

在20世纪的中国书法发展史上,50年代至60年代初期是一个相对稳定

---

① 《进一步提高印刷技术》,载《人民日报》1960年1月7日,第2版。
② 林曦:《简化字和书法》,载《人民日报》1963年5月13日,第4版。
③ 柳溥庆编:《柳体楷书间架结构习字帖》,北京出版社1981年版,第40页。

时期。这期间适逢文化教育、社会科学领域的全国院系大调整以及第一次美学大讨论,书法作为一种国粹受到了学术界和全社会的关注。一些重要的书法研究者,比如沈尹默、沈从文、宗白华等纷纷在这一时期发表了他们关于书法(或写字)研究的文献,当时的《人民日报》上也经常可以见到一些关于书法与书写简化字的报道与讨论。尤其重要的是,1963年,原浙江美术学院(今中国美术学院)一度设置了中国高等教育史上的首个书法专科本科专业。因此,柳溥庆在20世纪40年代和60年代初编辑、并于60年代初出版的四本《习字帖》可谓"生逢其时"。这套《习字帖》的生命历程也贯穿整个20世纪。它最初编辑于民国(抗日战争)时期,出版于中华人民共和国成立后的"十七年",由其子女续编并发扬光大于改革开放后的"书法热"大潮中。它们是整个中国现代书法发展的见证人。

自从20世纪60年行代欧、柳、颜三体《标准习字帖》和作为续编的《柳体楷书间架结构习字帖》出版以来,《习字帖》家族不断拓展。20世纪80年代和90年代,柳伦又分别根据其父的遗愿并结合市场反馈,陆续编辑出版了其余各体的《间架结构习字帖》和赵体《寿春堂记》、唐体《孝弟祠记》的《标准习字帖》和《间架结构习字帖》,并获得了积极的市场效益。据《40年来我国部分出版社发行在50万册以上的图书目录》(1976年1月—1989年6月)显示,此期间柳溥庆所编的欧、颜、柳三体《标准习字帖》的发行量均在150万册以上。其中,《柳体玄秘塔标准习字帖》的发行量最高,为194万册;《柳体间架结构习字帖》为154万册。而在20世纪80年代以后出版的各续编方面,欧、颜二体的《间架结构习字帖》发行量也均在70万册以上。这份目录中有统计数据的欧、颜、柳三体《习字帖》计6种,彼时的发行总量为808万册,基本接近于《简化字总表》在此时期的发行量(851万册),远远超过其他教学、教辅类书籍。[①] 考虑到当时的学校并未像今天一样普及书法课,此书也并非作为学校教材来售卖的,这样的销售数据在当时堪称天文数字。

然而在这个出版市场奇迹的背后,很多书法界人士心中萦绕着一个谜团:这套丛书的编者,无论柳溥庆本人还是其长女柳伦都并非书法家,不仅不是书法专业人士,就连他们的书迹也在坊间难觅踪影。尽管前文梳理了柳溥庆在绘画、印刷、工艺美术方面的参与和研究,笔者对柳溥庆、柳伦父女的书法修养也毫不怀疑,但毕竟在一个专业化、"隔行如隔山"的社会中,以非书法专业人士的身份竟然编辑出改革开放之后特别畅销的字帖之一,终究是令人称奇的。对此,只能说这种在今天看来仍然堪称惊人的发行量,要归功于"十七年"期

---

① 傅惠民:《40年来我国部分出版社发行在50万册以上的图书目录(三)》,载《中国出版》1989年第12期,第62-87页。

间相对宽松的社会环境和文化氛围、改革开放后"书法热"的大环境和这套《习字帖》本身经久不衰的编辑思路和出版质量。

我国碑帖出版复制技术源远流长，早在宋代即有流传广泛的《淳化阁帖》被称作"刻帖之祖"，晚清民国时期，在现代印刷出版技术的推波助澜下，民国时期碑帖的影印、复制等到达一个小高潮。虽然珂罗版、石印等这些现代印刷技术与古代碑帖的复制方式迥异，但在传播方面并无二致。要特别指出的是，作为印刷和出版专家的柳溥庆果断意识到仅仅将古代碑帖影印、复制，是无法满足书法初学者的需求的。对于初学者而言，他们没有足够的技术准备去直接临帖，而是需要一册图文并茂的字帖兼教材，既能满足"临帖"的基本要求，又可以作为一本读物自学参考。因此，柳溥庆在直接影印、复制经典碑帖之外别开新的编辑思路，加入分类、解说，并利用现代新式印刷排版技术将"永字八法"等古代童蒙文献转化为带有一定知识性、学术性和普及性的新式出版物。

概括地说，柳溥庆的《习字帖》在编辑方面区别于其他古代书法影印碑帖和书法教材，既体现为一种"规范性"，充分体现出编者在专业编辑、出版、印刷方面的优势，又体现为一种"在场性"，让读者感受了高度的可读性。这两重属性使得它既成为民国时期的书法出版过渡到中华人民共和国时期承前启后的一个重要桥梁，也为新时期的书法出版设定了标杆。

在"规范性"方面，由于有明确的体例和编辑思路，所以这套《习字帖》有很强的延展性，这也是20世纪80年代以后柳伦能够很快用近似的体例编辑出版赵、唐等其他各体及其间架结构《习字帖》的基础和重要保障，一般读者也很难看出柳伦的续编与其父原编之间的分别。而此前没有被书法界所充分接纳的"唐体"，在其中与其他书法名家并列时也并没有太大的违和感。这一方面得益于唐驼乃至柳溥庆的后人注意悉心收集整理各种资料，另一方面也充分体现了柳溥庆在字帖编辑体例方面所制定的规范是后人可以不断重复操作的。这种规范除了体现在编辑体例方面，也体现在装帧设计方面。这套《习字帖》统一选用染织品上的花卉图案进行装帧设计，印刷、用纸等低调而高雅，虽然没有封面设计师的署名，但仍能看得出是精心、上乘之作，在整个中华人民共和国早期装帧设计史上也应有一席之地。在书名设计方面，延请丰子恺为丛书分别题签，丰子恺作为李叔同的弟子，其书法的趣味等虽不入古法帖，但却与现代设计高度协调，具有形式美感，不落俗套，有一种装饰性的意味，在今天看来都仍未过时。此后该套《习字帖》多次再版、重印，都不曾改变封面设计。不得不说，在该书的编辑、设计等方面，柳溥庆都发挥了他作为印刷工作者专业方面的优势。

在"在场性"方面，尽管《习字帖》中所使用的图文混排的版式、间架结构的分类乃至运笔动作示意图等均非柳溥庆的原创，但他创造性地将各种内容整合在一起，不仅使读者可以全面了解与本册字体相关的技法、历史等各方面的知识，也产生了极好的阅读体验和延伸阅读的兴趣。尤其难能可贵的是，《习字帖》还包含了书法史方面的内容，尽管非常浅显，但却能够唤起读者对书法史的兴趣，在一定程度上体现了该书在研究方面的自觉。虽然民国时期已经生成了中国书法史研究的学术路径，但中华人民共和国成立后直至改革开放前夕，大陆地区并没有出版书法史的专业读物。即便是民国时期出版的各种书法史，往往也由于印刷条件的限制还未能做到图文并茂，李健计划在商务印书馆出版的《中国书法史》手稿中虽有大量插图但终究未能出版。在这样的情况下，《习字帖》就扮演了中华人民共和国成立后最初的书法史读物的角色，并且其叙述方式、图文编排与碑帖图片的选择也带有书法史的学术价值，代表了书法史研究体例的一种创新。这种书法史知识的普及，在一定程度上为改革开放后的文化热、美学热讨论普及了必要的书法史的常识和基础知识。

然而，尽管《习字帖》为书法类图书的编辑出版树立了一个极高的标准，但站在今天编辑出版的标准和书法出版史的立场上，我们可以发现这套《习字帖》丛书的训练目标都指向"写字"而不是"书法"。众所周知，书法提倡的是个性、表现，《兰亭序》中出现的二十个"之"字，可谓神采各异；但在印刷字体中，则要求尽可能诉诸于统一和规范。书法理论家邱振中的研究指出书法的神采就存在于书法作品"微形式"的微妙变化之中，如《九成宫》中的六个"宫"字"猛然一看，它们几乎一模一样，但是它们有细小的、微妙的区别——这是被绝大部分观察者忽略的细节。这就是今天学习《九成宫》的人，学习欧阳询楷书的人会把它写死掉的原因"。① 但是在《习字帖》这里，不但这种微妙的区别被抹平了，甚至同类结构的不同的字之间的区别也被标准、统一、规范的"平均美"所取代。应该说，这是柳溥庆作为印刷专家所采纳的一种工业化的审美标准，它与现代印刷的字体设计一脉相承，但很可能与艺术创造渐行渐远。要之，《习字帖》丛书作为极好的练字范本编辑案例的定位，并不等于本身是专业书法学习的理想的入门教材。学习书法，还需要选择更专深的范本。

四、结语

总的说来，柳溥庆和他的《习字帖》丛书已经成为我们谈论中华人民共和国书法史时无法绕开的一个极有影响力的个案，以至于无论在谈论中国书法史

---

① 邱振中：《关于"书写深度"及其他》，《此乃堂也》，上海书画出版社2021年版，第133-134页。

还是中国出版史时,似乎都应该有这套丛书的一席之地。这套丛书的案例让我们看到印刷文化对于书法传播的推动和贡献,在印刷和编排方面足以垂范后世。在对编者表达充分敬意的同时,站在艺术史和出版史的立场上,我们也应该开始在现代出版的背景下反思诸如书法出版物作为一种鲍德里亚所说的"拟象"和"仿真"对于书法原真性的敉平,印刷文化对于书法书写意味的改编与现代性的汉字工业审美范式的生成等一系列前所未有的新情况、新问题。

〔作者:祝帅,北京大学图书馆副馆长、研究员〕

郭沫若题赠沈钧儒《水龙吟》词考

何志文

摘 要：郭沫若题赠沈钧儒的《水龙吟》词是见证二人抗日战争时期在山城重庆结下的深厚友谊的重要诗词作品。该词被《寥寥集》《蜩螗集》《沫若文集》《郭沫若全集（文学编）》等沈钧儒和郭沫若的权威作品集收录。因各书关于该词的信息不一致，研究者在引用该词时出现了一些错误。本文根据相关资料和中国国家博物馆馆藏"与石居"手卷等，对该词写作的时间、相关人物、产生背景以及流传情况等进行了简单梳理、考订和分析，纠正了对该词的各种错误认识。

关键词：郭沫若；沈钧儒；《水龙吟》词；《寥寥集》；《蜩螗集》；《沫若文集》

抗日战争时期，身在重庆的郭沫若在周恩来和中共中央南方局的领导下，肩负中共统战工作重任，与社会各界尤其是进步民主人士交游频繁，诗词酬唱、笔墨来往颇多，著名的上海救国会"七君子"之一沈钧儒就是其中之一。笔者在翻检沈钧儒"与石居"相关资料时，发现郭沫若为沈钧儒题写的《水龙吟》一词，研究引用者甚多，但有些说法并不准确甚至是错误的。究其原因，很大程度上在于研究者未见过该词的原始版本，且收录该词的各类权威出版物因信息不全等原因有所误导。

本文拟根据收录《水龙吟》词的相关书籍的不同版本和中国中国家博物馆馆藏文物，对这首词的来龙去脉及流传情况等作一番梳理和简单分析，以纠正某些错误说法，还这首词以真面目。

一、郭沫若为沈钧儒题《水龙吟》词（图1）

沈叔羊在编辑《寥寥集》1978年第四版时，收入其父沈钧儒所作《与石居》一诗，并将郭沫若题赠的《水龙吟》词作为附录一并收入诗集中：

"……郭沫若先生曾写有《水龙吟》词一首，记父亲之好石，附录如次：

水龙吟 一九四二年八月七日 沈衡山先生爱石，凡游迹所至，必拾取一二小石归，以为纪念。自命其斋曰'与石居'。

商盘孔鼎无存，禹碑本是升庵造。古香已逸，豪情待冶，将何所好？踏遍天涯，汉关秦月，雪泥鸿爪。有如神志气，长随书剑，时縢以，一拳小。

浑如[①]风清月皎，会心时点头微笑。轻灵可转，坚贞难易，良堪拜倒。砭穴支机，补天填海，万般都妙。看泰山成厉，再劳拾取，为翁居料。[②]"

这首《水龙吟》词是反映20世纪40年代抗日战争时期，同在山城重庆的郭沫若与沈钧儒之间交往酬唱的重要作品（图1）。《寥寥集》再版时，沈叔羊特意将这首词收录其中，以示其父与郭沫若的交谊。

图1 沈钧儒（左前一）、郭沫若（右一）等人在沈阳车站的合影

相关研究者谈到沈钧儒和郭沫若的交往时，经常引用这首《水龙吟》词。杨胜宽、蔡震主编、上海书店出版社出版的《郭沫若研究文献汇要（1920—

[①] 原文如此，应为"似"。

[②] 沈钧儒著，沈叔羊编：《寥寥集》，生活・读书・新知三联书店1978年版，第89-90页。

2008）》记载：1942年8月7日，郭沫若《水龙吟》，咏沈衡山先生爱石，摘录如下："……有如神志气，长随书剑。""轻灵可转，坚贞难易，良堪拜倒。砭穴支机，补天填海，万般都妙……"①此外，《抗战时期郭沫若与沈钧儒的诗词酬唱》一文也说："1942年8月7日，郭沫若又为'与石居'填《水龙吟》词，云：沈衡山先生爱石，凡游迹所至，必拾取一二小石归，以为纪念。侯外庐兄榜其斋曰'与石居'。商盘孔鼎无存……为翁居料。"②

上述书籍和文献等只有《郭沫若研究文献汇要（1920—2008）》注明了所引用《水龙吟》词的出处，即1982年出版的《郭沫若全集（文学编）》（第2卷）。实际上，收入这首《水龙吟》词的，除《郭沫若全集（文学编）》（第2卷）和1978年版《寥寥集》，还有1957年人民文学出版社出版的《沫若文集》（二）和1948年9月上海群益出版社出版的《蜩螗集》（图2）。这些书籍，都是收录沈钧儒和郭沫若相关作品权威的出版物。

图2 群益出版社1948年9月版《蜩螗集》

研究郭沫若这首《水龙吟》词，上述书籍是最权威的信息和资料来源。

值得注意的是，这首词的创作时间，《蜩螗集》《沫若文集》标注的都是"八月七日"，没有具体年代。可见，郭沫若在《蜩螗集》和《沫若文集》中收入

---

① 杨胜宽、蔡震主编：《郭沫若研究文献汇要（1920—2008）》（卷3），上海书店出版社2012年版，第410页。

② 李斌：《抗战时期郭沫若与沈钧儒的诗词酬唱》，载《群言》2017年第2期，第49页。

这首词时，并未确定其创作年代。1982年《郭沫若全集（文学编）》（第2卷）出版，编者沿用了《蜩螗集》和《沫若文集》上的时间，该词的创作年代依旧不明。

除了创作时间，1948年版《蜩螗集》、1957年版《沫若文集》（二）（图3）、1978年版《寥寥集》和1982年版《郭沫若全集（文学编）》（第2卷）中关于《水龙吟》词的题记部分，也有一个问题值得注意。

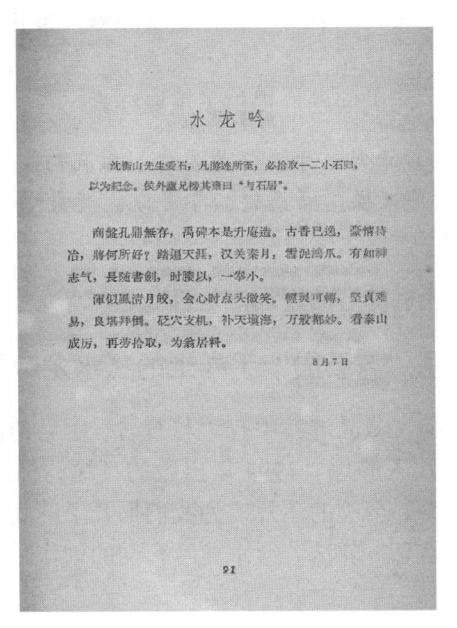

图3 1957年版《沫若文集》中的《水龙吟》词

对比各书中《水龙吟》词的题记部分，1948年版《蜩螗集》中最后一句是"于右任先生榜其斋曰'与石居'"，[①] 1978年版《寥寥集》中为"自命其斋曰'与石居'"，1957年版《沫若文集》和1982年版《郭沫若全集（文学编）》（第2卷）中则是"侯外庐兄榜其斋曰'与石居'"。三种说法差别很大。

诗词的题记一般是解释创作目的和缘由等的。因此，郭沫若为何写这首词，就有了三种不同的说法：一、为了于右任为沈钧儒题写"与石居"斋额之事所作；二、为了沈钧儒自命其斋为"与石居"之事所作；三、为了侯外庐为沈钧儒题写"与石居"斋额所作。

这三种说法到底孰是孰非？

沈叔羊在回忆父亲沈钧儒的文章中指出："父亲的书斋，自铭为'与石居'，

---

① 郭沫若：《蜩螗集》，群益出版社1948年版，第85页。

张仲仁、于右任与侯外庐曾先后为他写过额……"①沈钧儒的孙子沈宽也指出："祖父生前的书斋里，挂着两幅同名'与石居'的匾额，是张仲仁和侯外庐两位先生题的。"②

根据二人的回忆文章来看，各书《水龙吟》词题记中的"于右任先生榜其斋曰'与石居'""自命其斋曰'与石居'"和"侯外庐兄榜其斋曰'与石居'"三种说法，并非杜撰，皆有所本。

那么，郭沫若的这首《水龙吟》词，到底跟哪件事有关？

沈谱、沈人骅编《沈钧儒年谱》中一条关于"与石居"手卷的记录，为我们解决《水龙吟》词的相关问题，提供了重要线索：

> 本年（1940年）正月，于右任为先生（指沈钧儒）在"与石居"手卷上题词。嗣后，梁寒操、冯玉祥、李济深、黄炎培、郭沫若、茅盾等先后题词于手卷上。③

"与石居"手卷上郭沫若的题词，是否上述《水龙吟》词呢？

二、于右任等题"与石居"手卷上的《水龙吟》词

中国革命博物馆编《藏品选》中有"与石居"手卷的部分内容，可惜没有刊出郭沫若的题词。沈人骅编、1994年出版的《沈钧儒》画传中于右任等为沈钧儒题"与石居"手卷全貌的图片，为我们揭开了谜底（见图4）。

根据二书提供的信息，郭沫若《水龙吟》词的创作时间等问题，就此迎刃而解。

图4 "与石居"手卷上郭沫若题写的《水龙吟》词

---

① 沈叔羊：《父亲沈钧儒为什么喜欢石头》，《沈钧儒纪念集》，生活·读书·新知三联书店1984年版，第351页。

② 沈宽：《沈钧儒石趣》，载《地球》1981年第一辑，第23页。

③ 沈谱、沈人骅：《沈钧儒年谱》，中国文史出版社1992年版，第231页。

于右任等为沈钧儒题写的"与石居"手卷现存中国国家博物馆，为20世纪60年代沈谱女士向原中国革命博物馆捐赠的沈钧儒遗物之一。仔细查看"与石居"手卷上的《水龙吟》词，可以发现它与《蝌蚪集》《沫若文集》《寥寥集》《郭沫若全集（文学编）》（第2卷）中的内容亦有细微的差别，兹将手卷中的内容录入如下：

商盘孔鼎无存，禹碑本是升庵造。古香已逸，豪情待冶，将何所好？踏遍天涯，汉关秦月，雪泥鸿爪。有如神志气，长随书剑，时腾以，一拳小。浑似风清月皎，会心时点头微笑。轻灵可转，坚贞难易，良堪拜倒。砭穴支机，补天填海，万般都妙。看泰山成厉，再劳拾取，为翁添料（居）。水龙吟 题奉 衡山先生教正 廿九年八月 郭沫若

题词后还钤有白文"郭沫若"印。

从手卷上相关内容可以看出，这首《水龙吟》词写成后，郭沫若还作了细微调整：该词最后一句原为"为翁添料"，作者在"添"旁边标注了三个点，并在"料"字后写了一个字形稍小的"居"字，以示替换"添"字。这首词本为沈钧儒的书斋及住处"与石居"所写，郭沫若可能认为"居"字比"添"字更贴切，因此作了这一修改。

据此可知，该手卷上郭沫若题写的《水龙吟》词，是这首词的原始版本。

手卷上的落款时间"廿九年八月"为中华民国纪年，应是公历1940年8月。根据这一时间，再结合上海群益出版社1948年版《蝌蚪集》中标注的"八月七日"，可知《水龙吟》词的确切创作时间为1940年8月7日。《寥寥集》1978年第四版和《抗战时期郭沫若与沈钧儒的诗词酬唱》等书籍和文章中说这首词作于1942年8月7日，是错误的。

那么，《水龙吟》词作于1942年8月7日的说法从何而来呢？

这大概和《沫若文集》出版时对1948年版《蝌蚪集》所选诗词部分内容作了修订有关。1948年版《蝌蚪集》中，郭沫若收入了《蝶恋花》（二九年七月一日）、《满江红》（无时间）、《水龙吟》（八月七日）、《烛影摇红》（八月十二日夜）四首词。[①]1957年版的《沫若文集》（二）中，这四首词仍在选，但郭沫若将部分词的创作时间等作了修订：他将《蝶恋花》创作时间等修订为"1939年7月1日在重庆"，将《满江红》修订为"1942年在重庆"。[②]《水龙吟》的时间"八月七日"虽然没变，但是它被编排在《满江红》之后。据此，大家在引用这首词时，想当然地认为该词是1942年创作的。

---

① 郭沫若：《蝌蚪集》，群益出版社1948年版，第81-85页。

② 郭沫若：《沫若文集》，人民文学出版社1957年版，第89-91页。

此外，前述各书中出现的《水龙吟》词题记，不见于"与石居"手卷。可以断定，1948年郭沫若在整理这首《水龙吟》词并将其收入《蜩螗集》时，根据日记等相关记录撰写了这段题记，以表示该词是他在于右任为沈钧儒题赠的"与石居"手卷上题写的。那么，1957年《沫若文集》出版时，1948年版《蜩螗集》中的"于右任先生榜其斋曰'与石居'"怎么变成了"侯外庐兄榜其斋曰'与石居'"呢？

根据相关资料，笔者认为，这是编者有意为之。

三、《水龙吟》词相关的历史和人事

在分析《水龙吟》词的题记等发生变化的原因前，有必要先简单交代一下它创作的历史背景。

1938年10月下旬，因日寇逼近，武汉告急，沈钧儒在冯玉祥等人的安排和帮助下，迁居山城重庆。1939年6月，因原居处遭到日机轰炸，沈钧儒迁入枣子岚垭83号良庄居住，并将居室兼书房称为"与石居"。1940年5月，沈钧儒请于右任题写"与石居"斋额，之后又请梁寒操、李济深、冯玉祥、黄炎培、郭沫若、茅盾等人在上面题词题诗。在题词题诗中，于右任、梁寒操、李济深、郭沫若、茅盾等国民政府要员和文化名流对沈钧儒爱石友石的情趣大加夸赞，对他如石般坚贞的品质表示钦佩。同时，于右任、冯玉祥、茅盾等人还在诗词中表达了希望抗日战争早日胜利的愿望。

这一时期，郭沫若和沈钧儒来往频繁，彼此间的友谊随之加深。因此，在题写这首《水龙吟》词时，郭沫若颇费了一番心思，对沈钧儒的爱石志趣和坚贞情操大加夸赞。这从他在该词中所使用的丰富的典故可以看出。

郭沫若十分重视他为沈钧儒题写的这首《水龙吟》词。1948年，郭沫若出版诗集《蜩螗集》时，该词作为重要作品被选入，为此他还特意加了一段题记，以说明创作这首词的具体缘由。此时，国共两党虽然关系破裂，争战正酣，但郭沫若、沈钧儒和国民党元老于右任的私人关系还未受到当时政治气候的影响。所以，郭沫若在个人的诗集《蜩螗集》中如实记述了创作这首词的具体缘由。

1957年《沫若文集》出版时，时移势迁，风云激荡。与沈钧儒"与石居"手卷相关的当事人中，冯玉祥已经去世，李济深、黄炎培、郭沫若及茅盾等正积极参与中华人民共和国的建设事业，于右任和梁寒操则跟随蒋介石，身在台湾。双方分属不同的阵营。在当时的政治氛围中，这些涉及众多历史往事的人事关系，不得不让郭沫若有所考虑。在编辑出版《沫若文集》时，郭沫若不舍得删除《蜩螗集》中这首见证他和沈钧儒友谊的《水龙吟》词，于是修改题记，将于右任的名字删去，并代之以他事。《沫若文集》"第二卷说明"指出：

《蜩螗集》是 1939—1947 年的作品，初版于 1948 年，此次编入，作者删去诗两首……并按照写作时间将《金环吟》《舟行阻风》……等七首编入《蜩螗集》……以上各集中的诗作，是根据初版本并经作者修订后编入的。①

可以肯定，《水龙吟》词的题记的改变，是郭沫若有意为之。

图 5　侯外庐题写的"与石居"横额

郭沫若为何要将"于右任先生榜其斋曰'与石居'"代之以"侯外庐兄榜其斋曰'与石居'"呢？（图 5）这与郭沫若、沈钧儒等亲自参与的另一段历史密切相关。

1948 年 9 月底，沈钧儒从香港秘密前往东北解放区准备参加新政协，暂居在哈尔滨。沈阳解放后，沈钧儒从哈尔滨前往沈阳，寓居沈阳铁路宾馆。此时，郭沫若、侯外庐也一同来到沈阳，居住在沈阳铁路宾馆。

在等待前往北平期间，沈钧儒请侯外庐题写了"与石居"斋额及其跋记。随后，沈钧儒又请郭沫若在侯外庐写的"与石居"斋额上题词以记其事。这便有了"侯外庐兄榜其斋曰'与石居'"事。

对比两件事，"于右任先生榜其斋曰'与石居'"事发生在 1940 年抗日战争时期，涉及的人物较多，有沈钧儒、于右任、梁寒操、冯玉祥、李济深、黄炎培、郭沫若、茅盾 8 人，人际关系和政治环境复杂。"侯外庐兄榜其斋曰

---

① 郭沫若：《沫若文集》，人民文学出版社 1957 年版，第二版说明。

'与石居'"事发生在解放战争时的东北解放区,相关人士只有沈钧儒、侯外庐、郭沫若3人,人事关系和政治背景都很简单:3人皆为受中共中央邀请准备前往北平参加新政协的重要代表(图6)。

图6 侯外庐(右)、郭沫若(中)等在前往东北解放区的船上

因两件事都与沈钧儒的"与石居"密切相关,所以,郭沫若在《沫若文集》出版时,为不删除这首颇有纪念意义的《水龙吟》词,不得不在文字中采用此种"瞒天过海"之计。

我们梳理一下《水龙吟》词的创作及其题记的变迁史:

1940年8月7日在山城重庆,郭沫若在于右任为沈钧儒题写的"与石居"手卷上,亲笔题写了他创作的《水龙吟》词赠给沈钧儒。1948年《蜩螗集》出版时,郭沫若将该词收入诗集,并专门题写了一段题记以记录这首词的创作缘由。1948—1949年某一时间在沈阳,沈钧儒请侯外庐题写"与石居"斋额,并请郭沫若在上面题词以记其事。1957年《沫若文集》出版时,郭沫若修订了这首词的题记,将"于右任先生榜其斋曰'与石居'"修改为"侯外庐兄榜其斋曰'与石居'"。沈叔羊在编注1978年版《寥寥集》时,将《水龙吟》词收入诗集,根据《沫若文集》中该词的编排,将该词的创作时间写为1942年8月7日。他知道"侯外庐兄榜其斋曰'与石居'"与事实不符,便将题记内容改成"自命其斋曰'与石居'"。1982年出版的《郭沫若全集(文学编)》(第2卷)在编入该词时,沿用了《沫若文集》的说法。

四、结语

经过上述梳理,恢复了这首《水龙吟》词的来龙去脉和本来原貌:它是郭沫若1940年8月7日在于右任等人为沈钧儒题写的"与石居"手卷上的一首酬赠词。由于1957年的《沫若文集》(二)、1978年版《蜩螗集》和1982年版《郭沫若全集(文学编)》(第2卷)等权威著作做了误导,后来的研究者在引用这首词时,在创作时间等方面,出现了一些错误。

郭沫若在初版《蜩螗集(序)》中说:这些诗特别是《蜩螗集》……作为诗并没有什么价值,权且作为不完整的时代记录而已。[①] 这首《水龙吟》词记录和反映了在抗日战争时期的重庆,在第二次国共合作和抗日民族统一战线的旗帜下,沈钧儒、于右任、郭沫若等一大批不同身份、不同党派、不同政治倾向的人,以笔墨和诗词为媒介,彼此唱和以团结抗日的历史。

历史的积淀层累,让这首产生于战争年代的酬赠词的内涵更加丰富。

从这首词题记的变迁可以看出,受社会发展和政治气候变迁的影响,一些反映时代、记录时代的文字,会在不易察觉中悄悄地发生变化。这些变化反映在出版物中,有时看似是出版时的疏漏,实则为作者和编者有意为之,研究者在利用这些资料时,如果不加分析和考证,很容易掉进陷阱而不自知。此外,郭沫若这首《水龙吟》词的流传和变迁史也说明,让一些具有重要史料价值、"养在深闺人未识"的文物活起来,加强对它们的研究和利用,对我们了解和研究某些历史事件的细节,大有助益。

〔作者:何志文,中国国家博物馆副研究馆员〕

[①] 郭沫若:《蜩螗集》,群益出版社1948年版,第1页。

"当代毕昇"与文化自信[*]

丛中笑

摘 要：我国著名科学家王选研制成功汉字信息处理与激光照排系统，掀起了中国印刷业"告别铅与火、迎来光与电"的技术革命，被誉为"当代毕昇"。王选的发明创造，为繁荣中华文明、增强文化自信奠定了坚实的科技基础；王选的科研历程则是将文化自信内化于心，外化于行的典型实践：文化自信是王选选定目标、科技报国的初心使命，是他敢为人先、自主创新的动力源泉，和克服险阻、决胜市场的精神定力。王选胸怀文化自信的深层根源，缘自家庭爱国传统教育和新中国对优秀人才的重视培养；王选对于文化自信的践行体现出新时代科学家精神。建设文化强国离不开科技自立自强，要用新时代科学家精神培根铸魂，进一步增强文化自信，为实现中华民族伟大复兴的中国梦夯实根基，凝聚实力。

关键词：文化自信；科学家精神；王选；当代毕昇；印刷技术；汉字激光照排

习近平总书记多次强调，"文化自信，是更基础、更广泛、更深厚的自信，是更基本、更深沉、更持久的力量""中国有坚定的道路自信、理论自信、制度自信，其本质是建立在5000多年文明传承基础上的文化自信"。[①] 中华文明是世界上唯一发展至今没有中断的文明，是中华民族独特的精神标识，给我们的文化自信打下了最深厚的历史根基。其之所以能够绵延不绝、历久弥新，与中国悠久的汉字文明和印刷技术的不断创新发展密不可分。汉字作为世界上古老的文字之一，记录、传承和传播着延绵数千年的中华文化；印刷术是中国

---

[*] 本文已发表于《民主与科学》2022年第5期，第8—14页。
[①] 习近平：《建设中国特色中国风格中国气派的考古学 更好认识源远流长博大精深的中华文明》，载《求是》2020年第23期，第1页。

古代四大发明之一，从隋唐之际的雕版印刷术，到宋代毕昇发明的活字印刷术，演变完成了我国第一次印刷技术革命。数千年来，汉字和印刷文化是中华文明的重要标志，也是传承中华文明的重要载体和手段。

随着计算机技术的发展和互联网时代的到来，使用铅排印刷技术的汉字印刷越来越受到"铅与火"的羁绊，巨大的数字鸿沟横亘在古老的汉字面前，中华文明如何在信息时代传承与发展，成为亟待解决的重大课题和"卡脖子"技术难关。我国科学家王选发明了汉字在计算机中的存储、处理和输出等原创技术，带领团队研制成功汉字信息处理与激光照排系统，掀起了我国印刷技术的第二次革命，推动了电子出版、数字出版等信息处理新型产业的发展，使古老的汉字迈入信息时代。习近平总书记曾经这样称赞："上个世纪80年代汉字激光照排系统的问世，使汉字焕发出新的生机和活力。"[①]该技术两次获国家科技进步一等奖，两次被评为中国十大科技成就；2001年，中国工程院评选出25项"20世纪我国重大工程技术成就"，"汉字信息处理与印刷革命"位列第二（第一为"两弹一星"）[②]。王选也因此被誉为"当代毕昇"，获得国家最高科学技术奖、首届"毕昇奖""改革先锋""最美奋斗者"等众多荣誉。

"没有高度的文化自信，没有文化的繁荣兴盛，就没有中华民族伟大复兴。"[③]王选的发明创造，为繁荣中华文明、增强文化自信奠定了坚实的科技基础；同时，正是"通过中国人自己的发明创造，一定能够让古老的中华文明在信息时代传承发展下去"这一坚定的文化自信，驱使和鼓舞着王选以坚忍不拔、百折不回的毅力，攻坚克难，勇于创新，最终实现了科技强国的伟大目标，成为将文化自信内化于心外化于行的时代典范。

一、文化自信是王选选定目标、科技报国的初心使命

"如果成功，将是一场伟大的革命。"王选最初选定"汉字精密照排"这一科研项目的初衷，就是改变落后的印刷面貌，拯救在信息时代面临存亡危机的汉字和中华文化。

20世纪70年代，计算机技术的发展日新月异，西方率先采用了"电子照

---

① 习近平在俄罗斯"汉语年"开幕式上的致辞（全文），http://www.gov.cn/ldhd/2010-03/25/content_1564218.htm。

② "20世纪我国重大工程技术成就"评选揭晓，https://www.cas.cn/ky/kyjz/200112/t20011221_1025631.shtml。

③ 《习近平：决胜全面建成小康社会 夺取新时代中国特色社会主义伟大胜利——在中国共产党第十九次全国代表大会上的报告》，新华网，2017年10月27日，http://www.xinhuanet.com/politics/19cpcnc/2017-10/27/c_1121867529.htm。

排技术"进行出版印刷,而当时的中国仍在使用铅字排版和印刷,能耗大,污染严重,效率很低。更重要的是,如何用计算机处理庞大的汉字信息成为中外科学家面临的巨大难题。有人甚至主张汉语拼音化。

在此形势下,1974年8月,由周恩来总理亲自关怀,我国设立了国家重点科技攻关项目"748工程",组织研发汉字信息处理系统。

1975年,38岁的王选听说了"748工程",凭着多年的科研经历和前瞻意识,他认为其中"汉字精密照排系统"这一项目最有研究价值。汉字精密照排是指运用计算机和光学、机械等技术,对中文信息进行存储、排版、输出等一系列处理。[①] 王选从大学期间就参与研制和应用计算机,全部操作基于英文来进行处理,"何时能让汉字自由出入计算机、用中文进行计算机处理"是他脑海中闪现的构想;王选也见到过当时印刷厂"以火熔铅、以铅铸字"的情景,捡字排版的烦琐辛苦、熔铅铸字的铅熏火燎、书刊出版的低下效率,都给他留下了难忘的记忆。如今,改变这一面貌成为国家的重大战略需求,一旦研制成功,不但可以使印刷工人们彻底解放出来,引发中国出版印刷领域一场宏大的技术革命,还可以让汉字插上数字化翅膀,跟上信息时代的脚步,让计算机成为中国大众工作和生活的现代化工具,这无疑是一场科技创举和革命!

正是基于强烈的文化自信和科技强国的初心使命,王选被照排项目的巨大价值和难度所吸引,义无反顾地投入了研究中。

二、文化自信是王选敢为人先、自主创新的动力源泉

王选很欣赏这样一句话"独创,决不模仿他人,是我的人生哲学"[②],这也是王选最初选择技术途径时遵循的原则。

1975年,我国从事汉字照排系统研究的科研单位已有5家,它们选择的都是国际流行的光学机械式二代照排机或阴极射线管三代照排机方案,用"模拟存储"方式存储汉字信息。王选经过仔细调查研究,认为应采用"数字存储"方式将汉字信息存储在计算机内;同时采取跨越式技术决策,跨过第二代、第三代照排机,直接研制第四代激光照排系统,这一系统当时在世界上只有英国一家公司在研究,还没有形成商品投入市场。

然而,让汉字自由出入计算机,谈何容易。中外科学家尝试了许多方法,都没能彻底突破这一难关。与西文相比,汉字不但字数繁多,还有十余种字体,20多种字号,如果全部用数字点阵方式存储进计算机,信息量高达几百亿甚

---

① 丛中笑:《当代毕昇 汉字作证》,载《中国新闻出版广电报》2017年2月27日,D05版。
② 王选:《王选文集(修订版)》,北京大学出版社2006年版,第438页。

至上千亿字节,即数千兆,当时我国国产的 DJS130 计算机,存储量不到 7 兆,要存下如此庞大的汉字信息,简直是无法想象的事。日本一些业界人士把汉字信息的计算机处理形容为"比登天还难"。

王选独辟蹊径,发明了"轮廓加参数"的高倍率信息压缩技术:用折线轮廓(后为曲线形式)表示撇、捺、点等不规则笔画,用描述笔画特征的参数来表示对横、竖、折等规则笔画;只存入一套字号的字模,通过放大和缩小产生各种大小的字号且毫不变形。上述技术将数千兆汉字信息压缩到了几兆,使新中国在世界上首次把印刷体汉字存入了计算机。接着,又设计出专门的超大规模专用芯片,采用软件和硬件相结合的方式,以 710 字／秒的速度高速、高保真地复原汉字压缩信息,成功地从计算机里输出了汉字,并实现了强大的字形变化功能。①

强烈的文化自信,使王选立足高起点,发明了汉字信息的数字化存储和输出等创新技术,实现了关键核心技术的原创引领和自主可控,为激光照排系统的成功应用奠定了关键基础。

三、文化自信是王选克服险阻、决胜市场的精神定力

王选曾多次感慨,"最大的苦恼是大多数人不相信中国的系统能超过外国产品,不相信淘汰铅字的历史变革能由中国人独立完成";而"中国是发明印刷术的文明古国,汉字是中国的文字,中国汉字印刷的现代化理应由中国人来完成,这些促使我为之锲而不舍地长期拼搏"。②

超前的技术使王选在研制之初就遭到了质疑,但王选坚信自己的方向是正确的,他的方案也得到了"748 工程"相关领导和部门的关怀和支持。经过几十次试验,1979 年 7 月 27 日,王选和同事们终于在北京大学未名湖畔,用原理性样机输出了第一张报纸样张《汉字信息处理》,1980 年又排印出第一本样书《伍豪之剑》。方毅副总理于 1980 年 10 月 20 日批示:"这是可喜的成就,印刷术从火与铅的时代,过渡到计算机与激光的时代,建议予以支持,请邓副主席批示。"10 月 25 日,邓小平同志批示了四个大字:"应加支持。"③1981 年,汉字激光照排系统原理性样机通过了部级鉴定。

然而,原理性样机只是试验室中的样品,离投入实用还有很大差距。王选和同事们说:"我们不能拿了国家的钱,只是做了一个试验。""应用性科技

---

① 丛中笑:《"当代毕昇"与我国第二次印刷技术革命——王选的创新思想与实践对建设创新型国家的示范意义(一)》,载《人民论坛》2018 年 12 月下,总第 617 期,第 120 页。

② 王选:《王选文集(修订版)》,北京大学出版社 2006 年版,第 307、475 页。

③ 王选:《王选文集(修订版)》,北京大学出版社 2006 年版,第 47 页。

的成果要经得起市场的考验,才能对社会有实际贡献。"因此,他带领团队紧锣密鼓地开始了Ⅱ型系统的研制,并在新华社进行中间试验。当时我国正迎来改革开放和市场经济的大潮,国外照排机厂商大举到中国开拓市场,用户和业内人士纷纷购买国外产品;协作单位也想撤走人员,甚至否定技术方案。与此同时,去国外进修、写论文评职称等成为高校许多教师的主流追求,激光照排项目的研发人员一下流失了不少。面对内外交困,阻力重重,是临阵退缩,还是决战市场?王选坚信成果产业化是国家的需要,将成为主流,必须坚定信心逆流而上。王选的实践得到了国家有关部门和印刷技术装备协调小组领导同志的大力支持,被列入我国"六五"计划印刷专项。王选带领团队夜以继日、不懈努力,终于使Ⅱ型系统在新华社正常运转,并于1985年5月通过了国家鉴定,成为我国第一个实用的激光照排系统。

面对取得的成绩,王选没有止步不前,而是向着更高的目标前进,要使系统达到更高水平,顺利排印大报、日报。他和同事们不断创新,又研制成功了Ⅲ型系统,在经济日报社进行生产性试用。1987年5月22日,《经济日报》排印出世界上第一张用计算机屏幕组版、用激光照排系统整版输出的中文日报。1988年,经济日报印刷厂换装了更为先进的Ⅳ型系统,"砸锅卖铅",在全国报社中首家"告别铅与火、迈入光与电"。1989年,王选团队对《人民日报》花430万美元购买却解决不了汉字信息处理难题而无法使用的美国照排系统成功进行了技术改造。1989年底,来华销售照排系统的英、美、日等外国公司全部退出了中国,激光照排系统开始在全国推广普及。

此后,王选率团队乘胜追击,推出迭代更新的电子出版系统,迅速占领国内市场,使延续了上百年的中国铅字排版印刷业得到彻底改造,被公认为毕昇发明活字印刷术后中国印刷技术的第二次革命。①

认准目标就狂热追求,王选正是凭着深厚的历史自觉和坚定的文化自信,紧跟我国科技体制改革的时代脚步,克服困难,自立自强,成功把科研成果应用到了祖国大地上,是自主创新和用高新技术改造传统行业的典范。

四、推动科技成果转化,为文化自信奠定科技基础

王选作为"科技体制改革的实践探索者",提出了"顶天立地"的产学研结合发展战略:"顶天"即不断追求技术上的新突破,"立地"即把技术商品化,并大量推广、应用②。他带领一批优秀的青年科技人才,不断自主创新,

---

① 张劲夫:《我国印刷技术的第二次革命》,载《人民日报》2022年6月28日,第6版。
② 王选:《王选文集(修订版)》,北京大学出版社2006年版,第214页。

实现了新闻出版领域"四次告别"的技术革新，开创了一条科技顶天、市场立地、创新驱动发展的成功之路，① 极大地助力和推动了中国文化在世界的弘扬和传播，为文化自信奠定了坚实的科技基础。

为了实现报纸的异地同步出版，王选带领团队研制推出通过卫星传输页面描述语言（PDL）的远程传版新技术，使报纸传输速度大幅度提高，质量毫无失真。1990年8月29日，首次报纸卫星实地远传试验在人民日报社和湖北日报社之间成功举行。目前，这一技术已在我国普遍使用，使报社告别了报纸传真机，广大读者当天就能看到当日发行的报纸。

1992年前，国内全部采用进口电子分色机制作彩色出版物，王选提出不仿制电分机，直接研制开放式的彩色照排系统。1992年《澳门日报》首家采用这一系统，出版了世界上第一张文图合一处理和输出的中文彩报，在全国迅速推广，并占领了海外80%以上的华文报业市场。国外许多电脑公司先后宣布："在汉字电子激光照排领域，我们放弃与中国人竞争。"② 中国印刷业告别电子分色机，实现了彩色出版的技术跨越，使中华文明这一维系全世界华人的精神纽带更加璀璨夺目。

1994年，王选和科研团队研制成功新闻采编流程计算机管理系统，被《深圳晚报》第一家采用，实现了采编、组版、广告制作、检索和网上发送等的报业数字一体化管理，并在全国推广应用，引发了"告别纸和笔"的技术革新。1999年又研制成功计算机直接制版（Computer To Plate，CTP）系统，在羊城晚报社的《新快报》投入生产性使用，开启了"告别照排软片"的技术革新。

王选最大的心愿，是年青一代"超越王选，走向世界"，"把中国有自主知识产权的高新技术产品打入发达国家的市场"③。在他的支持和指导下，日文和西文出版系统先后研制成功，并出口到几十个国家和地区。年轻的技术研发骨干们充满"引领技术潮流并创造历史"的自豪感和自信心。

2000年，王选支持年青一代研发成功数字版权保护技术（即DRM技术），推出基于这一技术的电子书网络出版系统、电子公文交换系统、数字报刊出版系统等产品并得到广泛应用，为开拓和引领全国数字出版产业发展发挥了重要作用。基于数字版权保护系统制作的"中华数字书苑"，收录了新中国成立以来大部分图书、报纸、年鉴、工具书、图片等数字资源产品，被党和国家领导人作为国礼多次赠送给外国友人和机构，为文化传播插上翅膀、助力飞翔。

---

① 丛中笑：《自主创新带动我国印刷技术跨越式发展——王选的创新思想与实践对建设创新型国家的示范意义（二）》，载《人民论坛》2019年1月（上）总第618期，第115页。

② 丛中笑：《中国工程院院士传记——王选传》，人民出版社2014年版，第308页。

③ 丛中笑：《中国工程院院士传记——王选传》，人民出版社2014年版，第469、486页。

五、家庭爱国传统教育和新中国人才培养是王选文化自信的深层根源

王选从小受到良好的爱国主义和中华文化传统教育，使他对祖国的传统文化充满自豪和热爱，树立了爱国奉献的人生观。

王选1937年出生于上海，父亲、母亲都是知识分子。全面抗战爆发，国家存亡之际，为了让王选记住"卢沟桥事变"使中国遭受的耻辱，父亲给王选起了别名叫"铜卢"。当时上海贯穿南北的外白渡桥被日本宪兵把守，中国人想过桥，必须要对桥上挂的日本国旗鞠躬。王选的父亲宁愿绕路从别的桥过河，也不愿受这份屈辱。父亲强烈的民族气节和爱国情感深深地影响了年幼的王选。

王选从小受到传统文化的滋养和熏陶。老伯母时常给小王选和兄姊几个读四书五经，哥哥姐姐们念了没几天，就躲出去玩了，只有王选专注、认真地坚持读。父母给孩子们购买了商务印书馆出版的"小学生文库"和"中学生文库"，《西游记》《水浒传》《三国演义》等，琳琅满目，摆满整整一个书柜，王选时常徜徉书海，流连忘返。初中时，王选在学习之余迷上了武侠小说《蜀山剑侠传》，被书中曲折的情节和侠义精神深深吸引，形成了敢于担当、坚忍不拔、重情义、讲信用等性格特点。京剧是父母的一大爱好，王选从小深受影响，从看京戏、听唱片、学唱段，到研究京戏历史和戏剧理论、唱腔流派，再到晚年担任全国政协京昆室主任、为保护京昆艺术奉献心力，他还从中悟出"一着鲜""一棵菜"的深意，用在科技创新和团队精神上。作为中华传统文化精粹的京剧陪伴了王选一生，成为他攻难关、带队伍之余调节身心的益友。

小学五年级的时候，王选被评为班上"品德好、最受欢迎"的学生，2002年他获得国家最高科学技术奖时感慨地说："这一荣誉与我后来的成就有很大关系。青少年时代应努力按好人标准培养，只有先成为好人，才能做有益于国家和人民的好事。""考虑别人与考虑自己一样多就是好人。"①

文化的力量，很大程度上取决于蕴含其中的核心价值观的力量。爱国、敬业、自强、拼搏的人生观，诚信、友善、宽容、淡泊的人格风范，成为王选胸怀文化自信的底色，贯穿他人生的整个奋斗历程。

1954年，王选考入北京大学数学力学系，北大爱国、进步、民主、科学的精神，勤奋、严谨、求实、创新的学风，使王选受到进一步熏陶和影响。1956年，他遇到了人生第一个重要抉择：选专业。当时我国的计算机技术处于起步阶段，王选认为，"一个人必须把自己的工作和国家的前途命运联系在

---

① 王选：《王选文集（修订版）》，北京大学出版社2006年版，第412页。

一起，才有可能创造出更大的价值"，①毅然选择了冷门的计算数学方向，在科技报国道路上迈出了重要一步。

大学毕业后，王选留校任教，在北大无线电当起了助教。凭借百折不挠的精神，王选始终没有停止科研脚步：为北大150计算机设计方案解决难题；用几年时间设计了新的计算机体系结构，撰写了十几万字的设计方案和科研论文，为后来研制激光照排积累了丰厚的科研储备和实践经验。

从1975年到1993年，王选和他的爱人陈堃銶几乎放弃了所有的节假日，18年如一日，把全部精力都投入了激光照排系统的研制中。1979年，在研制条件最艰难的时期，美国麻省理工学院教授以优厚条件请王选赴美工作，被王选谢绝了。1980年，王选第一次到香港参加学术会议，激光照排科研成果引起了极大轰动，但他的微薄收入却消费不起"购物天堂"的奢侈品，王选坚信："将来会证明，这些买高档物品的人对人类的贡献可能都不如我王选。我一下子感到有一种强烈的自豪感，后来我把此称为'精神胜利法'，这与阿Q完全不同，是对知识价值的高度自信。"②

王选的巨大贡献使他获得了20多项荣誉和奖励，他把上千万元奖金捐献出来，奖励青年科技人才，自己却过着简单朴素的生活。2000年，王选不幸罹患癌症，生病5年间，他忍受着巨大病痛，坚持出席会议活动340余次，撰写文章近11万字，为国家建设发展殚精竭虑，鞠躬尽瘁。2006年临终前，他用停止输血践行崇尚一生的"好人观"，奏响了一曲超越生命的华彩乐章。

伟大的行动源自伟大的精神。王选对于文化自信的践行是科学家精神的具体体现，他身上特有的百折不挠、献身科学，顶天立地、开拓创新，协作攻关、甘为人梯，淡泊名利、挑战生命等"王选精神"③，与爱国、创新、求实、奉献、协同、育人的新时代科学家精神④息息相关，相互印证，既包含了中华优秀传统文化的内涵底蕴，又富有革命文化拼搏奋进的鲜明特质，更具有中国特色社会主义先进文化的爱国奉献、创新突破、服务民生等时代特征。

六、结语

今天，我们阅读的报纸、期刊、书籍，字字蕴含着汉字激光照排技术的光

---

① 王选：《王选文集（修订版）》，北京大学出版社2006年版，第427页。

② 王选：《王选文集（修订版）》，北京大学出版社2006年版，第476页。

③ 丛中笑：《新时代科学家需要具备怎样的精神——论王选成功的因素》，载《人民论坛》2020年3月（下）总第663期，第73页。

④ 中共中央办公厅 国务院办公厅印发《关于进一步弘扬科学家精神加强作风和学风建设的意见》，中国政府网，http://www.gov.cn/zhengce/2019-06/11/content_5399239.htm。

电洗礼；我们使用的微博、微信、视频、融媒体，处处闪现着汉字的数字化信息，"当代毕昇"王选生前的宏远规划和奋斗目标正在变为现实。文化繁荣的背后，是坚实的科技支撑，科技实力是文化自信的强大底气，以王选为代表的新时代科学家用拼搏与奋斗，为推动现代科学发展和国家社会进步发挥了至关重要的作用。建设文化强国离不开科技自立自强，要用新时代科学家精神培根铸魂，增强科技工作者的文化自信，为建设世界科技强国和社会主义文化强国、实现中华民族伟大复兴的中国梦夯实根基，凝聚实力。

〔作者：丛中笑，北京大学王选计算机研究所副研究员，王选纪念室主任〕

浅析新时代博物馆宣教工作实践

——以中国印刷博物馆为例

朱光耀

摘 要：本文在中国印刷博物馆宣教工作的实践基础上，从国家新要求以及国际博物馆界学术新理念的角度，分析中国印刷博物馆宣教工作的活动内容及类型、宣教方式、服务现状和参与人群等方面，针对现有问题提出提升宣教内容建设、完善宣教人才队伍体系、紧密联系社区和大力发展高新技术四条路径，力求为当前博物馆宣教工作中存在的普遍性问题提供一些思路和参考。

关键词：新时代；党的二十大；中国印刷博物馆；宣教工作

2022 年是党和国家历史上极为重要的一年。党的二十大胜利召开，描绘了全面建设社会主义现代化国家的宏伟蓝图。党的二十大报告中明确提出："推进文化自信自强，以社会主义核心价值观为引领，发展社会主义先进文化，弘扬革命文化，传承中华优秀传统文化，满足人民日益增长的精神文化需求。"2022 年同样是博物馆学界的重要之年。8 月 24 日，在布拉格举行的第 26 届 ICOM 大会框架下，ICOM 特别大会通过了新的博物馆定义，博物馆新定义为博物馆工作者提供了新的理论支撑。

当前博物馆界在宣教工作方面具有较好的研究基础，研究方向涵盖了公共服务、社会需求、互联网、新媒体等多方面，研究视角从政府、博物馆人到参观者也均有体现，文章收集整理中国印刷博物馆 2019 年至 2021 年的社会活动现状，从参与人群、活动类型等方面进行研究，以印刷博物馆为研究案例分析我国专业类博物馆面临的宣教内容、形式及人才队伍建设等方面问题，结合新要求新理念提出解决路径的思考体会。

一、新时代博物馆研究背景

（一）政府及主管部门对博物馆发展要求

2022年10月16日，中国共产党第二十次全国代表大会在京开幕。在党的二十大报告第八章"推进文化自信自强，铸就社会主义文化新辉煌"中，文化工作被提到了前所未有的高度，习近平总书记在报告中明确提出"实施国家文化数字化战略，健全现代公共文化服务体系……加大文物和文化遗产保护力度，加强城乡建设中历史文化保护传承"。博物馆具有宣传、研究、展览等职能，其中弘扬中华优秀传统文化、传承红色基因、宣传社会主义核心价值观等是其重点工作内容，中国印刷博物馆作为国家一级博物馆，需牢牢把握好宣传思想工作的关口，发挥好国家宣传战线一线阵地的职能。

党的十八大以来，国家出台一系列有关文博工作的重要指示，如《关于学习贯彻习近平总书记重要讲话精神全面加强历史文化遗产保护的通知》《九部门关于推进博物馆改革发展的指导意见》《北京"十四五"时期文物博物馆事业发展规划》《"十四五"文化发展规划》《"十四五"文物保护和科技创新规划》等多项文件，其中《"十四五"文物保护和科技创新规划》专栏7"推动博物馆高质量发展"提出"博物馆多层级发展、博物馆陈列展览精品工程、博物馆青少年教育活动和博物馆云展览项目"，在既有文物工作的基础上指出建设国家级"云展览"的平台，集中展示国家一级博物馆基本陈列，提升网上展览质量。2022年11月1日，工信部网站发布了多部门联合编制的《虚拟现实与行业应用融合发展行动计划（2022—2026年）》（以下简称《计划》）。在《计划》中强调，"推动文化展馆开发虚拟现实数字化体验产品，让优秀文化和旅游资源借助虚拟现实技术'活起来'。鼓励一二级博物馆设置沉浸式体验设施设备"。这也表明虚拟现实在未来经济社会中将占据重要地位，博物馆虚拟现实技术的规模化应用已经提上日程。

从政府层面，博物馆宣教功能特别是针对青少年的宣传教育尤为重要，博物馆是宣传思想阵地的重要喉舌，抓好博物馆文化建设、宣传建设十分重要。另外，在宣传手段、形式上，多种方法、多种途径开展生动形象的宣教工作，让最新技术融入博物馆，给观众提供更好的参观体验。

（二）博物馆定义修改与新变化

对博物馆的定义自国际博物馆协会成立以来，就在不断地根据时代变化进行调整。从1946年至今，关于博物馆的定义经历多次修改完善。其中，1974年、1989年、1995年及2001年并未对定义进行修改，而是根据时代变化相应增加内容，除指定博物馆外的机构在不断增加，如科学中心、天文馆和非营利的艺术展储馆等（表1）。

表1　博物馆定义修改表

年份	博物馆定义	修改
1946	博物馆这个词包括藏品对公众开放的所有艺术的、技术的、科学的、历史的或考古的（机构），包括动物园和植物园，但是图书馆除外，仅包括保持永久展厅的图书馆	国际博物馆协会成立并首次对博物馆定义
1956	博物馆这个词在此是特指任何永久性（固定性）机构，从普遍意义上讲，以各种形式的保存、研究、提高为目的，特别是以接待和展示向公众展出具有文化价值的艺术的、历史的、科学和技术的藏品和标本的机构、植物园、动物园和水族馆。隶属公共图书馆和公共档案馆的常设性展馆可被认为是博物馆	修改博物馆定位及机构性质，涵盖任何永久性机构；修改提出具有保存、研究、提高、接待、展示的功能
1961	国际博物馆协会将承认以研究、教育、欣赏为目的而保护和展出具有文化和科学重要性的藏品的任何永久性（固定性）机构为博物馆	修改保护和展出目的及形式的范围，较前版明确了内容
1974	博物馆是一个以研究、教育、欣赏为目的而征集、保护、研究、传播和展出人及人的环境的物证的、为社会及其发展服务的、向大众开放的、非营利的永久性（固定性）机构	修改提出博物馆为社会大众服务的属性
2007	博物馆是一个为社会及其发展服务的、向公众开放的非营利性常设机构，为教育、研究、欣赏的目的征集、保护、研究、传播并展出人类及人类环境的物质及非物质遗产	修改增加非物质遗产，首次在博物馆中提出保护非物质遗产
2022	博物馆是为社会服务的非营利性常设机构，它研究、收藏、保护、阐释和展示物质与非物质遗产。向公众开放，具有可及性和包容性，博物馆促进多样性和可持续性。博物馆以符合道德且专业的方式进行运营和交流，并在社区的参与下，为教育、欣赏、深思和知识共享提供多种体验	修改提出社区参与的概念，进一步阐释博物馆为公众服务的根本属性

2022年国际博物馆日以"博物馆的力量"为主题，旨在强调博物馆拥有影响人类世界的巨大潜力和强大能力。博物馆的概念演化历经千年，从个人、家庭到特定阶层，到公共社会，在不同的社群、不同的地方、不同的时代中呈现的面貌不尽相同，但博物馆的内核却从未改变，无论是在何种场景下，以何

种形态出现,都是靠集合时空中的"碎片"事物,重新编织出一个乌托邦幻境,来帮助人突破"此时此地"的精神囚徒困境[①]。即在特定的空间环境中,为参观者提供脱离现实生活的情绪价值。博物馆的力量不言而喻。当今的博物馆不再仅限于建构筑物内的活动,在国家大力发展数字化体系背景下,博物馆的宣教和展览工作迈向新的阶段。

二、中国印刷博物馆宣教实践现状

笔者收集整理中国印刷博物馆 2019 年至 2021 年的相关数据,根据内容形式将宣教实践分为线上与线下两种模式。线下以博物馆空间为依托,开展互动体验等各类丰富有趣的宣教活动,线上以文章推送和视频直播等方式开展。

(一)线下宣教实践

新冠肺炎疫情在 2019 年底席卷全球,我国政府立即采取强而有效的防疫措施,保证了人民健康。疫情防控新常态下,如何拓宽展示边界,提高公共服务性,是博物馆发展面临的挑战。根据中国印刷博物馆 2019—2021 年参观人数统计数据,参观人数呈倍数减少,不足平均数值的 1/4。京内参观人数占主体,其中未成年参观人数平均占比 32%,多以家庭为单位前来参观,父母将博物馆参观学习作为孩子成长教育中的重要环节,博物馆亦承担了传播中华优秀传统文化、社会主义先进文化、革命文化的重要作用。数据表明,疫情的影响不容忽视,对博物馆宣教工作是一次巨大的考验。

从 2019 年至 2021 年,中国印刷博物馆举办线下社会活动次数共计 103 次,涵盖宣传介绍、体验互动(图 1、图 2)等内容。

图 1　造纸体验活动　　　　　　图 2　雕版印刷体验活动

[①] 参见李德庚:《流动的博物馆》,文化艺术出版社 2020 年版。

受疫情影响，2019 年至 2020 年线下活动能开展次数有限，至 2021 年方有所恢复。经数据统计显示未成年参加人数占总体 40%（表 2），宣教活动主要以"人和空间"为点展开。

表 2　中国印刷博物馆举办社会活动数统计

分类	2019 年	2020 年	2021 年
举办社会活动数（次）	22	18	63
参加人数（人）	1458	1492	5591
未成年参加人数（人）	817	456	1863

（二）线上宣教实践

中国印刷博物馆线上宣教主要通过微信公众号平台和视频直播软件开展。笔者从微信公众平台后台截取 2022 年相关数据作为样本，8 至 9 月中国印刷博物馆共举办两次临展（"拈花"——鲁迅藏中外美术展、"木影流光——福建金漆木雕展"），展品具有较高的艺术价值，受到广大参观者的喜爱。从数据中可以发现，中国印刷博物馆公众号新增关注渠道来源有 54.95% 来自搜索，多为前来参观游客在线预约门票。公众号文章阅读量主要依靠公众号推送和主页浏览，分别占比 45.2% 和 20.13%。相比线下宣教工作，印刷博物馆在线上宣传教育方面相对薄弱，主要体现在线上宣教活动形式单一、宣教内容较少（图3、图4）。

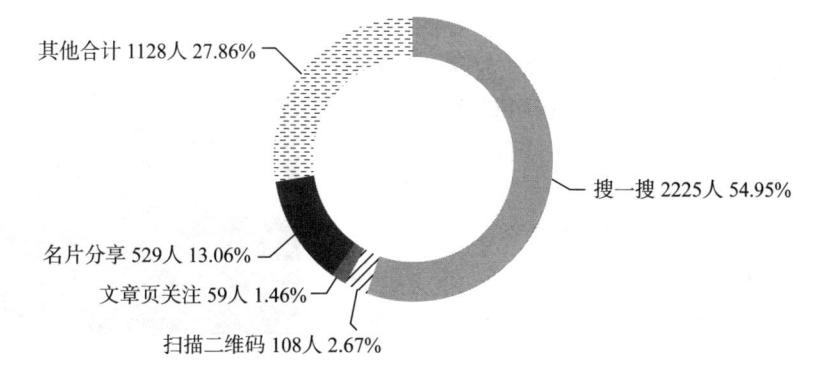

图 3　新增关注人数渠道来源

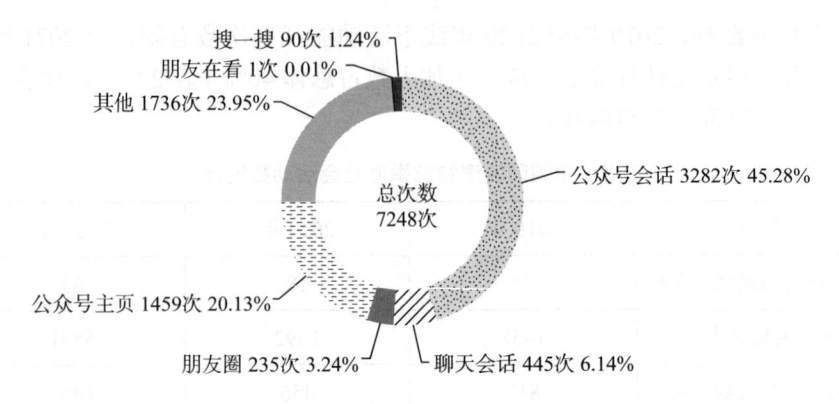

图4　文章阅读人数渠道来源

（三）其他博物馆宣教实践

除中国印刷博物馆外，本文还选取其他几家博物馆宣教工作作为案例研究样本，从线下的宣教模式和线上宣教形式两方面展开研究。其中中国工艺美术馆以博物馆为宣教平台，联合非遗传承人共同开展宣教课程，利用微信公众平台制作宣传文案，吸引了大批观众前来参与学习，成果显著。工艺美术馆利用自身非遗类专业博物馆的特点，搭建非遗传承课堂，一定程度上为非遗活态传承提供了良好的发展平台。从宣教工作的效果上来讲，宣教活动能够吸引大批观众特别是青少年，并在互动中让青少年乐于学习、学到知识，树立正确价值观。

在数字化时代，博物馆宣教工作可谓是百花齐放，各大博物馆利用自身IP特色，通过不同途径建立属于自己的"品牌"，如国家博物馆开通微博账号，粉丝量超500万，视频累计播放量达3800万，中国人民革命军事博物馆利用抖音短视频平台，建立四个板块内容，由馆内专家录制视频宣介文物展品，吸引了大量观众浏览，总播放量超过20亿，创造性转变宣教方式。中国工艺美术馆利用微信公众号平台，开展特色活动和制作精美文案，众多观众慕名而去（图5、图6、图7）。

总体而言，各大博物馆在当前背景下，均展开了与自身相适应的宣教活动，创新发展宣教活动形式，特别是线上宣教活动，获得了喜人的成绩。

图5　国家博物馆微博

图6 工艺美术馆微信公众号　　图7 军事博物馆抖音平台

三、新时代博物馆宣教工作新思路

（一）积极发掘文物价值，提升宣教内容建设质量

目前大部分博物馆的宣教方式大同小异，缺乏自身的独特性和创新能力[1]。博物馆要提升宣教工作质量，在内容建设上应抓住观众的兴趣。宣教内容实质上是文物故事，是通过专家学者深入挖掘文物价值，从中发现的动人故事传递向公众。

习近平总书记提出："要讲清楚中华优秀传统文化的历史渊源、发展脉络、基本走向，讲清楚中华文化的独特创造、价值理念、鲜明特色，增强文化自信和价值观自信。系统梳理传统文化资源，让收藏在禁宫里的文物、陈列在广阔大地上的遗产、书写在古籍里的文字都活起来。"[2] 让文物"活起来"一时间成为文博行业的热词，文物的内涵十分丰富，不同的文物又有不同的侧重。探索和研究文物内含的各种知识，历史背景，挖掘其背后的故事，阐释好其革命精神，人文情怀，然后通过宣教和展览等其他手段传递给观众，便于观众领会和认知。特别是青少年，一次特别的参观感受，甚至会奠定其往后的人生走向。

（二）吸纳不同专业人才，完善博物馆宣教队伍体系

国家发展战略中均提到博物馆青少年教育活动等方面内容，青年一代的课外教学极为重要。如何正确引导、宣传青少年树立爱国主义价值观需要更多考量。从博物馆宣教来说，并不是单纯地给观众们上课、讲PPT就能实现知识

---

[1] 张小双：《新媒体时代博物馆宣教的思考》，载《今古文创》2021年第46期，第114-115页。

[2] 中共中央宣传部：《习近平总书记系列重要讲话读本》，人民出版社2016年版。

的传播、价值的引导，而是需要从多方面去影响。以中国印刷博物馆为例，宣传教育方面开展了"我在博物馆的一天""印博进校园、课程进课堂""毕昇杯"等中小学生征文演讲比赛，以及面对大学新生的"博物馆第一课"和送展进校园、进军营、进社区、进企业等科普活动，以多种形式让印刷文化飞入百姓家、植根大众心里。这些活动不仅是"上课"这一种形式，而是涵盖多种互动交流。因而，博物馆宣教工作具有工种多、业务面广的岗位特点，所需人才应具备一专多能，甚至多专多能。在人才队伍建设时，可兼顾到各种专业的需要，吸收多种专业和技能的人才。[①] 在完善队伍体系的过程中，应从多方面考虑，从事宣教工作的人员除了应具备的博物馆馆员素质外，还要有一定的社交、组织和交流能力，如性格热情大方、温和礼貌等。宣教工作本质上是人与人之间的沟通交流，特别是受众群体为青少年时，则需要更多的耐心和鼓励。除青少年外，针对不同受众人群，也应当构建相应的工作人员。此外，新技术的发展也促使宣教工作转向线上工作，吸纳相关技术人才也是必不可少的。因此从事宣教工作的人员体系应包含不同年龄段、不同职称、不同专业，使得博物馆宣教工作在发展中不断适应、不断完善自身，达到相对的满足观众需求的程度。

（三）紧密联系社区，拓展博物馆的公共性和服务性

因自身公共性和服务性的特征，博物馆需要具备业务和能力上延展性，[②] 突出博物馆与藏品、展览、科技、观众、社会之间存在的各种联系。2022国际博物馆日在定义中增加了社区参与的概念，正是基于国际博物馆界对自身公共性的认知。

博物馆加强与学校及有关单位的横向联系，共建教育基地，是博物馆普遍采用的行之有效的社会教育方式。[③] 博物馆的公共性和服务性应在博物馆既有空间的基础上向外延伸。当前，宣教工作在博物馆受到越来越多的重视和利用，在形式、内容上不断丰富并获得较好的社会效益。但仅局限在固定空间，博物馆的公共性必然不能得到充分实现。博物馆应当更多关注空间外的延伸，根植于所在地区的宣传工作，将辐射范围集中在所在城市、区，紧密联系周边社区，让博物馆的宣教功能与服务能够真正走到公众身边。

另外，博物馆的公共性和服务性体现在为公众均等享受文化服务的权利提供支撑。博物馆的宣传教育工作应覆盖不同年龄段、不同身份人群等，将公共性与服务性做到一视同仁。

---

① 刘玉珍、王学敏：《博物馆的宣教工作与社会需求》，载《中国博物馆》2008年第1期，第84-87页。

② 方梅. 近十年来国内博物馆女性从业者现状调研 [D]. 郑州大学，2021。

③ 单霁翔. 博物馆的社会责任与社会教育 [J]. 东南文化，2010(6): 9-16。

（四）大力发展新技术，提升博物馆宣教服务质量

当前，我国高新技术蓬勃发展，便捷的互联网技术给当代社会和生活带来了翻天覆地的变化，特别是2019年以来疫情防控的要求，加速了更多行业线上运行的发展，博物馆亦在此次队列中。联合国教科文组织曾在2015年将博物馆与通信技术（ICTS）列为博物馆面临的四大挑战之一。

我国博物馆管理部门一直重视新技术对博物馆发展的推动作用，文物保护装备研发、博物馆数字化和物联网技术推广、智慧博物馆试点等都是近年自上而下推动的新技术运用项目。党的十八大以来，特别是党的二十大的胜利召开，习近平总书记对文博工作的重视体现在一系列重要讲话和文件中，其中提到建设云展览、虚拟现实数字化体验产品等。

博物馆宣教工作长期以来局限于博物馆内部，受到空间的限制。互联网技术的发展给博物馆宣教工作带来更多可能，如目前中国印刷博物馆开展的快手短视频平台直播讲解活动受到广大印刷方面爱好者的喜爱，在后续可以继续深入探索线上宣教的内容和形式。利用大数据、云计算、人工智能等网络与通信技术，积极提升博物馆在宣传、服务等方面的能力，努力将"物"（博物馆、藏品、设备等）与"人"（社会公众、博物馆观众和从业人员等）更加紧密地联系在一起。

从目前博物馆宣教工作发展来看，新技术能在一定程度上给博物馆带来跨界融合、创新驱动、以人为本和连接一切的实际效果。对于博物馆的未来发展来说，以新技术为支撑，不仅能够很好地帮助博物馆，实现改进工作、提升服务的变化，甚至有些新技术的创新发展，还在改变着博物馆办馆思路、服务理念、认知态度。

四、结语

博物馆宣教工作的宗旨是服务公众，宣传中华优秀传统文化、革命文化、社会主义先进文化，培育年青一代爱国主义精神。本文基于对国家层面的政策理解和博物馆学界的理论发展，以中国印刷博物馆为案例进行研究，提出了四条优化路径，希望能为博物馆工作提供参考。

〔作者：朱光耀，中国印刷博物馆馆员〕